気候で読む日本史

田家 康

nbb
日経ビジネス人文庫

文庫版のためのまえがき

このところ、毎年のように痛ましい気象災害が日本列島を襲っている。

2014年（平成二十六）8月、2つの台風が停滞前線を活発化させ、近畿地方から瀬戸内海沿岸を経て九州北部地方まで豪雨をもたらした。広島県では、土石流が発生して大規模な土砂災害に見舞われた。

2015年（平成二十七）9月に関東・東北豪雨。台風18号が知多半島を上陸し日本海に抜けて温帯低気圧となったが、この低気圧に向かって南から暖湿気流が流入したことで線状降水帯による強雨が続いた。鬼怒川と小貝川の水位が上昇し、常総市の広い地域が水没した。

2017年（平成二十九）6月末から7月にかけて、梅雨前線が南下し、台風の影響を受けて九州北部に豪雨をもたらした。河川の氾濫、浸水害、土砂災害を引き起こし、停電、断水、電話の不通といったライフラインに甚大な被害を及ぼした。

2018年（平成三十）1月、太平洋沿岸を進んだ南岸低気圧の影響で関東地方の広い範囲で雪が降った後、日本海に発生した低気圧が発達して強い冬型の気圧配置となったことで本州日本海側は暴風雪となった。北陸地方では、道路の通行止め、鉄道の運休といった交通障害や停電、水道凍結、電話の不通とライフラインが影響を受けた。

2018年(平成三十)7月、関東地方から九州北部地方に横たわる梅雨前線と台風の影響で西日本各地で観測史上第一位という大雨が記録された。広島県、岡山県を中心に、河川の氾濫、浸水害、土砂災害を引き起こした。

これらは異常気象による気象災害として扱われている。異常気象とは、気象庁の定義では「30年間の気候に対して著しい偏りを示した天候」とされる。国際的には極端現象(Extreme Weather)とよばれ、こちらは25年以上の期間で一回の発生確率となっている。

30年にしろ25年にしろ、どうして長期間において稀な確率的な現象を「異常」なり「極端」と命名したのかというと、一人の人間が感覚的に覚えている年月を想定しているからだ。もちろん、平均的な人間の一生は30年よりもはるかに長い。しかし、古い記憶となると薄れるか、あるいは過度に強調されて頭に入っているか、いずれにせよその内容は曖昧になる。だから、一人ひとりにとって、異常気象とは常に今までに経験したことのない稀な現象として捉えるべきとの発想がある。

特別警報の基準も同じ考え方によるものだ。数十年に一度という異常気象により重大な災害が起こる可能性が極めて高い場合、気象庁から「命を守る行動」をとるようにと発せられる。大雨の特別警報では50年に一度の頻度となっており、まさに一人の人間が一生に一度経験するかしないかという稀な現象だ。

年々歳々花あひ似たり
歳々年々人同じからず

『和漢朗詠集』の「無常」に収録されている漢詩で、元の作者は唐の時代の劉廷芝とされている。現代語では、「毎年毎年同じように花は咲くが、それを眺める人々となると世を去る者・新たに生まれてくる者と異なっている」とでも訳すことができようか。

ここで、一風変わった解釈をしてみたい。春夏秋冬の自然は本来変わらないものだが、人は世を去り、人は新たに生まれてくるのだから、一人ひとりにとって四季のうつろいは常に新鮮だ。このように捉えてみてはどうか。桜の開花や秋の紅葉といった花鳥風月に留まらず、大雨・強風・洪水による気象災害も各人の記憶にない大きさで到来してくる。

個々人の記憶を超えた現象を知るには、過去の記録に触れるしかない。毎年、日本列島のいずれかの地域で発生してしまう痛ましい気象災害を考えるにつけ、過去の気候変動や気象災害、それに伴う飢饉発生といった危機的状況をもう一度見直すことは極めて有意義だと思う。歴史はいつも私たちに多くの叡智を与えてくれる。

本書は『気候で読み解く日本の歴史』を文庫化したものだ。2013年に出版して以来、ありがたいことに多くの読者の支持を受け、新聞・雑誌で何度も書評が掲載された。今回、よりお手元に届きやすい形で世に出すことができて嬉しく思っている。

執筆に際して、気候変動や異常気象の実態とその被害を年代毎に並べただけでなく、その時々の為政者や庶民の対応に焦点を当てたものにしている。また古代以来、異常気象が農業の凶作を引き起こし、食料不足による大飢饉をもたらしてきたことから、気候変動に強い農業生産を目指した農業技術の発達という視点を軸に置いた。単なる過去の歴史物語ではなく、今日にも続く課題としてお読み頂けるとありがたい。

2019年1月

田家　康

はじめに

わが国の美しさを讃える表現として、『古事記』に「豊葦原之千秋長五百秋之水穂国」、『日本書紀』に「豊葦原千五百秋瑞穂国」と記されている。農業生産力が高い豊饒な土地という意味が込められたものだ。この自然環境は、四季を通して変化に富んだ気候によるところが大きい。日本で四季という概念が生まれたのは、水田農耕が広がる時代であった。大和言葉での四季は、「大地を墾ル」が朝鮮古語の春を表すparamによりハルとなり、「田に水を引く」季節がナツ（朝鮮古語でnjarim）、「収穫」を意味する秋（同、karu）、「御霊を増殖」（霊の復活）からフユ（同、kara）となった[1][2]。

豊饒な土地に欠くことができない水資源は、海洋と大陸の間を吹く巨大な海陸風であるモンスーン（季節風）によりもたらされる。夏には太平洋高気圧の外縁をめぐる南西モンスーンによる暖かく湿った空気が流れ込む。一方、冬季にシベリア気団に由来する寒波が「寒気の吹き出し」といってアジア大陸から太平洋に向かう際、日本海を通過時に海面から水蒸気の供給を受け、北海道から本州の日本海側に雪を降らせる。こうして日本列島は夏冬とも降水量が多く、豊かな自然の下で森林が生い茂ることで「緑の列島」ともよばれる。人工衛星が写す日本列島は、都市とその近郊を除き現在でも緑で覆われている。温暖な気候と豊富な降水量だけでなく、天気の移り変わりも多彩である。これは日本列島の地理的な状況に起因する。一般的に天気は、西から東に向けて偏西風の流れに沿って移り変わる。ところがアジア大陸にはチベット高原やヒマラヤ山脈があるため、偏西風は蛇行し、時には2つの流れへと分流し、あるいは日本列島の東方海上で合流するといった複雑な動きをみせる。また、東南アジアの熱帯域からの南北方向の立体的な大気循環も天気の変化を大きくする要因となっている。全世界をみて、日本列島周辺はもっとも気象予報が難しい地域のひとつとされている。

先人も気象の移り変わりに大きな関心を寄せてきた。藤原定家の『明月記』を代表例とする平安時代以降の日記文学では、月日の記載の後にその日の天気を記述することが非常に多くみられる。天気から記すことにより、その日の出来事の背景がイメージできるという効果が大きかったのだろう。

日記においてまず天気を記載する伝統は江戸時代の藩日記にも受け継がれ、18世紀の日本の天気分布を知る上で貴重な史料となっている。そして今日でも、私たちは手紙では時候挨拶、面談の際も天気や気温の話題から始めるのが自然の流れになっている。ことほどさように、日本人の生活は歴史的にも気象現象と深く密着しているといえる。

このように、日本列島は温暖な気候と適度な降水量を基礎とし、季節によって天気が多彩に移り変わる豊かな自然環境に育まれている。とはいえ何事も程度がある。晴天がなければ日照不足によって農産物の生育が悪くなるものの、長い間雨が降らなければ干ばつになる。また、雨天は水不足を解消し「干天の慈雨」と待ち焦がれる一方で、豪雨となれば水害が発生し土砂災害まで引き起こす。

「ときにより、過ぐれば民の嘆きなり八大竜王雨やめたまえ」（鎌倉幕府第三代将軍源実朝）とあるように、変化の多彩な天気は時に歓迎されない極端な気象現象をもたらす。

気象災害は、梅雨時の集中豪雨や台風の到来、冬季の豪雪といった一時的で局地的な極端現象によるものから、数年毎に発生するエルニーニョ現象による地球規模の異常気象、さらに数十年・数百年単位での気候変動によるものまでさまざまである。

一過性の極端現象が繰り返されるだけであれば、その対処も過去の事例を参考として対策を講じることもできるだろう。従来の生活基盤を維持しつつ不測の事態に備えればいい。しかし、もし気候変動に伴う天候不順や異常気象が数年あるいは数十年の傾向で続いたとしたら、生活基盤そのものが脅かされ抜本的な対応策が必要となってくる。

古代から近世にかけて、天候不順や異常気象の長期化は農業の凶作をまねき、時に深刻な飢饉の元凶となった。日本史を通して気候変動は凶作に直結し、飢饉、疫病、戦争の原因のひとつであり続けてきた。

本書は、われわれ日本人の祖先が気候変動に対しどのように立ち向かってきたかについて、歴史の流れに沿って記したものである。『気候文明史』（2010年、日本経済新聞出版社）では気候変動と歴史の関係について転換点を中心に通史としてまとめたのに対し、本書では気候変動に起因する災難等への各時代の人々の行った対応策に力点を置いている。国家的な方針が当時の文献で確認できることを踏まえ、奈良時代から筆を起こした。

第Ⅰ章では、奈良時代の干ばつを中心に話を進める。干ばつとともに、天然痘が大流行し、庶民だけでなく宮廷人も襲った。そして、干ばつの被害を拡大した背景に、万葉の人々による自然破壊があった。

第Ⅱ章では、平安時代から鎌倉時代にかけて、異常気象に際して京都の朝廷と鎌倉の幕府での対照的な姿が浮かび上がる。突然の天候異変に立ち向かい、日本全体の統治者としての信認を得たのは誰だったのか。

第Ⅲ章は、飛鳥時代・奈良時代に始まり平安時代を通して続いた温暖な時代が終わり、小氷期という寒冷な時代に向かう転換期の「1300年イベント」を取り上げる。気温が下がるとともに海面水位が低下した時代、幸運を得た武将がいた。そして、寒冷な時代に備えるかのように、農業技術の革新がこの時代に広がっていた。

第Ⅳ章は、室町時代の小氷期での天候不順の時代を中心に描く。飢饉の最中にあって、農民の中には生き残るために足軽へと変わっていく者がいた。彼らはどのような行動を取ったのだろうか。

第Ⅴ章では、江戸時代での小氷期の寒冷な時代を扱う。火山噴火が多発し、6回もの深刻な飢饉が発生した。家光や吉宗のように強い指導力を発揮し、危機に対処した将軍もいた。やがて、思わぬ社会構造の変化があり、幕藩体制の下での対策の限界が現れる。

気象の変化が大きいがために、日本人は自然災害に対して受け身であり過去の経験を活かす意欲に欠けるといわれることがある。そんなことはけっしてない。われわれの祖先も現実を直視し、苦悩する中で何とか打開策を見出そうと模索し、予防策を真剣に考え行動を起こしてきたのだ。その歴史を振り返ってみたい。

本書の執筆において、全国森林組合連合会の佐々木太郎部長、武蔵野美術大学の宮原ひろ子准教授、日本気象予報士会の藤井聡静岡支部長から貴重なご助言を頂いた。この場を借りて御礼申し上げたい。また、本書出版に際しては、日本経済新聞出版社の堀口祐介経済出版部部長、編集者の野崎剛氏にも大変お世話になった。お二方にも感謝したい。

著者注

1. 本書において、地名および人名は一般的に用いられている表記によった。
2. 年月日について、特に注記のない限り、グレゴリオ暦を算用数字、和暦を漢数字で表記した。

目次

第Ⅱ章　異常気象に立ち向かった鎌倉幕府　85

第V章 江戸幕府の窮民政策とその限界 225

プロローグ　太陽活動と火山噴火がもたらす気候変動

地球の気候は、さまざまな時間スケールで変動している。代表的なものに、およそ10万年サイクルで到来する氷期（氷河期）がある。1万2000年ほど前に最終氷期が終わり、現在は間氷期という温暖な時代が続いている。この10万年サイクルで訪れる氷期―間氷期は、太陽を回る地球軌道のわずかなずれによって生じるものだ。気候変動に影響を及ぼす要因としてさらに長期的なものとなると、地球表面の大陸移動やヒマラヤ山脈やチベット高原などの陸地の隆起があり、これらは数百万年スケールの気候変動をもたらす[1]。

一方で古代以後の気候変動について、過去2000年間という期間で眺めてみよう。数年毎に発生するエルニーニョ現象がもたらす異常気象はよく知られるところだ。また、20世紀後半は人為的な温室効果ガス排出による地球温暖化が顕在化している。とはいえ、古代から近世にかけての気候変動をもたらした大きな要因として、太陽活動の変化と火山噴火の2つが考えられている。この2つの要因により、氷期と間氷期の繰り返しといった気温差の激しい変化ではないものの、数十年数百年といった単位で温暖期と寒冷期が繰り返され、あるいは全世界が突然寒冷化した時代があった。

●数百年単位で変動する太陽活動

近年の古気候学の研究から、太陽活動は数百年単位で活発化し、あるいは低下してきたことがわかってきた。太陽放射そのものの変化はごくわずかであるものの地球全体の気候システムに影響を及ぼす。そして、地球規模で気温は温暖化と寒冷化を繰り返している。

太陽活動の強弱は、樹木の年輪、グリーンランドや南極の万年雪・万年氷から掘削した氷床コア（氷の柱）に含まれる放射性炭素（^{14}C）やベリリウム10（^{10}Be）の含有量により推定することができる。これらの同位体は太陽圏外から飛来する宇宙線が大気中の窒素原子や酸素原子と衝突することによって生成されるもので、宇宙線の飛来量は太陽活動の強弱によって変化するからだ。

過去1000年間での太陽活動が低下した時期について、それぞれ天文学者の名前がつけられている（図0－1）。

○オールト極小期（Oort Minimum）：8世紀に始まる太陽活動が活発化した時代の後、1040年頃から1080年頃までの40年間にかけての太陽活動の小康期にあたる。この後、世界史の時代区分での中世温暖期とよばれる温暖な時代の最盛期を迎える。

○ウォルフ極小期（Wolf Minimum）：1280年頃～1350年頃までの70年間の太陽活動の低下期。中世温暖期から小氷期という相対的に寒冷な時代への移行期に起きた。

図0-1　放射性炭素ならびにベリリウム10から推定する全太陽放射照度（TSI）の変化

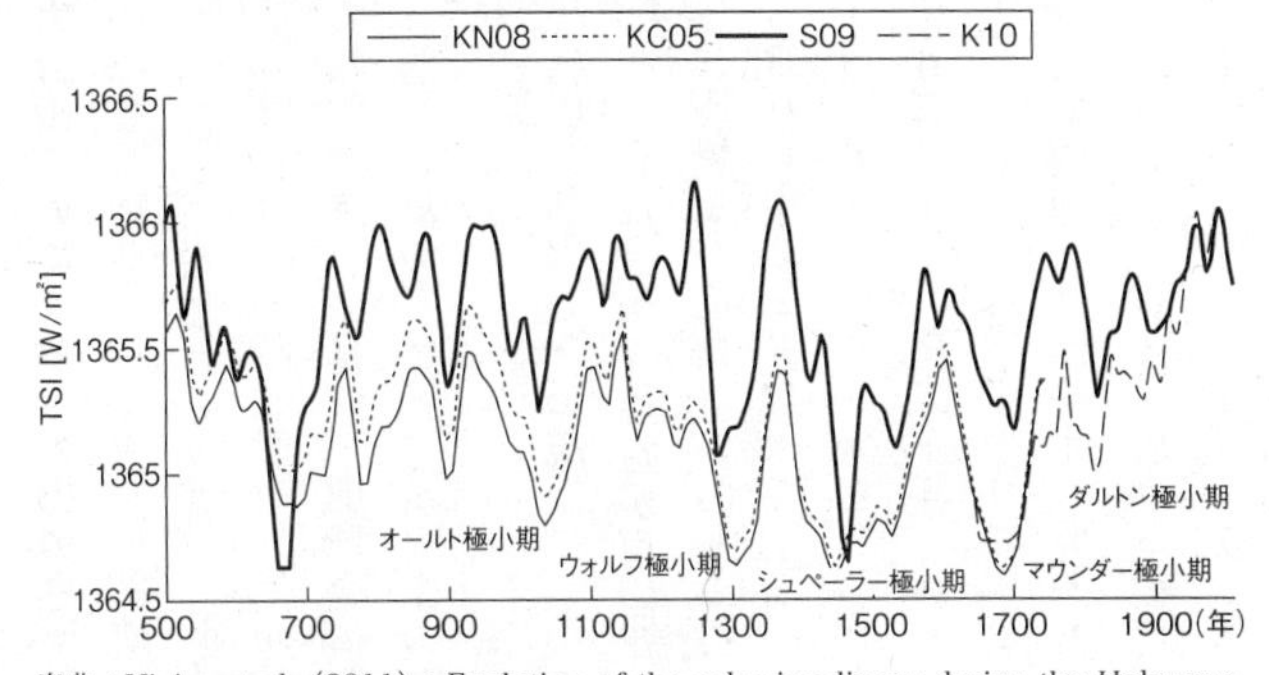

出典：Vieira et al.（2011）：Evolution of the solar irradiance during the Holocene. *Astronomy & Astrophysics* **531**

KN08　：Knudsen et al.（2008）^{14}Cによる
KC05　：Korte and Constable（2005）^{14}Cによる
S09　：Steinhilber et al.（2009）^{10}Beによる
K10　：観測された太陽黒点数による推定

○シュペーラー極小期（Spörer Minimum）：1420年頃から1530年頃にかけての110年間の太陽活動低下期で、小氷期に入ってからの最初のもの。

○マウンダー極小期（Maunder Minimum）：1645年から1715年までの70年間で、太陽表面から黒点がほとんど消えた。小氷期の中でもっとも太陽活動が低下した期間とされる。

○ダルトン極小期（Dalton Minimum）：1790年から1820年の30年間。小氷期で最後の太陽活動低下期とされる。ただし、その低下幅は小さい。

●巨大火山噴火による「火山の冬」の到来

火山噴火も地球規模で気候に影響を及ぼしてきた。火山噴火で排出された硫酸は大気中の水と化合し、硫酸エアロゾル（aerosol）として成層圏まで拡散する。この火山性の硫酸エアロゾルは、太陽放射を大気圏外に反射することで地表に届くのを抑える。火山噴火による日傘効果とよばれ、地球全体に低温傾向を起こす要因となる。1991年のフィリピン・ルソン島のピナトゥボ火山の噴火は、翌年の全球平均気温を約0・5℃下げたと観測されている。

巨大火山の噴火とその規模について、南極やグリーンランドの氷床コアに残された硫酸化合物の含有量等から推定が可能だ（図0－2）。過去1000年間において、地球規模で気候に影響を与えたとみられる巨大火山の噴火として以下のものがある。

○1000年頃（±40年）、中国・北朝鮮国境の白頭山
○1258年、インドネシアのロンボク島サマラス火山
○1452年頃、南太平洋シェパード諸島のクワエ火山
○1600年、ペルーのワイナプチナ火山
○17世紀後半、世界各地での火山噴火の頻発
○1783年、アイスランドのラキ火山
○1815年、インドネシア・スンバワ島のタンボラ火山

図0-2　氷床コアに残る硫酸エアロゾル
（上：北半球、中：南半球、下：地球全体）

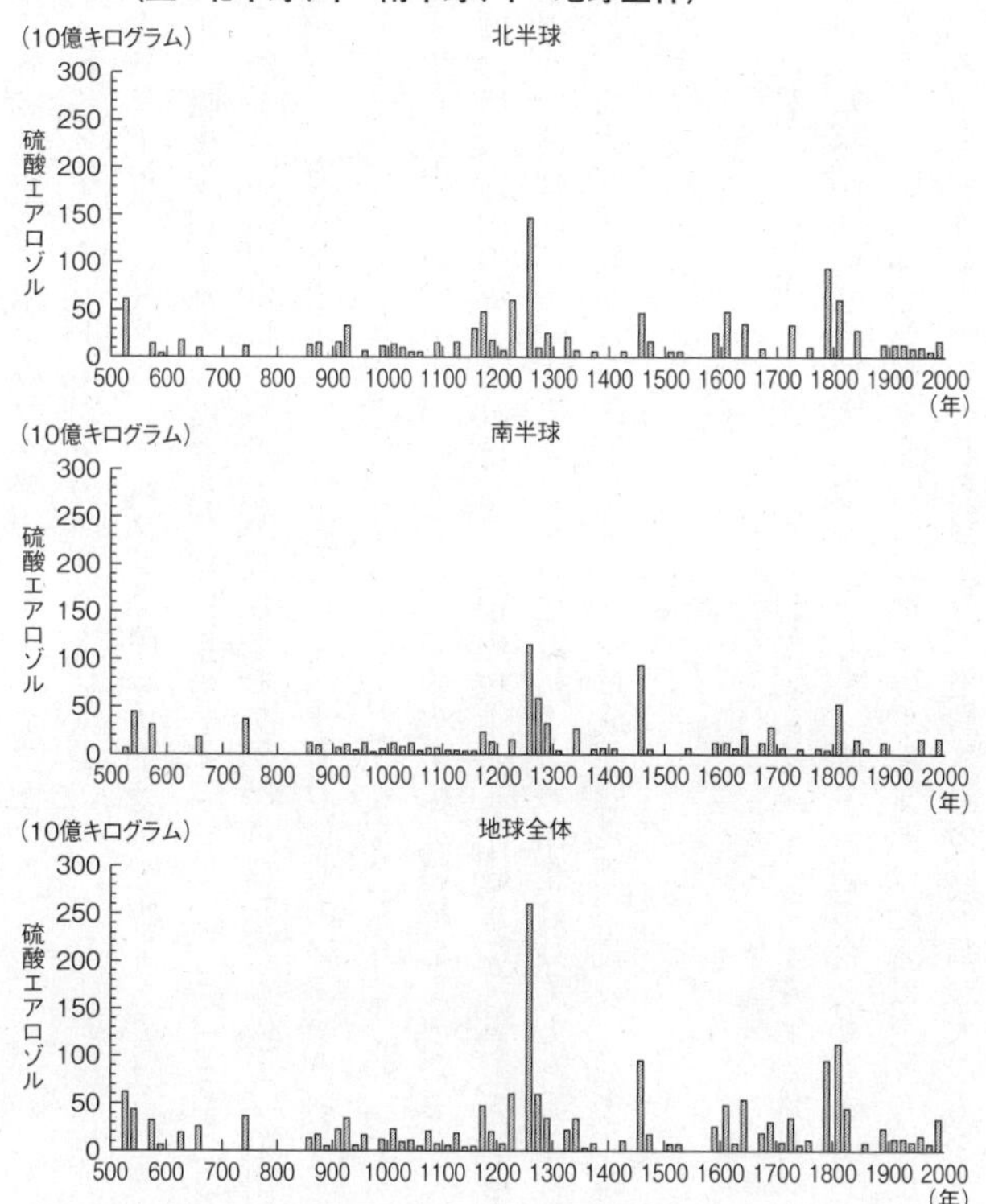

出典：Gao et al. (2008)：Volcanic Forcing of Climate over the Past 1500 Years：An Improved Ice-Core Based Index for Climate Models. *Journal of Geophysical Research-Atmospheres* **113**

○1836年、中米ニカラグアのコセグイナ火山
○1883年、インドネシアのクラカタウ火山
○1991年、フィリピン・ルソン島のピナトゥボ火山
火山の噴火規模を示す尺度に火山爆発指数（Volcanic Eruption Index; VEI）がある。火山からの噴出量によって1から8までランク付けしたもので、噴出量が10億立方メートル（1立方キロメートル）でVEI＝5、100億立方メートル（10立方キロメートル）でVEI＝6、1000億立方メートル（100立方キロメートル）でVEI＝7となる。VEIで6以上が巨大火山噴火とされ、右の火山噴火のほとんどがこれに該当する。
一度の巨大火山噴火もあれば、一定規模以上の火山噴火が連続して起きる場合がある。一度限りであれば、硫酸エアロゾルの浮遊による寒冷化は長くとも5年程度でおさまるのに対し、噴火が連続すると硫酸エアロゾルは成層圏に漂い続け、数十年規模での寒冷化をもたらすこともある。

太陽活動と火山噴火はまったく別の自然現象であり、それぞれが地球の気候を温暖傾向あるいは寒冷傾向に導く要因になる。そして、両者の組み合わせもある。太陽活動が強まるとともに火山活動がおさまる時代に地球の平均気温は顕著に上昇し、反対に太陽活動が低迷する中で大きな火山噴火が多発すると平均気温の低下幅が大きくなる。

太陽活動の活発期・低下期から、8世紀から13世紀半ばまでの中世を中心とする温暖期、14世紀から19世紀半ばまでを小氷期という気候変動がある。この数百年単位の大きな傾向に対し、実際の世界各地の気候は火山噴火要因が加わるため複雑な動きをみせてきた。近年の研究では小氷期の時代の寒冷化について、太陽活動要因よりも火山噴火要因の方が大きい、あるいは引き金は火山噴火であったとする学術論文もある。[2][3]

地球規模の気候変動は日本列島にも影響を及ぼしてきた

このように太陽活動の強弱と火山噴火は地球規模で気候の温暖化・寒冷化をもたらす大きな要因であった。この2つの要因による気候変動と日本の気候は無縁ではない。地球規模の気候変動は日本付近の気圧配置を変え、夏季の太平洋高気圧の外縁を時計周りに流れる南西モンスーンの勢力に変化を与え、冬季の寒冷なシベリア気団の動向に影響を及ぼしてきた。また、北半球を一周する偏西風が大きく蛇行すると寒冷低気圧が日本列島を覆って異常低温をもたらし、あるいはオホーツク海高気圧からの北東風による冷たい寒気が東日本の太平洋沿岸を襲うこともある。

そして、気候変動は天候不順や異常気象をもたらす。日本列島においても、温暖な時代に干ばつの到来で凶作となる一方、寒冷化すると冷夏・長雨によって飢饉に見舞われることになる。天候不順は疫病を大流行させ、社会不安や戦乱の要因ともなった。

本書の出発点として、舞台は8世紀の奈良時代へと移る。この時代、太陽活動は活発化し、巨大火山噴火がみられないという点で、温暖な時代であったとされる。その後、太陽活動は何度か低下し、時に巨大火山噴火が頻発する時代も到来する。果たして、日本の気候はどのように変わり、われわれの祖先はいかに立ち向かってきたのであろうか。

第Ⅰ章 平城京の光と影

「あをによし　寧楽(なら)の京師(みやこ)は　咲く花の　薫(にお)ふがごとく　今盛りなり」

——大宰少弐小野老朝臣『万葉集』巻三　327　天平元年十一月

「疫病と干ばつが並び起こって、田の苗は枯れしぼんでしまった。このため山川の神々に祈祷し、天神地祇に供物を捧げてお祀りをした」

——聖武天皇詔『続日本紀』天平九年五月十九日

(1) 万葉の花咲く陰で

●律令国家の建設

672年の壬申の乱で大友皇子を下し飛鳥浄御原宮で即位した天武天皇は、新たな国家体制の構築に向けて着手していった。天武天皇が目指した改革の大きな柱は律令制の本格導入と、唐の都市にならって条坊制を採用した新城京（あらましのみやこ）を建設することであった。彼は686年（朱鳥元）九月に死去したが、その遺志は皇后であった持統天皇とその子孫に受け継がれた。

律令の制定について、689年（持統天皇三）六月に飛鳥浄御原令が公布施行され行政組織が固められ、701年（大宝元）に刑罰法令を加えた大宝律令へと改正されていった。大宝律令は、翌年二月に在京諸司への写しの頒布、七月に編纂者であった下毛野古麻呂らによる講義、そして十月に諸国に周知徹底がなされ、古代日本の基本的な法律となる。

一方の大きな都の建設について、天武天皇は682年三月から現在の奈良県橿原市にあたる地を何度も行幸しており、候補地の選定はほぼ固まっていた。690年になると藤原京として建設が行われ、694年十二月、持統天皇は飛鳥浄御原宮から新しい都に移った。東西南北5・2キロメートルの正方形で、四方に十条の区画を行ったわが国最初の条坊制に基づく都城である。その中心に1キロメートル四方の藤原宮が置かれた。持統天皇は天武天皇から引き継がれた事業を見届けた後、697年に孫である15歳の皇太子軽皇子に譲位した。軽皇子は文武天皇として即位する。

ところが、702年（大宝二）十二月二十二日に持統太上天皇が死去した後、文武天皇は遷都の検討を始める。当時、天皇（大王）の代が変わると都を変えるという伝統が残っていたためだ。706年（慶雲三）九月に難波に行幸し、孝徳天皇の宮があった地に都を再興しようと考えた。文武天皇が翌年六月に24歳で早逝し、母である阿閇皇女が元明天皇として即位すると、今度は難波ではなく藤原京の北方にある現在の奈良市が新しい都の候補となり、708年（和銅元）二月十五日に平城京への遷都の詔が発せられた[1]。

新しい都の建設にあたっては、畿内と近江国を中心とした雇役の公民が租庸調の中の労役にあたる庸として、半ば強制労働のようにかりだされた。しかし、逃亡する者が続出し、社会不安が広がったようだ。709年（和銅二）、元明天皇は「遷都のための移住などで、人民が動揺しており、鎮撫を講じてもまだ充分安堵することができぬ。これを思うたびに、朕は大そう哀れを感じる。今年の調と租をともに悉く（ことごと）免除することにする」との詔を発している。巨額の建設費用が投じられた末、翌710年（和銅三）に平城京へと遷都した[2]。

藤原京から平城京にかけての8世紀、天武天皇とその直系の子孫で皇位が引き継がれていったことから天武王朝の時代ともよばれる。律令国家と唐風の都城建設だけでなく、古代日本の勢力範囲は国内海外で急速に広がった時期でもある。外交面では白村江の戦い以降30年間途絶えていた遣唐使を702年（大宝二）に復活させ、日本が律令国家としての再生を唐が認知するよう報告し、外交修復を図った。遣唐使はその後も717年（養老元）、733年（天平五）と続けられた。また、唐の圧力に困惑していた新羅とは天武天皇の時代から相互に使節団を派遣しあった。養老年代に入って新羅が唐の関係を修復し日本との交流がやや疎遠になると、日本は渤海との間で渤海使、遣渤海使を盛んに送り合うようになる。

日本国内に目を向けると、東北地方への勢力範囲を広げていった時代でもあった。『日本書紀』によれば658年の春に阿部比羅夫が180艘の船を用意し、能登半島などの地域の豪族を率いて日本海側を秋田から津軽へと遠征したのに対し、太平洋側ではまだまだ蝦夷とよばれた先住民の支配地域が大きかった。養老年間に太平洋側での北上が進み始め、724年（神亀元）に仙台平野に多賀城（柵）を築き、ここを拠点に陸奥および出羽へと勢力を伸ばしていくことになる。737年（天平九）二月に持節（征夷）大使として藤原麻呂が陸奥国に派遣され、その下で鎮守府将軍の大野東人（おおののあずまびと）が常陸・上総・下総・武蔵・上野・下野の騎兵1000人をもって多賀城を北上し、現在の秋田山形の県境にある出羽国雄勝郡まで進出している。[3]

●太陽活動の活発化

太陽活動は5世紀から続いた低迷期の後、7世紀後半に底打ちし活発期へと転換した。10世紀から11世紀にかけてオールト極小期に太陽放射が低下傾向を示した時期はあるものの、14世紀まで総じて温暖な気候が続くことになる。8世紀から9世紀にかけては、10世紀半ば以降の世界史の区分での中世温暖期の先駆けともいえる太陽放射が活発化した時代であった（図0－1）。

北半球の過去2000年間の平均気温の推移を示した研究論文がある。欧州、北米大陸、カリブ海、アラビア湾、中国などの世界各地から採取された氷床コア、花粉、有孔虫、鍾乳石といった代替資料をまとめたものだ。4世紀から約300年続いた寒冷な時期が終わり、7世紀末から気温の水準がジャンプするかのように上昇していることがわかる。770年代に一時的に気温が急低下した時代があるものの停滞することはなく、ピークとなる11世紀から12世紀に向けて下限を切り上げながら気温は上昇トレンドに入っていった（図1－1）。

古代から近世に至るまで、農業生産力こそが国力であり、温暖な時代は食料増産から国力向上に直結する。8世紀の西欧をみると732年にカール・マルテルがトゥール・ポワティでイスラム勢力の侵入を阻止し、その子の小ピピンは751年にメロヴィング朝を廃

図1-1　過去2000年間の北半球の平均気温推移
（1960年～1990年の平均値からの偏差）

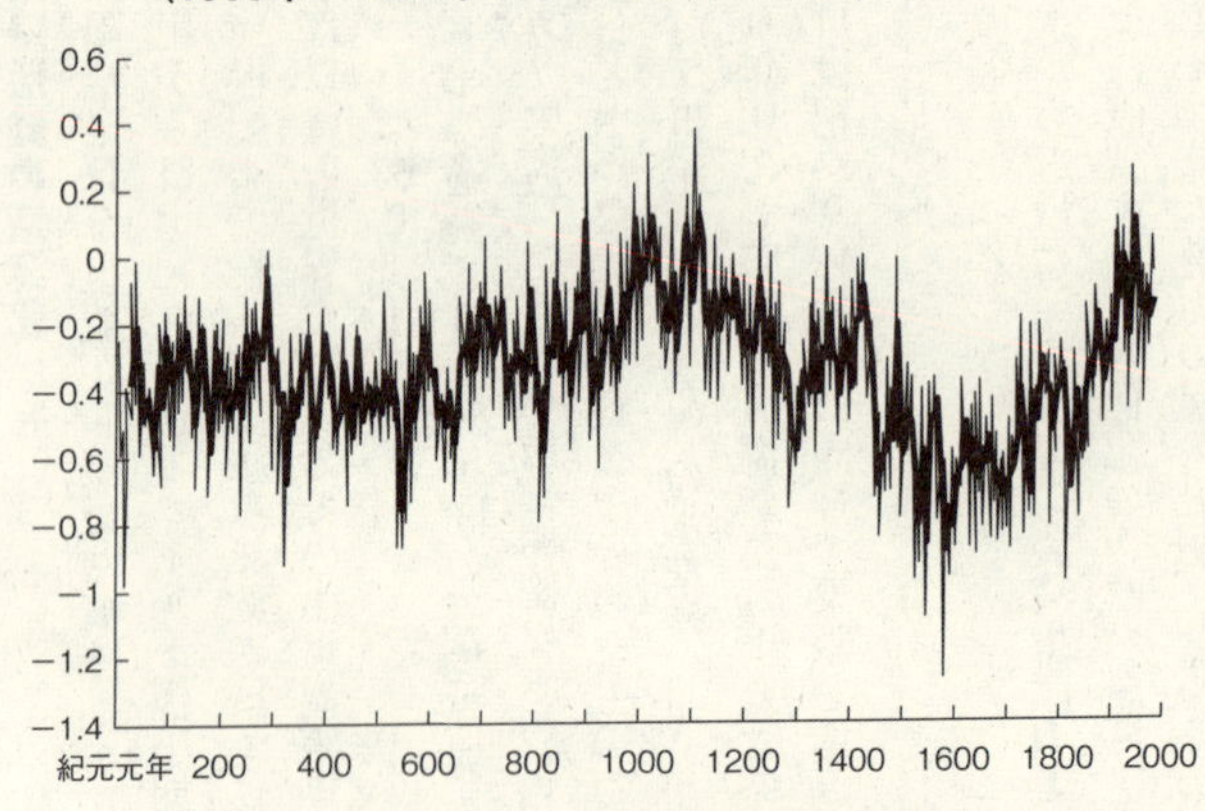

太線　10年平均値
注：気温推移は1979年までのデータによる。
出典：Moberg, et al.（2005）：Highly variable Northern Hemisphere temperatures reconstructed from low-and-high-resolution proxy data. *Nature* **433**, No. 7026, pp. 613-617

して王となり、カロリング王朝の成立を見る。カロリング朝は一時期、現在のフランス、ドイツ、イタリア全土を支配下に置き、中世における欧州の発展の基礎となる。カロリング王朝ばかりではない。600年から1000年にかけての欧州全土の人口をみると、2600万人から3600万人へと1・38倍となり、さらに1300年になると7900万人と700年間で3倍以上に増加した。[4]

中国でも唐による繁栄した時代が始まった。712年に即位した玄宗は統治前半に開元の治と称される安定した政治体制を築き、盛唐とよばれる興隆の時代を迎える。10世紀に五代十国時代を経て、979年に宋（北宋）が華北を含む中国本土を統一すると、唐末から衰退していた貴族政治がほぼ消え失せた。宋の時代に身分制・世襲制の打破がなされ、科挙による登用を徹底することで皇帝専制という中国型の統一システムを確立している。人口もこの間に大きく増加した。西域とチベットを含む中国本土の人口推計では、600年に5000万人であったものが1000年に6600万人、1100年に1億5000万人、そして1200年に1億1500万人へと600年間に2倍以上となった。[5][6][7]

このように欧州でも中国でも、8世紀以降に社会的基盤が安定し文化の発展がみられただけでなく人口増加の勢いも顕著であった。ところが日本ではそうではなかった。

●歴史人口学が示すもの

日本列島の過去の人口を考える場合、全国的な戸籍調査は1721年（享保六）に徳川吉宗が発した子午改め以降であり、その後は6年毎の定期的な調査記録がある。しかし、18世紀以前となると直接の人口統計はなく、仮定をおいた推計を行うしかない。

縄文時代の人口について、遺跡数を集計した上で各遺跡の平均人口を時代毎に仮定して推定する方法がある。国立民族学博物館の小山修三名誉教授によれば、縄文時代早期の8100年前は2万100人、前期の5200年前は10万5500人、中期の4300年前は26万1300人、後期の3300年前は16万3300人、2900年前は7万5800

人となる。縄文時代前半に人口増加の第1の波があり早期から中期の4000年間で13倍に増加した。その後は気温の低下期を迎えたこともあり、縄文時代末期に人口は三分の一に減少した。弥生時代に入ると、大陸から大量の移民が押し寄せたことで再び増加に転じ、3世紀に人口は59万4900人へと急激に増加した。[8]

大陸からの移民は古墳時代にも続き、飛鳥時代まで人口は増加した。京都大学の故鎌田元一教授は、725年の古代日本政府による国家掌握人口を東北南部から南九州までの合計で440万〜450万人、脱漏人口を勘案すると約500万人とした。全国の郷数を『和名類聚抄』にみえる4051とおき、これに出挙稲数等から一郷あたりの人口を1052人と推定した上で、都市人口を加えて導き出したものだ。弥生時代以降の500年間に7・6倍、脱漏人口を含めると8・4倍に増加したことになる。この時期が日本における縄文時代に次ぐ第2の人口増加期であり、その原動力は大陸から移民と彼らが持ち込んだ水田耕作による農業生産の増大であった。[9][10]

しかし8世紀以降、日本の人口増加傾向は鈍化する。鎌田教授は常陸国での稲数と人口の比率をもとに『延喜式』から推計した全国総稲数により、800年の全国人口を550万人、これに調査漏れを加えても600万人を上回る程度とした。その後の時代について、静岡県立大学学長の鬼頭宏博士は男女平均の口分田の班給面積1・6反（段）で人間一人が生きていくことができたと仮定した上で、『和名類聚抄』の田籍数をもとにした推計を行った。班給対象とならない6歳未満の子供（人口の16％と想定）および平安京人口（12万人）を加えて、全国人口を900年で644万人と導き出した。同様に12世紀半ばの田籍史料を記載したと考えられる『拾芥抄（しゅうがいしょう）』をもとに1150年で684万人としている。725年から1150年までの約400年間で1・2倍強の人口増加であるものの、同時期の欧州や中国の増加率と比較して見劣り感がある。[11][12]

また、ハワイ大学歴史学部教授のウィリアム・ウェイン・ファリスは730年の日本の総人口について、一郷あたり1250人をベースとして鎌田推計よりも多い580万～640万人と推計した。その後の人口推移について、当時の水田の生産性は低く、一人あたり1・6反（段）ではなく2・17反（段）なければ生活できなかったと疑問を示し、さらに『和名類聚抄』にある田籍数の25％は休耕田であったと考えるべきだとして鬼頭推計を過大と主張した。後述するように口分田の荒廃は当時の古文書からも確認できる。ファリスの推計では、日本の総人口は950年にかけて440万～560万人と減少し、平均寿命は20歳を切った。そして、平安時代末期の1150年までに530万～630万人と回復したものの、奈良時代から平安時代にかけて大きな流れとして人口が横這いであったとみるのだ。ファリスは縄文時代中期に次ぐ人口増加の第2のピーク時期を715年～739年の580万～640万人とし、鎌倉時代末期までこの数字を超えることはなかったとしている。[13][14][15]

鬼頭推計を採用したとしても、奈良時代から平安時代末期にかけて、日本全体での1年間の平均増加率で見て0・1%にも満たない。それも東日本への支配を拡大した時期であり、725年から800年での政府掌握人口の増加100万人のうち半分弱が関東甲信越および北陸での伸びが寄与したものだ。この傾向はその後も続き、725年から1150年を通してみると、関東地方で82万人、東北地方で32万人増加しており、この2つの地域での人口が2倍になり、全国合計の増加の半分以上を占めた。西日本での人口増加は1000年以降鈍化しており、この地域の1年間の平均増加率はわずか0・07%と横這いに近い（図1－2）[16]。

飛鳥時代から奈良時代にかけて、技術者集団である渡来人が移住してきた。畿内の官吏登用の母集団は氏族だが、『新撰姓氏録』によれば全氏族の約30%が渡来系という。彼らは東日本にも移住し、文化や技術を伝えつつ日本に溶け込んでいった。調の納税品や庸の代用物に伊豆国の堅魚のような大量生産品がみられ、単に零細な家族の余暇作業の域を越えるものもあった[17]。

こうした技術の発達の中で、律令制という国家システムが整備され、中央政府が全国各地に国司を派遣し、文化的にも飛鳥時代から奈良時代の巨大木造建築が造られ平安時代の国風文化へと続く発展がなされたとされる。にもかかわらず、鬼頭推計では、国力の大き

図1-2　地域別人口推移；750年～1150年（鬼頭教授推計による）

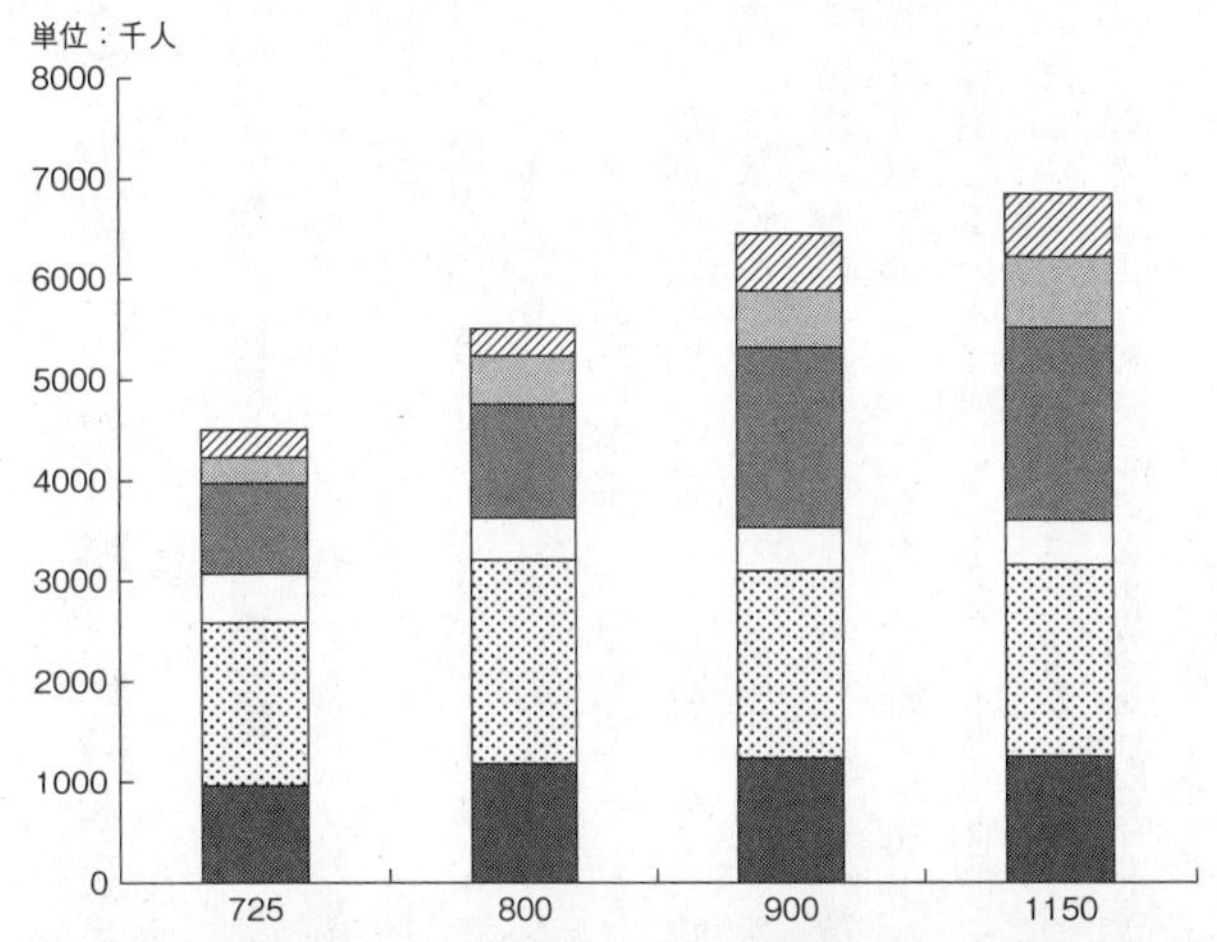

出典：鬼頭宏（1996）：明治以前日本の地域人口　*上智経済論集*　41（1・2）

な要素である人口増加は畿内を含む西日本でわずかな伸びでしかない。ファリスの推計においては全国計で人口が横這いの期間とされている。この傾向は西欧や中国とは異なるものだ。果たして、奈良時代から平安時代にかけては、古代日本の大いなる国家成長の時代ではなかったのか。律令国家の勢いを削ぐかのように、8世紀以降に干ばつ、飢饉、疫病が頻発していたのだ。

(2)「祈祷」「税の軽減」「救済米」

●『続日本紀』に記録された高温乾燥

8世紀に始まる温暖な時代の到来は、律令制の下で編纂された国史からも確認できる。六国史といわれる『日本書紀』『続日本紀』『日本後紀』『続日本後紀』『日本文徳天皇実録』『日本三代実録』は神代から887年（仁和三）までを対象とした公式の歴史書である。この中には、気象・気候にかかる事項が数多く記載されている。

ファリスは、『続日本紀』の対象期間である697年（文武元）から791年（延暦十）までの飛鳥時代後期から平安遷都直前までの時代について、降雨・寒冷・高温・乾燥という区分で気候が記載された頻度を数え上げ、それぞれの比率を調べた。ファリスの定義では、降雨・寒冷の頻出比率を湿潤・寒冷指数、干ばつの頻出比率を干ばつ指数とした。1000年以降についても古文書研究を利用し、時代区分毎に湿潤・寒冷指数と干ばつ指数を算出している。表1－1をみると、8世紀では、高温ならびに乾燥を示す記載頻度が極めて高いという特徴があることがわかる。

8世紀と11世紀以降での各指数を比較すると、8世紀には干ばつ指数が湿潤・寒冷指数を大きく上回っており、また高温についての記載比率が寒冷ものと比べて極端に高い。

表1-1　湿潤・寒冷指数と干ばつ指数（古文献の記載件数から）

	降雨	寒冷	高温	乾燥	計	原典
697年～791年	59	10	67	103	239	『続日本紀』のための六国史索引
	24.7%	4.2%	28.0%	43.1%		
	湿潤・寒冷指数	29	干ばつ指数	43		
1000年～1099年	52	24	35	55	166	佐々木潤之介、他『日本中世後期・近世初期における飢饉と戦争の研究』
	31.3%	14.5%	21.1%	33.1%		
	湿潤・寒冷指数	46	干ばつ指数	33		
1150年～1200年	133	10	42	72	257	
	51.8%	3.9%	16.3%	28.0%		
	湿潤・寒冷指数	57	干ばつ指数	28		
1200年～1299年	377	85	121	207	790	
	47.7%	10.8%	15.3%	26.2%		
	湿潤・寒冷指数	58	干ばつ指数	26		
1280年～1350年	198	14	41	73	326	
	60.7%	4.3%	12.6%	22.4%		
	湿潤・寒冷指数	65	干ばつ指数	22		
1351年～1399年	139	34	52	74	299	
	46.5%	11.4%	17.4%	24.7%		
	湿潤・寒冷指数	65	干ばつ指数	22		
1400年～1450年	301	41	71	128	541	
	55.6%	7.6%	13.1%	23.7%		
	湿潤・寒冷指数	63	干ばつ指数	24		
1451年～1500年	362	22	154	215	753	
	48.1%	2.9%	20.5%	28.6%		
	湿潤・寒冷指数	51	干ばつ指数	29		
1501年～1550年	304	68	114	133	619	
	49.1%	11.0%	18.4%	21.5%		
	湿潤・寒冷指数	60	干ばつ指数	22		
1551年～1600年	345	76	91	121	633	
	54.5%	12.0%	14.4%	19.1%		
	湿潤・寒冷指数	66.5	干ばつ指数	19		

出典：William Wayne Farris（2006）（2007）

図1-3 『続日本紀』に記載された干ばつ、風雨、地震・災害、蝗害の件数と比率

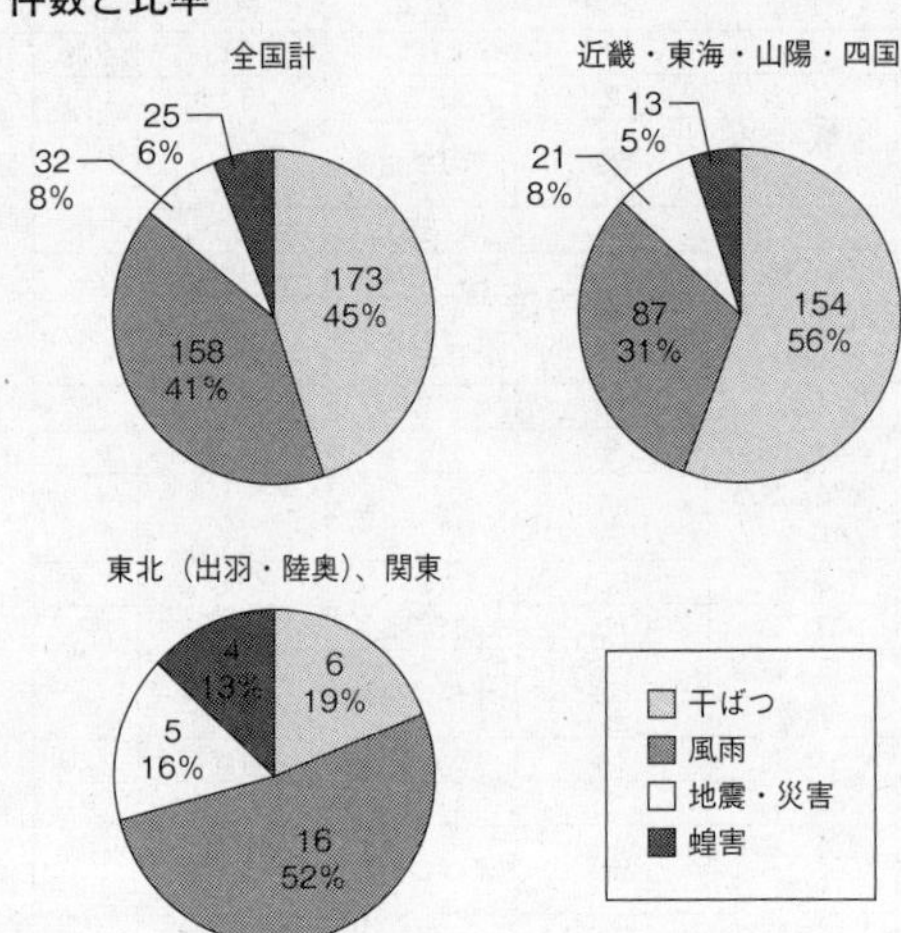

出典：浅見益吉郎（1979）：続日本紀に見る飢と疫と災．
京都女子大学食物学会誌 34

1280年から1350年の期間になると、高温の記載比率が寒冷よりも高いものの、降雨の記録も多い点が8世紀と大きく異なっている。

地域別にみると、さらに8世紀の高温乾燥した気候の特徴が現れる。干ばつ、風雨、地震・火災、蝗害（こうがい）の区分で『続日本紀』での記載比率をみると、各地域の違いが明らかになる（図1－3）。全国計では干ばつが一番多いものの風雨との件数の差はさほど大きくはない。しかし、畿内を中心に東海・山陽・四国では干ばつの件数が半分以上を占めている。一方で東北（出羽・陸奥）と関東を合わ

せた件数をみると風雨が52％であるのに対して、干ばつは6件（うち3件は上総）の19％しかない。干ばつの被害は主に畿内周辺と西日本で起きていたことがわかる。関東の場合、奈良時代から日照りに強かった。『常陸国風土記』には「霖雨に遇はば、即ち苗子の登らざる歎を聞き、亢陽に遇はば、唯、穀実の豊稔なる歓を見む」[18]とあり、「雨年に豊作なく、旱魃に不作なし」という現在に残ることわざにつながっている。

●干ばつをもたらす気圧配置

どのような気象条件の時、畿内を含む西日本で高温乾燥の気候が現れるのか。現在の奈良市の年間平均降水量は1580ミリであり、月別降水量をみると6月から9月にかけての4カ月に790ミリと年間降水量の半分を占める。これは5月末から7月の梅雨前線、9月から10月の秋雨前線、そして台風の到来が降水をもたらすものであり、奈良での降水量の多寡はこの3つの要因に大きく左右される。これらは夏の太平洋高気圧が深く関わっている。

梅雨前線と秋雨前線は、低緯度側の暖かく湿った気団と高緯度側の冷たく乾燥した気団の境界のことだ。冷たい気団は密度が大きく重いのに対し、暖かい気団は密度が小さく軽い。このため2つの気団の境界上では、低緯度側の気団の空気は高緯度側の気団を乗り上げ、上空へと滑昇していく。この時、暖かい気団に含まれる多量の水蒸気は気圧が薄くなることで水へと凝結し、雨となって地上に降り注ぐ。

この2つの気団の勢力が拮抗し、境界があまり移動しない季節が梅雨期である。前線が留まる地域で長雨が降る。中国では昔から Mei-Yu（梅雨）とよばれ、5月に華南で気団の境界（前線）が明らかになる。前線は西から東へ南から北へと延び、帯状の降水域が琉球諸島から本州に至ると日本列島の各地で梅雨入りになる。

このように日本で5月末から7月中旬まで2カ月弱続く梅雨とは、低緯度側の気団と高緯度側の気団の勢力が拮抗している季節のことだ。そして梅雨が明けて夏になる際、典型的には2つのパターンがある。

まず高緯度側の冷たく乾燥した気団が強い場合、暖かく湿った気団は勢いよく北上できず、両気団の境界は7月8月に関東や東北地方に留まり、そのまま2つの気団が混じり合って気団の性質が変わっていく。梅雨前線は本州上空や太平洋上でゆっくり消えていくため「前線消滅型」の梅雨明けとよばれる。すっきりしない夏の到来となり、本州北部では梅雨明けが特定できず、冷夏の年となるケースが多い。

一方、低緯度側の暖かく湿った気団が勢力を強め、冷たく乾燥した気団との境界を北へと押し上げるように梅雨が明けるパターンは、「前線押し上げ型」とよばれる。この時、低緯度側の気団が特に強いと日本列島に梅雨前線が7月末まで居座ることもなく、早い時期に夏となる。日本列島は暖かく湿った亜熱帯性の太平洋高気圧に覆われる。この気団は水蒸気を多量に含むとはいえ、水蒸気は空高く上昇する動きがなければ湿度が高いだけで大雨にはならない。時折、熱雷によるにわか雨があったとしても降水量は多くなく、水不足の夏となる。

梅雨前線の北上を裏付ける古気候研究に、東京大学の阪口豊名誉教授による尾瀬ヶ原泥炭層のハイマツ花粉分析がある。尾瀬ヶ原東側の燧ケ岳は1550メートル以上が針葉樹林帯、2050メートル以上がハイマツ帯である。また、尾瀬ヶ原西側の至仏山では1700メートルで森林限界となり、その地点から山頂まではヒメコマツとハイマツが植生している。これらのハイマツ帯の標高は気温低下とともに下がり、気温が上昇すると針葉樹林帯の標高が上がることでハイマツ帯の植生面積は狭くなる。したがって泥炭柱に含まれるハイマツの花粉の数から、その時代の尾瀬ヶ原での夏季の気温を推定することができる。

分析結果から、紀元1世紀から7世紀にかけての寒冷傾向（阪口名誉教授の命名では「古墳寒冷期」）であったのに対し、7世紀から8世紀後半にかけては、11世紀から12世紀と同様に、尾瀬ヶ原の夏季において気温が高かったことがわかる（図1－4）。さらに同じ時期、泥炭層が堆積する速度が遅いことから、降水量も少なかったと考えられている。すなわち奈良時代に尾瀬ヶ原では梅雨前線が留まることなく、高温少雨の夏であった。この状況は14世紀以降に低温多雨に変わるまで続いた[19]。

図1-4　尾瀬ヶ原のハイマツ花粉分析による気温推移

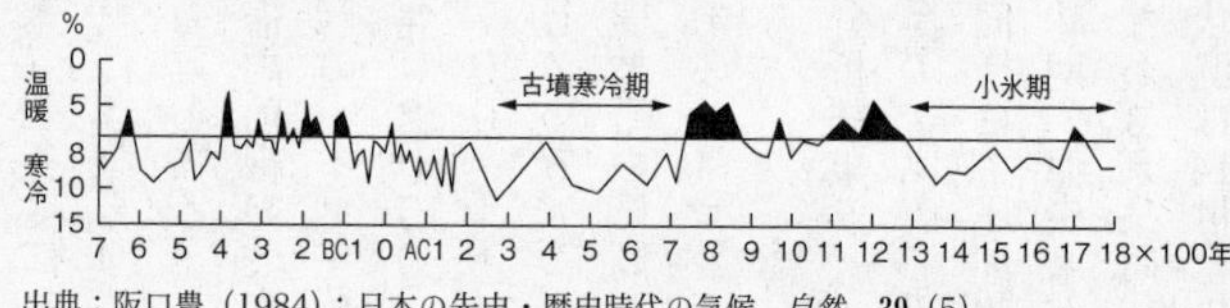

出典：阪口豊（1984）：日本の先史・歴史時代の気候．*自然*　39（5）

そして奈良時代のように太平洋高気圧の勢力が強い場合、秋になっても台風は高気圧の勢力圏に入ることができず、高気圧の西縁を回って台湾から華中へと進むため西向きから東向きへと転向せず、日本列島に到来しない。台風の到来は、本州から四国・九州にかけての地域の年間降水量に極めて重要な雨を降らせる。台風が来ないことは、風水害の観点ではありがたい反面、水不足に直結する。

8世紀の高温乾燥の気候とは、春から秋にかけて太平洋高気圧の勢力が極めて強かったようだ。『続日本紀』には、畿内を中心に干ばつを原因とする大飢饉が何度も何度も記されているのだ。

●8世紀の干ばつと飢饉

『続日本紀』が記録した697年から791年までの95年間の中で、8世紀前半にあたる巻に干ばつとそれに由来する飢饉の記録が多い。704年〜706年、719年〜720年、722年〜723年、735年〜737年には、畿内に限らず広い地域での飢饉が発生している。

○大宝元年四月十五日（701年5月27日）、幣帛（たてみくら）を諸社に奉納し、名山・大川に雨乞いした。同年六月二十五日（8月3日）、いつもどおりの雨が降らないゆえ、大和・河内・摂津・山背で雨乞いをし、この年の調（繊維製品による納税）を免除した。
○慶雲二年六月二十七日（705年7月22日）、日照りが続き、田畑の作物の葉が日焼けし、長らく雨乞いしても恵みの雨が降らない。
○慶雲三年六月四日（706年7月18日）、畿内において管内の名山や大川に雨乞いをさせた。
○養老三年九月二十二日（719年11月8日）、六道の諸国が干ばつにあい、飢饉になった。
○養老六年七月二十八日（722年9月13日）、五月からこの月まで雨が降らず、稲の苗が実らなかった。
○天平二年六月二十七日（730年7月16日）、旱害のため畿内四カ国の田畑の状況を巡検させた。
○天平四年六月二十八日（732年7月24日）、この夏、日照りで人々は田作りをしていない。しばしば雨乞いの祭りを行ったけれども、遂に雨を降らすことができなかった。
○天平七年十一月二十一日（735年12月9日）、この年、穀物の実りが非常に悪かった。

○天平八年十一月十九日（736年12月25日）、秋の収穫がすこぶる阻害されたことから、天皇は畿内四カ国および吉野・和泉の国々の今年の租（米による納税）を免除された。

○天平九年五月十九日（737年6月21日）、四月以来、疫病と干ばつが並び起こって、田の苗は枯れしぼんでしまった。

740年代から750年代にも雨乞いの祈祷や日照りへの記述は見られるものの、やや頻度は落ちる。763年以降になって、干ばつの記述が再び増加する。

○天平宝字七年五月二十八日（763年7月13日）、日照りのために畿内四カ国の神社に幣帛を奉る。同年十二月二十一日に、摂津・播磨・備前で飢饉発生。

○天平宝字八年三月二十二日（764年4月27日）の淳仁天皇の勅として、「近年、洪水や干ばつが続いており、人民は飢えて貧しくなっている」とあり、同年八月にはため池作りを大和・河内・山背・丹波・播磨・讃岐の各国に指示した。

○天平神護元年三月二日（765年3月27日）、天皇の詔として、毎年日照りにあって、穀物が実らない年が続いているとし、もし今年も不作であれば、秋の収穫の時期を待つようにと指示した。

○天平神護二年五月十七日（766年7月8日）、雨がほどよく降ることを願って幣帛（たてみくら）

を大和と畿内五カ国の神々に奉った。
○神護景雲元年十二月十六日（768年1月10日）、美濃国で連年干ばつが起こり、五穀が実らない。
○神護景雲二年五月二十三日（768年6月12日）、干ばつのため、幣帛を畿内の群神に奉った。
770年代後半になると、今度は冷夏や長雨を示す記録が目立つようになる。この時期、オールト極小期のひとつ前の黒点極小期に入り、太陽活動が低下している（図0－1）。
○宝亀六年八月十九日（775年9月18日）、京官（中央役人）は禄が少なくて飢えや寒さの苦を免れない。
○宝亀八年四月五日（777年5月16日）、雹が降った。同月十三日（5月24日）、雨氷が降った。八月八日（9月13日）、長雨のため白馬を丹生川上神社（にうのかわかみ）に奉納した。
しかし、天応元年（781年）以後に桓武天皇の治世に入り長岡京に遷都した時代になると、再び干ばつの記載は増加傾向となる。
○延暦九年五月二十九日（790年7月15日）、先月より日照りが続いて、公私ともに旱害を受けているので、天皇は幣帛を畿内の名神に奉納し、恵みの雨を祈念した。
○延暦十年五月六日（791年6月12日）、天皇は天下諸国がたびたび干ばつと疫病に苦しんでいることから、端午の宴を中止させた。

ファリスは六国史およびその後の文献に照らし、飢饉の発生原因についても分析している。7世紀から11世紀にかけては飢饉の40％が干ばつ時のもので、とりわけ8世紀から9世紀の飢饉の場合、60～70％が水不足に由来していた。冷夏や長雨による飢饉は8世紀において極めて稀で、770年代に発生した事例しかない。9世紀になっても日照り対策としての雨乞いと長雨対策のための雨止の祈祷回数の記録を比較すると、前者が78対32と後者の2倍以上あり、奈良時代の高温乾燥という気候は平安時代初期まで続いている。[20]

●律令国家の干ばつ対策

当時の政府による干ばつ時の飢饉対策をみると、雨乞いの祈祷、税の軽減、被害にあった公民への救済米（賑給）が三本の柱であった。

税の軽減の事例として703年（大宝三）の詔では、「災害や異変がしきりに起こって穀物が不作のため、京畿と大宰府管内の諸国で調を半減し、合わせて全国の庸を免除」とあり、飛鳥時代から実施されてきた。[21]

賑給も同様に飛鳥時代から飢饉対策として実施されており、698年（文武元閏十二月）の年初に播磨・備前・備中・周防・淡路・讃岐・伊予など飢饉発生地に食料を給付したと『続日本紀』にある。賑給は平安時代初期まで実施された。[22]

租庸調の軽減と賑給以外では、公民が田植え時に借りる出挙（すいこ）での利子（通常は5割、後に3割に軽減）の免除、酒造の禁止といった政策がみられる。出挙には、政府が行う半ば第四の税といった公出挙（くすいこ）とそれ以外の私出挙（しすいこ）があった。公出挙が作付け用の種籾の貸与であったのに対し、私出挙では飢えから逃れるために高利にもかかわらず食用に借りるケースがあった。このため、政府は私出挙を禁止する布告を出している。７３７年（天平九）に、「無知で愚かな人民は農務として用うべきことを忘れ、食用として乞い受け、遂に窮乏に陥り」、家族の離散が多発したため、私出挙を「悉く（ことごと）禁断し、違反する者があったら違勅の罪で糾弾」すると詔を発している。また７６３年（天平宝字七）には、私出挙について利息を免除し元本のみ回収すべきとした。[23]

注目すべき点として、干ばつ時に雑穀栽培の奨励がある。雑穀とは小麦、大麦、粟の他にキビ、大豆、ソバを指す。７１５年（霊亀元）、「諸国民の農民はただ湿地で稲を作ることにのみ精を出し、陸田（畑）の有利なことを知らない。だから大水や日照りにあえば、貯えの穀物もなく、秋の取り入れもできずに多くの飢饉に見舞われる」と苦言を呈し、麦を植えることを命じ、粟の貯蔵上の優れた点を掲げ、時期を失わずに耕作するよう指示を出している。「稲の代わりに粟を租税として出す者があれば、これを許せ」ともある。さらに７２２年（養老六）、夏に水不足で稲が実らないとの緊急事態に対して、区画を割り当てて晩禾（晩稲）、そば、大麦、小麦を植えることで収穫を貯え、凶作に備えるよう国司に命じている。こうした布告は、干ばつによる水不足への対処策である[24]。

しかし、何をもってしても干ばつ対策として常に実施されたのが、社寺による雨乞いの祈祷であった。そして祈祷の効果がないとなると、天災の理由として、天皇は自身の不徳と考えねばならなかった。古代中国では為政者に徳がないと天災が起き、これが王朝交代(易姓革命)の正統性を担保するものとなった。日本では易姓革命はなかったものの中国の徳治政治の影響が強く、天災が起きるたびに天皇は自分の不徳ではないかと省みている。

奈良時代の天皇は自身の徳を示すため、飢饉が発生するとたびたび恩赦を行った。722年(養老六)の詔には、「陰陽が乱れて、災害や干ばつがしきりにある。名山に幣帛をさ さげ、天神地祇を祭ったが恵みの雨は降らない、……これは朕の徳が薄いために起こったことであろうか。天下に恩赦を行うこととする」として、獄につながれている者をすべて釈放するよう命じている。こうした自然災害に対応した恩赦は、奈良時代だけでなく平安時代まで大きな飢饉が発生するたびに実施された[25]。

●荒廃する口分田

飛鳥時代に班田収授法が実施され、6年毎の戸籍調査によって確認された6歳以上の公民に口分田が与えられた。口分田の広さは男子が2反(段)、女子がその三分の二の1反120歩である。701年(大宝元)から819年(弘仁十)までに発せられた式を編纂した『弘仁式』主税の項に、1町の収穫量について「上田五百束、中田四百束、下田三百束、下下田百五十束」とあり、単純平均すると口分田1町あたりの収穫量は337・3束、1反（1町＝10反）でみると33・7束（脱穀・精米すると約100キログラム強）となる。

当時、租は稲穂のついた穎稲（えいとう）で納めるとされ、その量は1反あたり2束2把であることから、『弘仁式』に記載された収穫量の単純平均でみて税率は6・5％となる。口分田2反を与えられる男子一人が租を支払った後、1年間の平均的な収穫量は63束（190キログラム）となり、1日あたり2・9合（茶碗で6杯弱）と1500カロリーでしかない。口分田がすべて上田であったとして、1日あたりようやく4・3合（2200カロリー）という計算になる。明治時代での一人あたりの米消費量は5合程度であり、宮沢賢二の『雨ニモマケズ』では粗食として「一日ニ玄米四合ト味噌ト少シノ野菜ヲタベ」とある。奈良時代の公民は、口分田からの米の収穫量では主食として足りず、雑穀などを栽培しなければならなかった。[26][27]

そのうえ、夫婦合わせて3反あまりの口分田は『弘仁式』の単純平均以上に荒れ果てていたようだ。この時代の荒地は、完全な未開地の「荒野」、長期間あるいは半永久的な荒廃地の「常荒」「河成」、そして短期間の不耕地である「年荒」の3つに区分けされた。「年荒」は「かたあらし（片荒し）」とよばれ、農耕を行うには劣等な土地であった。農業用水で満たされねば休耕せざるを得ない場所や、もともとの地力が悪く毎年耕作していると収穫が減少する水田を指していた。

農耕地の中で「かたあらし」の比率は高かった。干ばつが続いたため灌漑用水不足に陥り、一時的に休耕を強いられる不安定耕地が数多く存在していた。1年おきに耕作し、休耕中に地力の回復をはかる土地は易田とよばれた。易田は干ばつの影響を強く受け、水不足となると収穫量は下田以下となった。

平安時代初期の827年（天長四）、和泉国で良田が少なく干ばつの被害が多かったため、500町という膨大な農耕地が易田となった。時代が下った史料となるが、1053年（天喜元）の伊賀国名張郡の興福寺と東大寺の所領で「本田300余町、見作（耕作地）200町也」とあり、残りの100町が不耕作地であった。1069年（延久元）の筑前国嘉麻郡碓井封田では、「見作田（耕作地）86町余、荒田（不耕作地）64町余」と不耕作地は43%にのぼった。奈良盆地においても1103年の記録として、稲吉名負田9町のうち、収穫不良の損田が5町7反を占めていた。天候の影響を受けて耕作面積は年毎に変動しており、一定の安定耕地たる良田を基盤としつつも、それを取り囲むように耕作と休耕を繰り返す「かたあらし」の悪田で農業は行われていたのだ。[28][29]

●脆弱だった灌漑設備

今日、日本の水田というと平坦な地形の平野や盆地の広がる牧歌的な風景を想起させる。時に、古代から続く日本の原初的風物詩との言われ方がされる。しかし、平野に広がる水田とは灌漑設備が充実していく室町時代以降の姿だ。奈良時代から平安時代にかけての灌漑設備は貧弱なものであった。降水量の変動に備えて農業用水を確保するには、「かたあらし」を良田化するには潤沢な灌漑用水が必要だが、ため池が必要である。ため池にはタイプとして谷池と皿池がある。谷池とは山沿いの河川をせき止めて小さなダムの形で水を集めていくものであり、山池ともよばれる。一方の皿池とは平坦な土地を掘り、周辺を堰堤で囲んだ文字どおりの池である。谷池と皿池、どちらが容易に造ることができたかといえばもちろん前者だ。奈良時代から平安時代にかけて、奈良盆地の良田の多くは水利が容易な山から流れる川沿いに位置していたと考えられている。

京都大学名誉教授で人間文化研究機構の元機構長であった金田章裕博士の研究成果によれば、奈良盆地で大規模な灌漑施設のための皿池は平安時代において若槻池が唯一の確認できた事例であり、それ以外の「池」とつく地名は谷池を指すものであった。732年（天平四）に河内の狭山下池が築造されたと『続日本紀』に記録され、また平安時代初期に空海が讃岐の満濃池を改修したことが『日本後紀』に書かれているのも、皿池の開発が良田を広げるために渇望されていたからであろう[30][31][32]。

当時の良田が谷間にあったのは、奈良盆地や畿内に限った話ではない。佐賀平野においても、奈良時代に国府があった場所は、山系から扇状地に出たばかりのところにあった。条里制下の主要な水田は小川から水を引く洪積台地にあり、沖積平野は鎌倉時代以降になるまで手付かずであった。盆地や平野の平坦な地形の中心では、常に灌漑設備が脆弱なために水不足に悩まされていたのだ。[33]

班田収授制が崩れていく端緒となったとされる三世一身法は、723年（養老七）の太政官の奏上にある。具体的には水田や池が不足しているとし、農耕地を拡大するために新たに溝や池を作って開墾した者には三代まで、古い溝や池を手入れして水田として復興した場合は一代限りの所有を認めるとされた。新たな開墾だけでなく、灌漑設備の修理も対象としている点は注目に値する。[34]

(3) 日本最初の天然痘の流行

●聖武天皇と藤原四兄弟

聖武天皇は天武王朝にとって期待の星であった。天武天皇の後継者には、天武天皇と鵜野讃良（うののさらら）皇后の間に生まれた草壁皇子がふさわしく、鵜野讃良皇后は草壁皇子即位までの中継ぎとの位置づけで持統天皇として即位した。草壁皇子が27歳の若さで死んだため、持統天皇は草壁皇子の子である軽皇子に引き継ぐため11年間皇位を守り、軽皇子が15歳になるのを待って譲位した。

ところが軽皇子は文武天皇として即位したものの、即位10年後に25歳で父親同様に若死にしてしまう。天武天皇と持統天皇の系譜の男子の皇子に皇位を継がせたい勢力は、まずは文武天皇の母を元明天皇として即位させ、元明天皇が死ぬと今度は文武天皇の姉を元正天皇として立て、ひたすら文武天皇の子である首皇子の成長を待った。そして、首皇子は724年（神亀元）二月四日、23歳で聖武天皇として即位する。元正天皇は太上天皇となり、聖武天皇の後見人となった。

不改常典に則っているとされるものの、強引な皇位継承にみえる。聖武天皇の遺品のひとつである黒作懸佩刀（現存せず）の相伝由来から、このような皇位継承を進めた人物として、藤原鎌足の子の不比等が浮かび上がる。この小刀は、草壁皇子から藤原不比等、不比等から文武天皇、文武天皇から再び不比等、そして不比等から聖武天皇へと贈られ続けた一品とされる。皇位継承の候補として他の皇子もいる中で、草壁親王も文武天皇も自身の子に皇位を継がせることを不比等に命じたことを暗示している[35]。

聖武天皇は生まれる前から藤原不比等とその一族に囲まれていた。母親の藤原宮子を文武天皇の夫人としたのは不比等であり、皇太子の折に結婚した相手は不比等とその妻の県犬養三千代の娘である安宿媛（別名、光明子、藤三娘）である。

藤原不比等が元正天皇の治世の720年（養老四）八月に61歳で死去し、政権の中心人物が長屋王に代わると、不比等の遺児である藤原四兄弟（武智麻呂、房前、宇合、麻呂）は不満を持った。729年（神亀六）二月十日、長屋王が密かに左道（妖術）を学び国家転覆を謀っているとの密告があり、直ちに長屋王の邸宅は藤原宇合率いる六衛府の兵士に包囲された。翌十一日に舎人親王、新田部親王、藤原武智麻呂らが長屋王を訊問し、十二日に長屋王は自殺した。長屋王の変について、『続日本紀』の9年後の記述に冤罪であったと明記している。偽りの密告をした人物は外従五位下の中臣宮処連東人[36]とあるが、状況証拠から長屋王の変の首謀者は藤原四兄弟の可能性が極めて高いとされる。

30歳に満たない聖武天皇は、長屋王に代わって台頭した藤原武智麻呂を頼りにするしかなかった。長屋王の変の翌月、藤原武智麻呂は大納言に昇進し、議政官は大納言の多治比池守と藤原武智麻呂、中納言の大伴旅人と阿倍広庭、そして参議の藤原房前の五人となる。かくして藤原四兄弟は政権を掌握する。八月五日に神亀六年を天平元年に改元し、同月十日に藤原夫人とよばれていた安宿媛（光明子）を皇后に立てた。光明皇后の誕生であり、歴史上で王族以外が皇后となった最初のケースだ。

731年（天平三）になると多治比池守と大伴旅人が相次いで死んだため、同年八月十一日、新たに六人の参議を任命し、この中に式部卿の藤原宇合、兵部卿の藤原麻呂もいた。参議9名のうち、筆頭の大納言・中務卿の藤原武智麻呂、参議・民部卿の藤原房前と合わせて不比等の子4名が並ぶこととなった。

●大陸からもたらされた天然痘

735年（天平七）二月十七日、新羅の金相貞（きんそうてい）の使節が平城京に入り、中納言の多治比（たじひの）県守（あがたもり）が応対にあたった。翌月三月十日、733年（天平五）に出国していた遣唐使の多治比広成（たじひのひろなり）が帰国し、四月二十六日に入唐留学生であった吉備真備も戻り、唐札130巻、大衍暦経（たいえんれき）一巻、楽器、武器などを献上している。この年の春はいつになく大陸との国交が盛んであった。

この時代の大陸との窓口は、大宰府であった。8世紀前半の遣唐使は瀬戸内海を西に向かい大宰府から五島列島を経て東シナ海を横断するルートが取られていた。新羅との間で双方の使節団の交流はあったものの、白村江の戦い以降必ずしも友好関係を築けたとはいえず、7世紀の遣唐使で用いた北ルートが使えなかったためだ。いずれのルートにせよ、唐や新羅に行く際には大宰府を通ることになり、大宰府は外交の玄関として「遠（とお）の朝廷（みかど）」とよばれていた。

この大宰府で735年の夏から、それまで日本になかった疫病が流行り始める。大宰府管内で疫病による死者が多いとして次の3つを指示する勅が発せられた。①幣帛を大宰府管内の神祇に捧げ祈祷をさせ、大宰府の観世音寺ならびに他国の諸寺に対して『金剛般若経』を読誦させる。②疫病に苦しむ者には米などを施すとともに煎じ薬を給付する。③長門国より東の国においては疫病が伝播しないようひたすら斎戒し、道饗（みちあえ）の祭祀を行う。[37]

735年八月二十三日、大宰府での伝染病流行の状況として、「瘡のできる」病であり、「人民は悉く病臥している」と伝えられ、1年間地方特産品の納税にあたる調の免除が決まった。この年の『続日本紀』には、最後に「夏から秋にかけて豌豆瘡（わんずかさ）、別名を裳瘡（もがさ）が全国的に流行し、若死にする者が多かった」とまとめており、エンドウ豆のような形の腫瘍が全身にできる症状から豌豆瘡との名前がつけられたことを記している。

六国史には疫病の記録が少なくない。最初の記録は『日本書紀』の崇神天皇五年で疫病が流行り、人民の半分以上が死んだとするもの。次にあるのが552年（欽明天皇十三）十月のもので、百済の聖明王から釈迦仏金銅像と経典が送られてくると、疫病が流行し若死にする者が多く、長い間終息しなかったとある。

飛鳥時代に入ると、『続日本紀』の698年（文武二）三月七日に越後国での疫病発生が記述され、これ以降、諸国での疫病発生の報告が頻繁に記されるようになる。もっとも、705年（慶雲二）以前の流行った疫病とはそれぞれの地方で繰り返し発生していたことから、地方病の類のものと考えられている。マラリア、住血吸虫、つつが虫病といったものので、これらは中国や朝鮮においても灌漑農業とともに流行し始める傾向がある。[38][39]

天然痘はインドあるいはアフリカが起源とされる。ラムセス5世（在位BC1145年－BC1151年）のミイラの顔には天然痘の痘疱があり、世界最古の特定できる患者だ。天然痘ウィルスの自然宿主は人間だけであることから、戦争、貿易、移住といった人々の交流の中で伝播していった。中国では5世紀末、朝鮮では6世紀前半に流行したと記録がある。

日本では敏達天皇の時代の585年に流行した疫病を天然痘だとする説もあるが、『日本書紀』の記載からは断定できない。日本の歴史上、最初のはっきりした天然痘の流行は735年（天平七）のものだ。感染ルートとしては、新羅経由が有力視されている。翌年の736年（天平八）に日本を出発した遣新羅使の一行100名のうち、6割が既に朝鮮半島で大流行していた天然痘に罹っているからだ。帰国できた人数は40名程度に過ぎなかった。[40][41]

●干ばつ、飢饉、疫病の関係

『続日本紀』の記述をみると、8世紀を通して全国的な飢饉の発生は、同時期に天然痘に限らず疫病の流行をもたらした。年代順に、704年から707年、735年から737年、763年から764年、773年から774年、789年から790年である。地方で起きた飢饉と疫病まで入れると、697年から758年にかけての両者の相関係数は0・88ときわめて高い。『続日本紀』では「疫旱」として1つの言葉で表すことも多い。

高温乾燥で雨不足による飢饉が、疫病と強く関係していた。奈良時代のその後の天然痘の流行は、763年（天平宝字七）および790年（延暦九）と続き、いずれも干ばつから飢饉が発生し天然痘流行に至るというパターンであった。[18][42]

反対に714年から732年の間と776年から788年にかけて、『続日本紀』はほとんど飢饉も疫病も伝えていない。北半球の平均気温の推移（図1－1）をみても、この2つの期間は気温上昇が抑えられた時期にあたる。高温乾燥傾向が弱まった時代には、疫病発生が減少する傾向がみられる。

もっとも伝染病には高温期に流行するものや、低温乾燥の時期に広がるものとさまざまである。前者は主にマラリアなどの寄生虫病や赤痢や疫痢といった消化器感染症であり、後者は麻疹やインフルエンザを代表とする呼吸器感染症である。とはいえ、後者の伝染病は8世紀の日本にまだ渡来していなかった。風土病であるマラリアや住血吸虫にせよ、大陸からわたってきた天然痘にせよ、日本本土で大流行したのは春に始まり夏をピークとし秋には終息するものが中心であった。[43]

平安時代に入っても、天然痘は853年、915年、925年、947年、974年、993年、998年と流行し、その19回に及んだ。また、鎌倉時代には8回、室町時代に12回、江戸時代に15回の天然痘の流行が記録に残っている。[44]

一方、赤痢、インフルエンザ（咳逆（しわぶき））、麻疹といった新たな伝染病が大陸から渡来してきた。『日本三代実録』には、赤痢が861年、インフルエンザが863年から864年にかけて、日本で流行したとの記録がある。双方ともこれが最初の発症年であり、それぞれ死者が出ている。そして、10世紀末の気温が急低下した時期にあたる998年に、麻疹（赤斑瘡(あかもがさ)）が大流行した。平安時代中期以降になると、新しく渡来した伝染病が8世紀とは違った形で流行することとなる。[45][46][47]

●猛威を振るう天然痘と藤原四兄弟の急死

天平年間の天然痘流行に話を戻そう。735年（天平七）八月に大宰府で始まった天然痘は、庶民のみならず政府要人をも襲った。同年九月三十日に天武天皇の第七皇子の新田部親王、十一月八日に聖武天皇の祖母（藤原宮子の母）にあたる賀茂比売、十四日に天武天皇の第三皇子で『日本書紀』編纂の中心人物であった舎人親王が倒れた。

736年にやや沈静化したものの、大宰府では前年からの飢饉と疫病により人々は疲弊し、農作業に従事することもできなかった。

そして、737年に天然痘は大宰府から平城京にかけて再び勢いを増した。同年四月十七日、参議・民部卿の藤原房前が57歳で死亡。義母の県犬養三千代の信頼が厚いことで若い頃は兄の武智麻呂よりも出世が早く、元明天皇が721年（養老五）に死ぬ間際、後事を託した人物であった。

聖武天皇は四月十九日に神社に幣帛を捧げ、五月一日に宮中に僧侶600人を招いて

『大般若経』を読経させ、天然痘に終息を祈願した。五月十九日には詔を発し、疫病と干ばつが並び起こり、田の苗が枯れ萎んだため、山川の神々に祈祷するとともに天神地祇に供物を捧げたものの、効果が現れないと深刻に受け止めた。そして、飲酒と殺生の禁止と病人の救済を指示するとともに、入牢者に対して大赦を行っている。

六月一日、政府役人の多くが天然痘で臥していることから、朝廷での執務が中止となる。この月に中納言の多治比県守をはじめとして四位以上の高官四人が死んだ。この中に、大宰府へ赴任した直後の729年（天平元）暮れに「あをによし寧楽の京師は咲く花の薫ふがごとく今盛りなり」と詠んだ大宰大弐（死去時）の小野老も含まれる。

七月十三日、四月に東北遠征から帰京した参議・兵部卿の藤原麻呂が43歳で死ぬ。不比等の四男であった麻呂は兵部卿として武官の人事を一手に掌握していた。同時期に四兄弟の長男で右大臣の藤原武智麻呂も、食事ができないほどの重体に陥った。聖武天皇が平癒を祈って再び大赦を実施したものの、同月二十五日に武智麻呂は58歳で死亡した。聖武天皇は武智麻呂の死の直前、正一位の位階を授け左大臣に任命している。

さらに翌月五日、参議・式部卿で大宰帥の藤原宇合も44歳で死ぬ。三男の宇合は717年（養老元）に出国した遣唐使使節団で副使として唐に渡った経験を持ち、その後は武智麻呂を継いで式部卿を担っていた。かくして、聖武天皇を支える藤原四兄弟の全員が4カ月弱の間に没してしまった。

　聖武天皇は八月十五日、天下泰平と国家安寧を祈念して宮中の15カ所に僧侶700人を呼んで『大般若経』と『金光明最勝王経』（『金光明経』）を転読させ、平城京で400人、畿内四カ国を含め全国で570人を出家させた。

　九月二十八日、聖武天皇は政権中枢の人員を補うため橘諸兄を大納言、参議の多治比広成を中納言に昇格させ、再出発を図った。藤原四兄弟の子はまだ若く、同年十二月に武智麻呂の長男豊成が参議に任用されたに留まっただけだ。藤原四兄弟の政権は天然痘による病魔により潰え、橘諸兄政権の時代へと代わった。

『続日本紀』天平九年の記録は次の言葉で結んでいる。

「この年の春、瘡のある疫病が大流行し、最初は筑紫から伝染し、夏を経て秋に及び、公卿以下、天下の人民で死亡する者が数え切れないほどであった。このようなことはいまだかつてなかった」

●平城京からの遁走

　橘諸兄政権が生まれて3年後の740年（天平十二）八月、大宰少弐として大宰府に赴任した藤原宇合の嫡子である広嗣（ひろつぐ）が叛旗を翻したとの報告が平城京に届けられた。藤原広嗣の乱である。『続日本紀』に広嗣は幼少の頃から凶悪で、成人してからは他者を偽り陥れる性質の持主のため、父の宇合も生前彼を買っておらず、前年十二月に大宰府へと左遷されていた。

聖武天皇にとって衝撃的であったのは、広嗣が上表文を掲げ、その中で飢饉や疫病という天災が発生している理由として政治が悪いからだと指摘し、玄昉と吉備真備という2人の遣唐使帰りを政権から追放するよう求めたことだ。前述したように徳治政治が根底にある時代である。天災に結びつけた広嗣の政権批判は、聖武天皇の権威を揺るがしかねない危険があった。

聖武天皇は上表文を知ると、直ちに藤原広嗣を討伐すべく対処した。九月四日に橘諸兄に軍の派遣を指示し、大将軍の大野東人が鎮圧に西下した。大野東人の報告によれば広嗣の軍勢は1万騎を率いて北九州市の板櫃川まで進出したとあるが、政府軍の説得に応じて投降する者が多かった。この地で戦いに敗れた広嗣は十月二十三日に捕えられ、十一月一日に肥前国松浦郡で斬られた。

ところが、聖武天皇は藤原広嗣の乱の帰趨が不明な中、大野東人からの報告を待たずに突然行幸に出ると宣言したのだ。十月二十六日、聖武天皇は大野東人に対し、思うところがあり暫くの間、関東（鈴鹿関以東）に行幸する意向を示し、「事態が重大でやむを得ないもので、将軍（大野東人）はこれを知っても驚いたり怪しんだりしないように」と伝えている。

平城京から逃げるような突然の行幸の理由について、国史には明確な記載はなく、想像を働かせるしかない。天皇が代わると遷都する感覚が残っており、広嗣の乱の前年春に甕原離宮に行幸しており遷都の候補地を物色しているようにみえる。また、藤原広嗣に呼応する動きを懸念する声が平城京の朝廷内にあったのかもしれない。とはいえ、聖武天皇のその後の行動を考えると、彼は平城京を忌み嫌ったことが本質的な理由として浮かび上がる。干ばつ、飢饉、疫病、そして叛乱をよぶ都から、一刻も早く脱出したかったのではないか。

●さまよえる聖武天皇

聖武天皇は鈴鹿王と藤原豊成に平城京の留守を任せると、名張を経て伊勢国に向かい、尾張国、美濃国、近江国と反時計回りに巡幸した。とりわけ鈴鹿から不破の関にかけての道順は68年前、壬申の乱の際に近江大津宮から吉野に逃れた天武天皇たる大海人皇子が兵力を集めたルートに近い。天武王朝にとって尾張国、美濃国が勢力基盤であり、持統天皇も702年（大宝二）十一月、死の1カ月前に文武天皇を連れて三河国を含めてこの地域を行幸している。聖武天皇にとって、自らを壬申の乱前の曽祖父に擬し、権力基盤の再確認という意図があったようだ。

40日あまりの行幸の末、琵琶湖の南を通り近江を経て山背国相馬の恭仁宮まで戻ると、平城京に戻ることなく足を止めた（図1－5）。そして739年（天平十一）十二月十五

図1-5　740年（天平十二）の聖武天皇の行幸とその後の滞在地

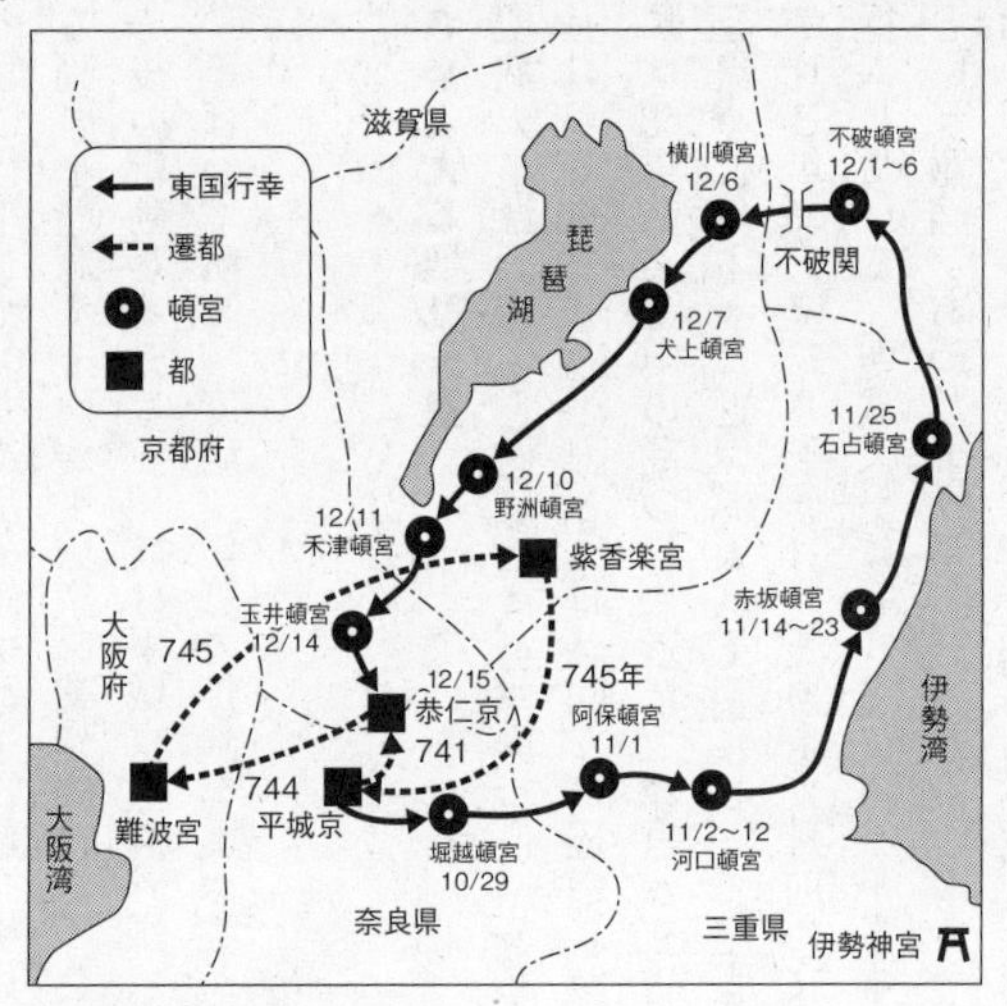

注：日付は和暦による

日、この地に遷都をし、都を造営すると発した。平城京に戻りたくない聖武天皇の希望とこの地を勢力範囲とする橘諸兄の思惑が一致したとされる。恭仁京の規模は平城京の七分の二程度しかなく、五位以上の高官こそ移住が強制されたものの、下級官吏は平城京にそのまま置かれていた。恭仁京は平城京の北東約10キロメートルに位置しており、確かに行政中枢と各役所の連携は可能であった[48]。

とはいえ、恭仁京への遷都で治まることなく、聖武天皇はさまよい続けた。近江国甲賀郡紫香楽村に、742年（天平十四）の八月および十二月、翌743年の四月および七月と４回に渡って行幸した。４回目の行幸で聖武天皇は紫香楽宮に４カ月滞在し、その間の十月十五日、この地に盧舎那仏の金銅像を造立すると宣言した。近江の森林を近隣に持つ紫香楽の地を大仏建立の適地と考えたようだ。

恭仁宮と紫香楽宮の２つを同時に建設するとなると、財政的に非常に厳しかった。『続日本紀』の７４３年（天平十五）の記述は、最後に平城京の大極殿から歩廊まで恭仁京に移し替えるなど４年間工事を行ってきており、これまでに要した経費は莫大なものであったとし、さらに紫香楽宮を造営することになったため、恭仁京の造営は中止されたと結んでいる。

さらに混迷は続く。年が明けて７４４年（天平十六）の年初、聖武天皇は平城京の副都として再建していた難波宮に行幸すると、今度はこの地に遷都しようとの思いが頭をもたげた。難波宮へと行幸し、二月二十日には恭仁京にあった天皇位の象徴たる高御座と大楯を難波宮に運んでいる。同月二十六日、左大臣の橘諸兄は難波宮を皇都と定めると発した。

ところがこの時、聖武天皇は既に紫香楽宮へと戻っており、四月十三日に紫香楽宮の造営が開始された。十一月十三日に甲賀寺で初めて盧舎那仏の体骨柱が組まれ、聖武天皇自身も縄を引いている。年が明けて７４５年（天平十七）の元旦、紫香楽宮を甲賀宮と改称し、ここを新京として遷都する決断をしたのである。

官吏も庶民も絶句したに違いない。『続日本紀』には四月に紫香楽宮周辺で続けざまに3回の山火事があったと記載され、不審火をうかがわせる。人心の揺らぎを感じたためか、同年五月二日、聖武天皇は太政官に諸司の官人を招集し、どこを都とすべきかとの意見を募ったところ、すべての人が平城京に戻るべきとの返答であった。2日後の五月四日、平城京の大安寺・薬師寺・元興寺・興福寺の四大寺に使者を派遣して仏僧に対して意見を求めたものの、これも平城京を都とすべしとの意思表示であった。ここに至って聖武天皇はいかんともしがたく、五月十一日に四年半ぶりに平城宮に戻る覚悟を決めた。

以後、聖武天皇は平城京への不本意な帰還の代償を求めるかのように、盧舎那仏造営の地を紫香楽宮から平城京に移し、その完成に向けて没頭していった。この盧舎那仏と東大寺伽藍は、飛鳥時代から奈良時代にかけての巨大木造建築の到達点であるとともに、古代における森林伐採の象徴といえるものであった。

(4) 巨大木造建築ブームによる森林破壊

●森林伐採の開始

紀元前3世紀に始まる弥生時代以降、農耕の普及によって平地の森林は開墾されていった。続いて3世紀の弥生時代から古墳時代へ移行する時代、鉄器と青銅器の精錬技術が大陸から伝えられると大量の炭が必要となり、材料としてナラ、クヌギ、クリといった広葉樹の硬材が伐採された。

2世紀から6世紀にかけて、日本列島は戦争の時代であった。『後漢書』東夷伝に150年から190年にかけて、「其の国、本亦男子を以って王と為す。住あるところ七・八十年にして倭国乱れ、相攻伐して年を歴。乃ち共に一女子を立てて王と為し名づけて卑弥呼と曰う」とある。卑弥呼の登場でいったん戦乱は終息したものの、『魏書』倭人条に卑弥呼が死ぬと、240年代に「更に男王を立てしも国中服さず。復た卑弥呼の宗女の台与、年十三なるを立てて王と為し、国中遂に定まる」と記されている。

戦争は鉄や青銅器を武器にし、騎馬に乗った戦術へと変貌していった。金属製の武器への要求から精錬のための炭の需要が増加した。また、馬を飼育するために森林に生える草木も必要となった。草食動物の馬は草からタンパク質を摂取するが、地に生えている芝であれば15％ものタンパク質がある一方、枯れ草になると4％まで減少する。おまけに馬は食べた草の25％しか身体に蓄えることができない。このため、馬を飼育するためには大量の草木を森林から人間の居住地に運ばねばならなかった[49]。

築城や船の建造の資材としても木材は伐採された。森林樹種への理解も進んだようで、船用材には大木で弾力があることからクスノキ、スギが利用された。針葉樹のコウヤマキは水に強く朽ちにくいことから最高級材とされ、古墳に埋葬する木棺に利用された。コウヤマキは現在では木曽や四国の僻地にのみ残っている。森林から利用目的に合った樹種が伐り出され、日本の森林は変貌していった。

飛鳥時代から平安時代にかけて、多くの人々はまだ竪穴式住居に住んでいた。地面を掘り、そこに細い木材で骨組みを作り、葦や草で屋根を覆った簡単な構造のものだ。これに対して、飛鳥時代に掘立柱建築が用いられるようになる。地面を掘って太い木材を柱として埋め込む工法で、内部は土間あるいは地面より上部に床を張るもので、後者の代表例に高床式倉庫がある。6世紀に入ると、豪族は自身の邸宅を掘立柱で建て始めた。

掘立柱建築の場合、地中に礎石を置かずに柱を直接土壌に埋め込むため長い年月を経ると柱は腐っていき、細い紐で結わえた骨組みは不安定になる。このため、掘立柱建築物は周期的に建て替えねばならなかった。恐らく20年程度が寿命であったろう。修理する方法もあったろうが、当時、村落の周辺にはありあまるほどの森林資源があったため、建て替えた方が簡単であった。

6世紀半ばになると渡来人によって大陸から新しい建築工具がもたらされ、同時に地底に礎石を置き、ほぞ穴結合や瓦を使った建築法も伝わった。若草伽藍の塔や法隆寺金堂には礎石が埋められている。しかし、神道の神社や豪族・貴族の住居では、掘立柱の建築法が平安時代まで踏襲され続けた。伊勢神宮の正殿は、今日まで掘立柱建物の様式が受け継がれているものだ。式年遷宮という20年に一度の建て替えは、天武天皇の時代にあたる

685年に制度化したと伝えられている。この建て替えとは、掘立柱建築の耐用年数としての必要性がまずあり、後に宗教的な意味合いが加えられたと考えられている。[50][51]

平安京が都になるまで、大和朝廷では頻繁に遷都が行われた。遷都の理由のひとつとして、建築木材を求めて森林資源の近くに移動したという見方がある。天皇、貴族の住居が経年劣化で建て替えねばならなくなると、新たに森林の多い場所へと移り住んだ。奈良盆地中央にもまだ森林が残っており、遷都しては周辺の樹木の伐採を繰り返していった。乙巳の変の後、645年に孝徳天皇は奈良盆地を出て難波宮に遷都したが、この地は古大和川と淀川が近隣にあり木材の運搬が容易であったからだ。天智天皇が大津に都を移したのも、大陸からの武力侵入に備えるだけでなく、背後に豊かな森林があることも理由のひとつであった。森林資源そのものとともに、伐採した木材の搬出を可能とする河川の有無も大きなポイントとされた。[52][53]

●巨大木造建築の隆盛

巨大な仏教建築は6世紀末の飛鳥寺建造に始まり、7世紀から8世紀にかけて活況を呈した。推古天皇が死ぬ628年までに、飛鳥寺、元興寺、四天王寺、法隆寺をはじめとしておよそ46の寺が建立された。8世紀になると710年代に薬師寺が平城京に移転し、720年代に興福寺が建てられ、740年に最大規模の東大寺建立へと続くことになる。

仏教寺院だけでなく、日本古来の神道でも八坂神社や出雲大社などの記念碑的な建築が行われた[54]。

運送手段が未発達であったこともあり、まずは畿内の古木のほとんどが伐り倒された。『万葉集』で詠まれた歌から、大和国にはツガ（三諸・吉野）、マツ（奈良）、スギ（三諸、三輪、石上、香具山）、ヒノキ（三輪、初瀬、丹生、吉野）、ヤナギ（葛城）、カシ類（奈良）、ケヤキ（長谷）、ツバキ（三輪、巨勢山）が生えており、温暖な気候のもとで豊かな森林が広がっていたことがうかがえる。しかし、木材需要が高まる中で奈良盆地では鬱蒼とした森林は消え去り、藤原京から平城京へと遷都する時代になると既に巨木が枯渇していた[55]。

当時、森林は杣（そま）とよばれ、大和国で吉野杣、山城国で泉杣、和束杣、伊賀国で湯舟杣、玉滝杣、近江国で田上杣、甲賀杣、高嶋杣が木材産地として知られていた。造寺司から派遣された木工は、各地を回って原木を物色した。仏教にせよ神道にせよ、宗教的な建築に際して密度が高く均質な木質である観点でヒノキが重用された。木工は伐木、製材から大工までもこなす技術者と考えられている[56]。

『万葉集』巻一50に藤原宮役民歌と題する歌がある。

「……あらたへの　藤原が上に　食す国を　見し給はむと　都宮（おおみや）は　高知らさむと　……いわばしる　淡海（近江）の国の　衣手の　田上山の　真木さく　檜の嬬手（つまで）（角材）を

もののふの　八十宇治川に　玉藻なす　浮べ流せれ　……泉の川（木津川）に　持ち越せる　真木の嬬手を　百足らず　筏に作り　のぼすらむ……」

藤原京造営では、建築資材を近江国の田上山から伐採した。伐り出された木材は宇治川、木津川と川に浮かべて移動し、木津で陸揚げした後に南へ牛車により搬送された。東大寺建立の頃になると田上山の森林資源はもはや枯渇し、用材の大半を伊賀、丹波、和泉から伐り出さねばならなくなった。[53][57]

東大寺建立の際にどれだけの木材が必要であったかを考える場合、江戸時代の１７０８年（宝永五）に再建された現在のものと比べてひと回り大きかったことを考慮せねばならない。現在の大仏殿は奈良時代のものと比較すると建物は66%、内陣は44%しかなく、柱の数も84本から60本に減っている。当時の大柱は直径１・２メートル、内陣天井を支えるために40メートル近い長大材が用いられた。現在の人工林でのヒノキの場合、30メートルを超える高さのものは樹齢１００年以上が必要とされる。

これらの長大材を含め、東大寺の大仏殿から南大門、西大門などすべての建築物に要した木材は10万石であったとされる。製材10万石は木材実材積に換算すると2万７８００立方メートルに相当する。現在のスギ人工林では、原木1本あたりの平均的な材積は約０・8立方メートルである。当時伐採された巨木とは異なるものの、仮に現在の１本あたりの材積で計算すると、東大寺建立のために伐採された最高品質のスギやヒノキは合計で3万4500本となる。[58]

建材用のヒノキやスギだけが伐採されたわけではない。東大寺の盧舎那仏鋳造のための資材として銅13万3110貫、錫2271貫、練金117貫、水銀660貫とともに、鋳造のために1万6650石（木材実材積で約4600立方メートル）の炭が必要であった。当時の炭焼き人一人が3つの炉を使って1日あたり1・3石の炭を生産したと仮定すると、10人が3年半かけて生産できる分量であった。炭を作るためのナラ、クヌギ、クリ1・6石で炭1・3石を生産したとすれば、炉に投入した広葉樹は2万石に及んだであろう。建材用の針葉樹だけでなく、周辺にあった広葉樹も皆伐されていったと想像できる。[59][60]

以上の数字は東大寺ひとつのものだ。仏教や神道の巨大建築物のために使用された木材の総量は東大寺での消費量の100倍にあたる1000万石に及んだとみられている。[61]

●天皇の宮廷、貴族の邸宅

森林から伐り出された膨大な木材は、巨大木造建築のためだけではなかった。この時代、天皇の宮廷や上級官吏である貴族の邸宅でも高級材がふんだんに使用された。

神社仏閣と同じく、天皇の宮廷でもヒノキが好まれた。木の香り、色合い、木目、腐りにくいといった点が天皇の希望に適い、大きく、節がなく、木目が直線的なヒノキが最高級材とされた。屋根も板葺であった。

　貴族の邸宅も同様に惜しげもなく木材が使用された。紫香楽宮に建てられた藤原豊成の邸宅は棟木でみて長さ15メートル、幅7・5メートル、高さ4・5メートル、玄関やベランダも付けられ、歩道にも屋根があった。家屋の屋根、壁、床のために、厚さ2・5センチ、幅30センチ、長さ3メートルの板材3000枚が貼られており、邸宅全体で313・4石（木材実材積で87・1立方メートル）の木材が使用された。前述した東大寺建立での伐採本数と同じ計算をすると、藤原豊成の邸宅だけで200本以上のスギが伐採されたことになる[62]。

　前述したとおり、藤原京や平城京の建設において、大木の搬出元は奈良盆地を越えて近江国西部や伊賀国の山岳地帯へと広がった。木材は木津川などの河川を使って奈良盆地まで運ぶのだ。現在の大津市南部にある田上山はとりわけヒノキの大木の産地として注目され、激しい伐採が繰り広げられたことで、760年代に石山寺の拡張・整備が行われた際には、直径12センチ程度の細い樹木がまばらに残るだけになっていた。

　奈良時代後期になると、搬出元は摂津国東部や丹波国にまで広げねばならなくなる。784年（延暦三）に桓武天皇は平城京を棄て長岡京に遷都する際、その理由について「水陸に便利な長岡の地」とある。山背国と丹波国の森林に接し、桂川による運搬が容易であったからだ。その後794年に再び遷都した先の平安京の場合、森林資源が豊かな丹波国が控えており、この地が建設資材の供給源となっていった。天皇家では丹波国山国郷を管理地として押さえた。[63][64]

●畿内での森林資源の払底

当時、伐採した後のはげ山への植林は実施されただろうか。710年代後半に編纂された養老律令には、灌漑用水の堰堤保全のためにニレ、ヤナギを植えるようにとある。また果実の樹木の植林は弥生時代から行われて、奈良時代の邸宅の周辺にはビワ、モモ、ウメ、カキが植えられていた。しかし、建築材料となる樹種の植林については奈良時代の記録はなく、866年（貞観八）の常陸国鹿嶋神宮での神宮修繕用にクリ5700株、スギ4万株を植えたとの記録が初見である。[65][66]

木材用の植林をせずに伐採を続けていったために畿内では森林資源が急速に失われ、遠隔地から運ばねばならなくなった。このため輸送コストが増加し、木材価格は上昇した。板葺の屋根の流行は30年程度で終わる。724年（神亀元）の太政官による奏上では、平城京で流行する板葺や草葺の家は造るのが難しくかつ壊れやすいため国の財を無駄に費やしていると問題視し、五位以上の高官や財力のあるものは屋根を瓦葺とし、壁を赤白に塗ることが推奨された。奈良時代後半になると、瓦葺は檜皮葺にとって代わられる。平安時代に檜皮葺は寝殿造の屋根に採用され、壁は板材から漆喰へと代わり、床には日本独自の発明である畳が採用されるようになる。檜皮葺、漆喰、畳という日本の伝統的な住居は、古代の森林伐採による資源枯渇の産物なのだ[67][68]。

飛鳥時代から奈良時代にかけての推古天皇から桓武天皇に至る間、およそ200年間に21回の遷都が実施された。これに対し794年（延暦十三）に平安京に都を移し桓武天皇がこの地を「万代の宮」と定めると、平城天皇が平城京に戻そうとする事件はあったものの、以後1000年以上に渡って日本の首都は変わらなかった。平安時代の天皇は遷都の誘惑に駆られなかったのであろうか。仮に天皇にその意思があったとしても、それを実行し新しい都の宮廷や官吏の家屋を造営するために必要な森林資源は、もはや畿内には無くなっていたのだ[69][70]。

●古代日本での自然破壊

畿内の深い森林をことごとく伐採したことで、自然環境は激変したに違いない。森林は本来、再生可能な資源である。広葉樹中心の灌木が残ったとしても、地面に落ちた種子による天然更新や伐り出された根株からの萌芽更新によって、針葉樹は再び生長することができる。100年経てば寺院建立のための大木も再び育ったであろう。

ところが、飛鳥時代までに人口が増えた畿内では、人々は山林から燃料の薪として灌木を刈り、若い針葉樹や切株まで伐り出した。一方、支配者層は煙が出ず安定した熱量を出す炭を好み、炭にするためにナラ、クヌギ、クリといった広葉樹も伐採対象とした。平安時代になると貴族にとって炭は贈答品となる。また、大仏造営の際に多量の炭が用いられたことは前述したとおりだ。かくして、森林資源は建材のみならず燃料として運び出され、森林の自然再生能力は激減したのだ。

さらに森林火災が追い打ちをかける。針葉樹伐採後の低木の森林は森林火災に弱く、出火すると急速に焼失範囲が広がってしまう。森林火災の原因は主に雷や枯れ葉が擦れることによる自然発火であった。703年（大宝三）七月に近江国で自然発火による森林火災があり、雨乞いするしかなかった。また、706年（慶雲三）七月には丹波国と但馬国で落雷によって森林火災があったとし、この時も幣帛を神に奉った。当時、大木伐採後の山林を農耕地としての地ならしのため、あるいは大木を運搬するために周辺を燃やしており、制御不能になって森林の大火災が起きることが少なくなかった。[71][72][73]

744年（天平十六）四月に起きた紫香楽宮西北の森林火災では、男女数千人が山中に入り延焼を防いだとある。森林火災の際に防火線を切り開いて延焼を防ぐ方法としては初見だ。とはいえ、ほとんどの場合で神仏に祈り雨乞いする以外の方法は採られなかった。森林火災で土壌まで高熱になると、伐採後の森林再生はいっそう困難となった。[74][75]

森林には水源涵養機能がある。水資源貯留、洪水の緩和、水量調節、水質浄化といったものだ。1時間あたりでみて、広葉樹天然林で272ミリともっとも多く、林地平均でも258ミリの降水を吸収することができるのに対し、伐採跡地では158ミリと森林の約6割、草地では128ミリと約5割、裸地に至っては79ミリと約3割しか吸収できない。足で踏み固めた歩道となると1時間あたり10ミリである。森林地表の下草や落ち葉が土壌表面への吸収を促進し、森林土壌特有の多くの孔が降水を浸み込ませるからだ。この効果により、大雨が降っても森林は一定量の降水を土壌に貯留し、河川の急激な増水による洪水を緩和させることができる。また、森林土壌がいったん蓄えた水はその後ゆっくりと地下水を経て河川に流れるため、干ばつで雨が降らない日が続いても河川の水量の激減や涸渇が避けられる[76][77]。

奈良時代に干ばつが連続して起き、畿内はほぼ恒常的に水不足に悩まされていた。高温乾燥の気候ゆえ降水量そのものの減少もあったろうが、膨大な森林伐採によりその水源涵養機能が失われたことも忘れてはならない。気候変動の中での森林破壊が、畿内を中心とする地域の水不足をいっそう厳しいものにしたことは間違いないだろう。

水源涵養機能に加え、森林はその表面が下草などに覆われていることで土壌侵食を防止する効果も高い。年間流出土砂量についての調査によれば、1ヘクタールあたり森林では1・8トンであるのに対して、耕作地では14・8トンと8・2倍、さらに荒廃地では306・9トンと170倍以上になる。干ばつによって森林伐採後に河川の水が涸れ、河岸は森林土砂で埋まり、その土砂の一部が脆弱な灌漑設備のために谷沿いで開墾された農耕地を飲み込んでいる……奈良盆地でのこうした光景が目に浮かぶ。[78]

●アカマツ林というはげ山

気候が変動する中で古代人が環境破壊したケースとして、古代ギリシャ人による森林伐採がある。3500年前以降にメソポタミア半島からエーゲ海にかけて寒冷な気候へと変わる中で、地中海を航行する船を建造するために森林を伐採し続けた。土壌侵食があったことについては線形B文字で書かれた「ピュロス文書」に記録され、やがて3100年前頃にミケーネ文明は崩壊し、地元民は半島北部のマケドニアへと移住した。残ったのは樹木のまばらな荒れ果てた山林だけであった。[79]

飛鳥時代に始まる古代日本の森林伐採は、ギリシャと同じ道をたどりはしなかったのか。日照時間が長く降水量が豊富な日本列島の場合、自然の恩恵からギリシャのような森林伐採跡地のはげ山化は避けられたのか。確かに地表に小石や砂が混じり、乾燥した気候に適したオリーブの植林は見あたらない。しかし、畿内ではアカマツ林という別の形のはげ山が生まれたのだ。

針葉樹と広葉樹が混交する豊かな自然林が伐採されると、その後に広葉樹を中心とした灌木の森林に生まれ変わる。この低木の森林資源まで人間の手で消費してしまうと、表土が失われ栄養度が低い土壌になってしまう。この時、本来の極相とは異なるアカマツが侵入してくる。アカマツは他の樹種が生長できないやせた土地で勢力を伸ばすことから、アカマツ林とは荒廃傾向の林地の象徴といえるのだ。現在の京都東山一帯のようなアカマツ純林が形成されるのは平安時代以降だ[80][81][82]。

京都でのアカマツ林の拡大は、マツタケの産出から想像することもできる。マツタケは樹齢20年から60年のアカマツの幼根だけに寄生し、土壌湿度が30度以下の地表付近がやや乾燥し通気がいい環境で生長する。アカマツとともに常緑広葉樹が生えている湿潤な森林でマツタケが生長することはない。「ネバ土にマツタケなし」の所以である[83]。

マツタケという言葉の初出は、『拾遺和歌集』巻第七にある「あしびきの山下水に濡れにけりその火まづたけ衣あぶらん」との和歌だ。この歌で「火を待つ」をマツタケと掛けている。鎌倉時代に入るとマツタケ狩りが貴族のレクリエーションになったようで、藤原定家の『明月記』に、「円明寺に供奉し、山に登る。水に臨みて、松茸千万（但し雨降る）」とある。そして、この時代からマツタケが貴族や僧侶の贈答用品や饗宴での食材として登場する[84]。

マツタケと比較する茸にヒラタケがある。ヒラタケは湿度が高く、日光が差さない暗い森林の広葉樹に寄生し生長する。古来、ヒラタケもマツタケ同様に珍味とされてきた。『今昔物語集』巻28「信濃守藤原陳忠落入御坂語（ミマサカニオチイリタルコト）第三十八」に、信濃の守藤原陳忠が馬とともに谷底に落ちたものの、その場所で大量の茸を見つけ、自分の身体よりも先に何度も茸を引き上げさせたというエピソードがある。強欲な貴族は「転んでもただでは起きない」とのたとえ話として有名であるが、この時、陳忠が見つけた茸はヒラタケ（平茸）だ。一方、平安時代末期を扱う『源平盛衰記』巻第三十三で、木曽義仲が京都には新鮮なヒラタケがないといい、地元から取り寄せて藤原光隆に饗したとある。そして、藤原光隆はヒラタケを食べたことがなく顔を青くしたと続く。平安時代後半に京都周辺でヒラタケが減少し、マツタケが増加していった様子がうかがえる。

ヒラタケが京都の森林から消え、一方でマツタケが食卓を潤す。日本人が食材としてマツタケを好む源流がここにある。マツタケの香りを好ましいと考えるのは日本人だけといっていい。欧米では松脂臭いとして嫌がられ、中国でもマツタケは乾燥させて煎じて漢方薬として用いられる。日本料理の代表的な食材のひとつであるマツタケは、古代の森林伐採により京都盆地をめぐる丘陵は荒れ果て、そこに侵入したアカマツ林が広がったことに由来するのだ。[85]

では、古代の森林伐採が続いたために京都近郊の森林が広葉樹林からアカマツ林へと変容していく平安時代から鎌倉時代、一方でどのような気候変動があり歴史の流れに影響を与えてきたのか。次章で語っていきたい。

第II章 異常気象に立ち向かった鎌倉幕府

「この日、公卿・殿上人・随身、競馬あるべくの由申し行く人か、叡慮不快然云々、是天下飢饉の折節也」
——藤原経光『民経記』寛喜三年七月十二日

「去年と今年の飢饉では、武州（北条泰時）がたいそう民をいたわる策を施され、美濃国の千余町の年貢について納入を停止され、平出左衛門尉らを美濃国に派遣し、往来の浪人らに施しを行われた」
——『吾妻鏡』寛喜三年十一月十三日

(1) 干ばつは平安時代初期も続いた

●太陽活動の活発期と低下期

平安時代の400年間は、何回か気温が低下した期間があったものの、長期的な傾向としては奈良時代と同様に高温乾燥の気候が続いた。この背景として、太陽活動は700年から1200年代にかけて総じて活発であったことが挙げられる。770年代と1000年前後に一時的に太陽活動が低下した時期はみられるが、太陽活動の振れ幅が大きくなり、放射量そのものが低下するのは1300年前後からだ。

図0－1の全太陽放射照度（Total Solar Irradiance；TSI）の推定値にあるように、太陽活動が低下したといってもそれぞれの黒点極小期での絶対的な放射量は違う。上昇・下降の周期も一様ではない。太陽活動にはさまざまな周期があり、それぞれのサイクルが複雑に関係していると考えられている。

一般的にはドイツの天文学者ハインリッヒ・シュワーベ（1789－1875）が約11年の太陽黒点周期を発見したことから、10年から12年という期間での周期性はよく知られている。19世紀の経済学者ウィリアム・スタンレー・ジェボンズ（1835－1882）はこれを景気循環と結びつけた。東京大学宇宙線研究所の宮原ひろ子特任助教（現、武蔵野美術大学准教授）を中心とした研究グループは、太陽黒点周期には長短の変動があり、その周期は太陽活動が上昇する時期に8年〜10年と短くなり、一方で低下期が訪れる前から先行して12年から14年と黒点周期が長くなる傾向のあることを発見している[1][2]。

また、太陽活動は約11年の黒点周期以外にも、22年（ヘール黒点サイクル）、87年（グライスバーグ・サイクル）、208年（ジュース・サイクル）、約500年、約700年といった周期があることがわかっている。さらに、1500年〜2300年（ハルシュタット・サイクル）といった周期性の可能性を唱える研究者もいる。これらの周期は太陽活動の変動の周波数の強さをスペクトル解析すると浮かび上がる（図2－1）。この周期的な変化の原因は、理論的にまったく未知の領域である。

このように、太陽活動の変化とは約11年の黒点周期にとどまらず、より長期的な周期もあり、11年から1000年を超えるものといったさまざまな周期が組み合わさり、地球の気候に大きく影響を及ぼしてきたとみるのが素直な見方であろう。

●中国東北部についての2つの古気候研究

東アジア中緯度地域での過去2000年間の古気候研究として、中国科学院地質学地球物理研究室の储国强（Chu Guoqing）副研究員による注目すべき論文がある。中国北東部にあたる吉林省の火山湖（北緯42度18分、東経126度21分）の湖底堆積物を分析した

図2-1　放射性炭素およびベリリウム10からみた太陽活動周期のスペクトル解析

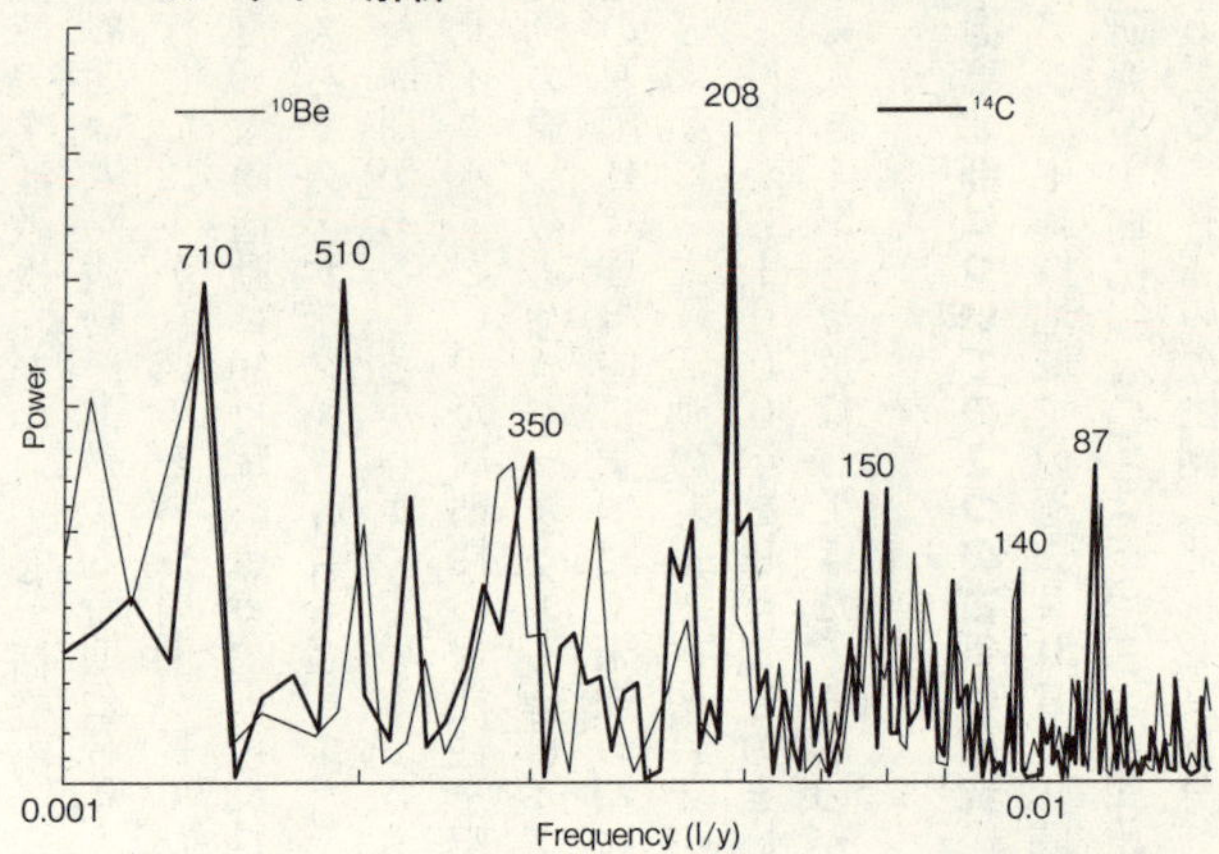

出典：Wanner et al.（2008）：Mid-to Late Holocene climate change: an overview. *Science Review* 27 pp. 1791-1828

ものだ。標高655メートルにあるこの火山湖の湖沼コア（湖底の地層）から渦鞭毛藻の嚢包を採取し、炭素同位体比率やC／N比などを分析した。そして、分析結果を古文書での気候に関わる記録と照合し、各時代の降水量の多寡等を推定している（図2－2）。

グラフのAが炭素同位体比率を図示（右目盛り）したもので、その比率が高く（グラフで上向き）光合成が不活発な時代に乾燥傾向、反対に比率が低く（グラフで下向き）光合成が活発化した時代は湿潤傾向となる。グラフのBは朝鮮の古文書での干ばつの頻度（左目盛り）を表し、相対的に湿度が低い時に干ばつが発生している。グラフのCは放射性炭素から推定する太陽

図2-2　中国東北部の火山湖から採取された湖沼堆積物からみた光合成活動、干ばつ指数、太陽活動

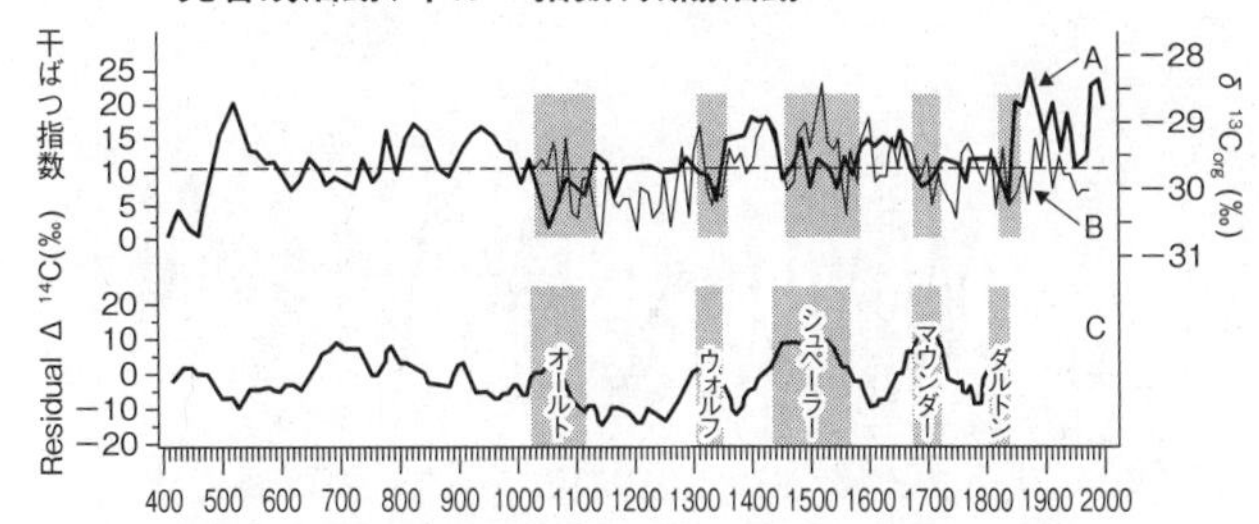

注：A＝堆積物に中の炭素同位体（^{13}C）の含有率（δ^{13}Cは湿度が低いと高くなる）
　　B＝古文献から導き出される干ばつ指数
　　C＝太陽活動の強弱を推定する放射性炭素（^{14}C）の含有率
　　　（上向きが活動小、下向きが活動大）
出典：Chu et al.（2009）：A 1600 year multiproxy record of paleoclimatic change from varved sediments in Lake Xialongwan, northeastern China. *Journal of Geophysical Research* **114**

活動の強弱である。時代の推移をみると、太陽黒点の極小期に、グラフA・Bでは乾燥・干ばつ傾向が現れている[3]。

東アジアから東南アジアにかけての気候は、モンスーン（季節風）の影響を大きく受ける。モンスーンとは海洋と大陸の間に吹く巨大な海陸風だ。夏季に太平洋西部の熱帯域から中国大陸や日本に南西モンスーンによる暖かく湿った空気が流入する。南西モンスーンが強ければ亜熱帯と寒帯を挟む気団の境界を高緯度側へと押し上げる。冬季になると反対にシベリア高気圧から中国本土の南方に向けて北西モンスーンが吹き、この勢力が強いと大陸北部で冷たく乾燥した気候となる。

中国科学院南京地理学湖研究所の刘兴起（Liu Xingqi）研究員は、青海省チベット高原北部のフフシル地区にある標高４４７５メ

図2-3　チベット高原の夏冬のモンスーンの強弱

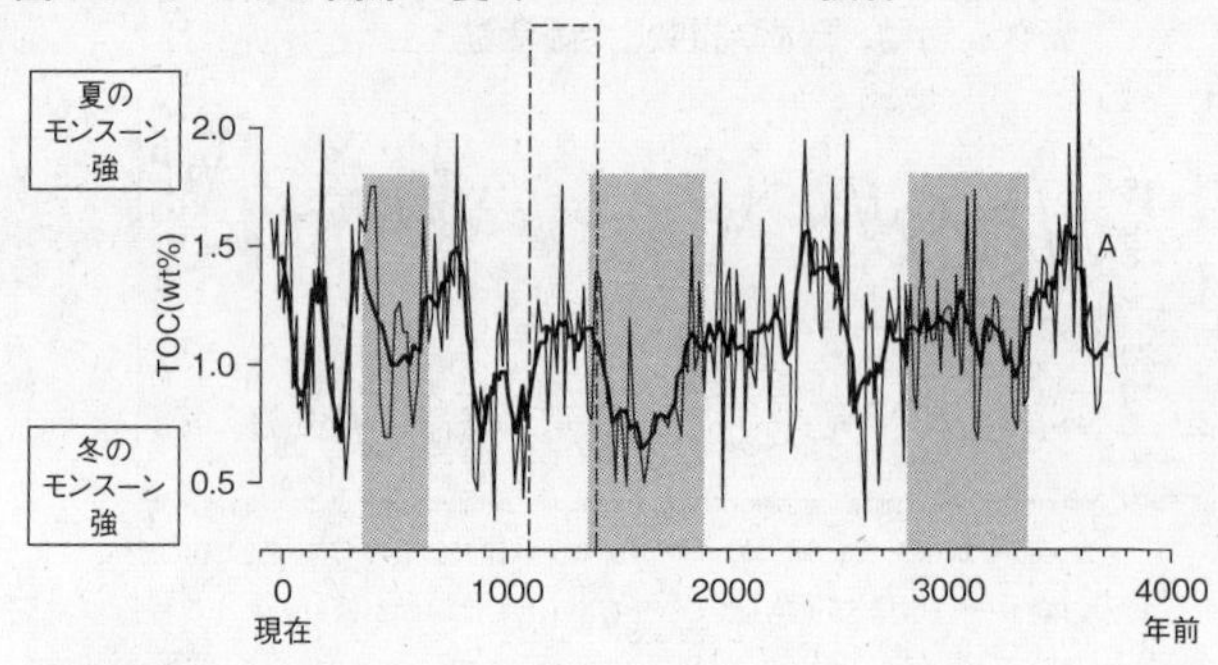

注：点線枠内は、700年〜900年
出典：Liu et al. (2009)：Late Holocene forcing of the Asian winter and summer monsoon as evidenced by proxy records from the northern Qinghai-Tibetan Plateau. *Earth and Planetary Science Letters* **280** pp. 276-284

ートルの塩湖（北緯35度37分〜50分、東経93度38分〜15分）の湖底の堆積物を採取し、中に含まれる全有機炭素（Total Organic Carbon；TOC）の含有量を分析した。冬のモンスーンが強く降水量が減少し気温が低下すると、塩湖の微生物の生長が抑えられるためTOCは減少する。一方、夏のモンスーンが強くなると降水量の増加と気温の上昇によってTOCは増加する。図2-3をみると、700年代から800年代の半ばにかけて、この地域で冬の乾燥した冷たいモンスーンが弱まり、夏の湿潤で暖かいモンスーンが強かったと推測される。[4]

●国史にみる平安時代初期の気候

『続日本紀』に続く国史には、どのように気候変動が記載されているだろうか。奈良時代を網羅する『続日本紀』に続き、平安時代初期にあたる9世紀の国史として『日本後紀』『続日本後紀』『日本文徳天皇実録』『日本三代実録』がある。平安遷都直前の792年から887年までを対象期間としており、『続日本紀』と同様に異常気象、地震、飢饉、疫病発生の記述は充実している。

国史をたどると、800年代前半の日本の気候は、奈良時代に引き続き干ばつが多発していたことがわかる。その後の840年代後半から長雨による飢饉の記述がみられ、『日本三代実録』が扱う860年代から870年代に低温傾向が現れている。

平安時代に入ってから最初の全国規模の飢饉は、797年（延暦十六）から799年（延暦十八）のものだ。この時の飢饉は干ばつではなく長雨と洪水が関係しているようだ。799年三月、甲斐、下総、武蔵、土佐で飢饉が発生しているが、これは798年八月に全国的に長雨による被害があり、冬を過ぎて食料が尽きたためであろう。799年四月に洪水が続いて稲の苗が腐損してしまい、淡路や讃岐で飢饉が発生した[5]。

大同年間（806〜810年）になると、飢饉の原因として日照りと洪水の併記がみられる。806年（大同元）九月、日照りと水害が相次ぎ米価が高騰したとあり、前章(4)で触れたように森林伐採により畿内周辺の森林による水源涵養機能が失われた影響が出ているのかもしれない。水不足の年は続き、809年（大同四）七月、平城（へいぜい）天皇は「日照りの災害により、水陸とも焼けた状態であり、神仏への祈願なくして困難を救うことはできない。……国司は斎戒し、慣例に従い祈雨せよ」と指示した。[6][7]

弘仁年間（810〜824年）になっても日照りの傾向は続く。812年（弘仁三）に嵯峨天皇は疫病と日照りが続き、人民の生活は穏やかでないと憂い、814年（弘仁五）には畿内・近江・丹波をはじめとする諸国から、「年来旱害が頻発し、稼苗が損害を被っている」と報告された。819年（弘仁十）も干ばつが起き、七月に炎暑と干ばつが数十日続く状態で、諸国で多くの民が被害を受けた。この時の干ばつを原因として翌年にかけて全国規模の飢饉となった。[8][9]

奈良時代同様に、疫病も流行した。823年（弘仁十四）三月に東大寺で疫疾を除くための薬師法による祈禱が行われたものの、夏にかけて干ばつと相まって参河、遠江、近江で疫病の広がりがあった。この時の疫病は天然痘ではないようだ。[10]

9世紀における干ばつのピークは830年代の天長・承和年間であった。832年（天長九）の淳和天皇の言葉があり、「今年は疫病と日照りが続いて起こり、人も物も失われている。……五畿内・七道諸国で七日間『金光明最勝王経』を転読して福とすべき」と警鐘を鳴らした。833年（天長十）五月には、「京および五畿内・七道諸国がみな飢疫」と飢饉と疫病が重ねて記録された。同年六月八日に仁明天皇は「聞くところによると、諸国では疫病により若死にする者が多い」と言及している。弘仁年間末期と同じく、干ばつによる飢饉を経て夏に疫病が流行しており、奈良時代と同様のパターンが繰り返された。[11][12]

830年代後半になっても、全国規模の飢饉は収まらなかった。838年（承和五）の四月、「昨年は穀物が稔らず、間々疫病が流行」と諸国から報告され、飢饉の状況は、840年（承和七）まで続いた。[13]

●祈祷中心の干ばつ対策

干ばつと飢饉への対策も、奈良時代と変わらない。力点が置かれたのは雨乞いの祈祷だ。奉幣する神社として奈良県吉野郡にある丹生川上神社が欠かせなかった。丹生川上神社は「天下のために甘雨を降らし霖雨（長雨）を止める」とされ、雨乞い・雨止の奉幣は室町時代まで行われた。平安時代初期では、808年（大同三）五月に雨師神（あましのかみ）に黒馬を奉納したとの記録をはじめとして、雨乞いを行うとなると常に名前が出てくる。丹生川上神社以外には伊勢神宮、そして京都市左京区にある水神を祀る貴布禰（貴船）神社、海の神を奉じる大阪市の住吉大社、滝を御神体とする大阪府吹田市の垂水神社が挙げられている。[14]

次に実施されたのが読経である。上述した淳和天皇の勅にあるように聖武天皇の時代から『金光明最勝王経』がまず読まれ、他には『大般若経』『金剛般若経』『仁王（にんのう）般若経』『法華経』が読経された。843年（承和十）の二月から九月にかけて、仁明天皇は8日毎に十五大寺と七道・諸国の国分寺・国分尼寺および常額寺などに対して『仁王般若経』を読経させた。読経の開催に合わせて、殺生の禁止が指示されることも少なくなかった。天皇が自らの徳を天下に示す必要があったのも奈良時代と同様で、私鋳銭（贋金作り）、故殺（故意の殺人）、謀殺による囚人を除いた大赦を実施している。[15][16]
飢饉への実際的な救援策として、税の軽減と被害者への食料給付も奈良時代に引き続いて実施されている。租について、洪水にあった水田など収穫不能な口分田への課税を免除した。事例として、806年（大同元）十一月に伊勢、紀伊、淡路に対して今後6年間、「四分を損田、六分を徳田」として田租を計算するよう軽減税率を設定した。[17]
被害にあった地域への庸や調の免除も少なくない。食料給付にあたる賑給も飢饉のたびに実施されている。桓武天皇は、老人、孤児、そして自活不能者に等級をつけて食料を与えるよう指示し、同じ施策は嵯峨天皇以降も踏襲された。米の価格が上昇すると穀倉院の備蓄を放出して物価を抑え、備蓄が尽きると公出挙を無利子で貸し付け、公出挙で足りなくなると禁止していた私出挙を特例で認めた。[18][19]
奈良時代での干ばつ時と同様に、畑作も奨励された。839年（承和六）秋、「大麦小麦は栽培に手間がかからず、夏の間に早く熟し、食料不足の時に大変役に立つ」とし、馬草にするために青刈りするのは愚かなことと戒めている。[20]
一風変わった倹約令もある。840年（承和七）三月のもので、畿内および七道に対して「女の裳（スカート）について、夏の紗を用いたものと冬の中裙（なかも）は貴賤を問わず禁止すべきであり、裳はひとつつければよく、重ねて着用してはならない」と布告している。[21]

●国家財政の疲弊

平安時代初期、政府は平安京の建設と東北地方への軍事遠征という2つの大きな事業により、財政的に困窮した。造営のために雑徭として駆り出された畿内の平民に対して田租の半分を免除し、地元での庸と平安京での雑徭の2つを課せられた畿外諸国の平民については田租を全免している。平民の苦労も大きかったであろうが、財政的な負担も重かった。石上神社（奈良県天理市）にあった武器庫を平安京に近い山城国葛野郡に移設するだけで述べ15万7000人が集められた。一時的な動員ばかりではない。805年（延暦二十四）十二月の時点で、平安京には全国から送られた造営のための働き手1281人が、兵士1000人とともに常駐していた。[22][23][24]

さらに、東北地方北部に国家の勢力を広げるべく兵の動員が行われた。坂上田村麻呂は797年（延暦十六）に征夷大将軍に任じられ、桓武天皇の命を受けて802年（延暦二十一）に蝦夷の指導者阿弖利為を破り、胆沢城に前線基地を築いている。兵士派遣の負担も膨大で、804年（延暦二十三）に関東諸国および陸奥から糒1万4315石、米9685石を中山柵（宮城県石巻市）まで運んでいる。一人1年間の米消費量を1石と換算すると遠征軍は2万4000人に及んだと推定される。[25]

805年（延暦二十四）、参議の藤原緒嗣は造作（平安京造営）と軍事（蝦夷遠征）で天下が苦しんでいるとして双方を中止するよう提案した。参議菅野真道の反対があったものの、桓武天皇は藤原緒嗣の提案を受け入れ、これを聞いた有識の人々は感激した。[26]

ところが、嵯峨天皇の時代になっても状況は変わらなかった。正庁である朝堂院を平安京に造営するために、尾張、参河、美濃ほか諸国から労務者1万9800人が動員された。蝦夷遠征も休むことはなかった。811年（弘仁二）三月、現在の青森県と岩手県の県境付近まで遠征すべく、陸奥と出羽から2万6000人の兵を集められた。出羽および陸奥の庸ならびに調を免除しての軍事行動である。前線にいた文室綿麻呂（ふんやのわたまろ）らは1万人を減員するよう承認を求めたのに対し、嵯峨天皇は掃討作戦には大規模な軍事行動が必要だと却下した。四月十七日に征夷将軍に任じられた文室綿麻呂が、六月に大軍を維持にするため物資補給の追加を要請したところ、嵯峨天皇は現場指揮官が多すぎると叱責する手紙を送った。前線では兵糧不足に悩まされ、同年十二月、老いも若きも軍事や輜重（しちょう）の運送に疲弊したとして復員の嘆願書が出されている。蝦夷の抵抗も容易ではなく、815年（弘仁六）には胆沢城・徳丹城は孤立し、陸奥から緊急に糒と塩を両城に運ぶようにと要請するほど苦境にさらされた。[27][28][29][30]

平安京の建設や東北北部への大軍の遠征と財政的に苦しい中で、干ばつによる飢饉が何度も起きていたのだ。社会不安が生まれたようだ。820年（弘仁十一）二月、『日本後紀』の記録に、遠江と駿河に移住した新羅人700名が反乱を起こし、人々を殺害し住居を焼いたとある。両国の兵士では対抗できず、反乱者は伊豆の穀倉を奪い船で逃走したため、相模や武蔵をはじめとする兵士を動員してようやく鎮圧した。[31]

●律令制の崩壊

京都の朝廷は、干ばつの惨状を無視できなかった。干ばつで飢えた人々が「かたあらし」となった口分田を棄て条里制村落から逃亡していたのだ。当時の人々は簡単に村落を離れた。時代は下り平安時代末期のものだが、『今昔物語集』には農民が頻繁に移動した様子が描かれている。能登の話として、田畠を作って国を豊かにすれば隣国から人が集まり、さらに丘陵や山地が開墾され富が増したというもの。あるいは尾張で国中が壊滅して田畠を作ることもなくなった状態であったところ、国司の善政によって「隣ノ国ノ百姓雲ノ如クニ集リ来テ、岳山トモ云ズ田畠ニ崩シ作ケレバ、二年ガ内ニ吉キ国」になったとある。良い田畠さえ用意できれば周辺から人々は集まってきたことを示している。[32][33]

もっとも、9世紀の公民が自由に移動できたというよりも、出挙の利息が払えずに負債が膨らむ中で損田ばかりの口分田を棄て、耕作できる農耕地を求めて流浪していたというのが実情であろう。彼ら逃亡した公民の受け入れ先が初期荘園であった。743年（天平十五）に墾田永年私財法が制定されると、王臣家や寺院が自ら墾田を開拓する自墾地系荘園を拡大していった。当初の荘園は口分田だけでは農耕地が足りない公民に賃借され、荘園所有者は彼らから収穫の一部を得る形であった。その後、初期荘園は次第に流民を労働力として受け入れるようになる。797年（延暦十六）八月、桓武天皇は「郷里を離れて流浪する者を王臣の荘園に住みつき、主人たる王臣の威勢を借りて庸調を納入せず、荘園領主も私田を営んで周辺の公民を深く損なっている」と問題視し、荘園の拡大を抑えるように勅を発している。[34][35]

政府では他人の名義での墾田や王臣家の威勢で囲い込んだ豊かな土地を違勅罪で摘発し、その土地を没収した。また、田令で定めている6年毎の班田を全国で徹底しようとした。しかし、9世紀以降、飢饉と疫病が頻発する中で、規則通りの実施がなされなくなる。[36]

荘園という農耕地そのものは、王臣家や有力貴族が自身の政治力なり経済力を用いて広がったものだろう。しかし、労働力がなければ農耕地から収穫物は得られない。この労働力の供給源として、干ばつにより口分田を棄て流浪する公民がいたのだ。かくして、律令制の根幹のひとつである公地公民のもとでの班田収授法の実施は、干ばつが続く時代背景の中で、9世紀にかけてゆっくりと崩壊していったのだ。

●内向きの時代の到来

平安時代に入ってから、天皇は次第に京都の地を離れることがほとんどなくなった。桓武天皇は804年（延暦二十三）十月に和泉、河内から紀伊まで一週間の遠出をしているものの、行幸といっても右京に造営した神泉苑や嵐山上流の大堰（おおい）といった御所から数時間の近隣であった。平城天皇の畿内を出ての行幸は、大嘗祭のために近江と伊勢神宮に行幸したにとどまる。嵯峨天皇の場合も、大嘗祭時の松崎川（兵庫県垂水市）での禊を除く遠出となると、狩りに興じた際に北野、大原野、芹川野と京都盆地の北部・西部や長岡京との間の向かう途中の水生野（山崎）くらいだ。遷都して半世紀も経つと鴨川や臣下の私邸に出向く程度で都の外に出ることは皆無になる。持統天皇が死ぬ直前に参河に行幸し、聖武天皇が天武天皇の跡をたどって伊勢、尾張、美濃と回った後も、近江から和泉まで移動し続けたことと対照的である[37]。

830年代の危機的な飢饉の時代を治世した仁明天皇は、老荘思想を含めて百家の学説を通覧し文学を愛し書に優れ、弓射、楽器演奏の腕前も確かで、医術にも通じていたという。文化的な知識があってもそれを国難に活かすことはなく、御所周辺に閉じこもって外の世界に目を向けはしなかった。都でも畿内諸国でも路傍に餓死者が放棄され続けていたが、朝廷は死体の遺棄を禁止することを通知するばかりであった[38][39]。

天皇に限ったことではない。王族や貴族は国司に任じられても遥任という形で赴任せず、諸国の行政を四等官たる受領や富豪農民として台頭してきた田堵（たと）や負名に任せるようになる。京都の支配者層は税収さえ確保できれば、それ以外の統治に無頓着であった。全国各地で在地の有力者は名主とよばれる階層となり、地域や村落の実質的な支配者になっていった。

『日本書紀』から中断することなく編纂され続けた国史は、『日本三代実録』の末尾の887年（仁和三）の八月で途絶えた。『日本三代実録』に続く『新国史』の編纂も着手されたものの、完成には至らなかった。作業が一向に進まなかったようで、地方統治への関心が消え去ったためかもしれない。このため、気候に関する記録についても9世紀後半以降のものは断片的な記録しか残っていない。10世紀は史料がもっとも乏しく、気候、災害や疫病の発生といった観点での定量的な分析ができない時代となる。気候の変化を再び連続的にたどれるようになるのは、宮廷人の日記が充実する11世紀以降からだ。

かくして、内向きの時代へと変わる。遣唐使は838年（承和五）に19回目にあたる出発をしたものの何度も渡航に失敗し、新羅船を雇って難破同然の形で大陸にたどりついた。これに懲り、唐の弱体化により外交面の重要性が薄れたこともあって、50年以上にわたって遣唐使派遣は立案されなかった。894年（寛平六）の最後の派遣計画も、菅原道真が唐の治安悪化等を理由とする再検討の上表文を提出したとされ、うやむやのうちに中止となった。

宇多天皇（在位：887－897年）の治世に歌合が盛んに実施されるようになる。続く醍醐天皇の勅命により、日本最初の勅撰和歌集である『古今和歌集』が奏上されるのは905年（延喜五）のことだ。内向きで京都中心の国風文化へと、時代は変わっていったのだ。

(2)『明月記』が描いた寛喜の飢饉

●桜の満開日による気温推定

春に花を咲かせる樹木は、前年の夏に花芽作りを開始する。スギ花粉の多寡を予測する時、前年夏の気温の高低を勘案するのはこのためだ。秋から冬にかけて気温が低下すると花芽は休眠に入り、低温がある程度続くと休眠打破によって再び花芽の生成が始まり、春になって開花に至る。桜も同様で、気温が低下しないと休眠に入らず、一定期間低温が続くと今度は休眠から覚め、春先に気温が上がって開花に至るという複雑な過程を持っている。葉が落ちた秋になって気温が下がった後に小春日和の日が続くと、桜が春と錯覚し年が明けないうちに「狂い咲き」とよばれて開花することがある。これも休眠と休眠打破のメカニズムの中で、桜の樹木が季節を錯覚したことによるものだ。

桜は通常、年を越して休眠打破した後に花芽の生長を再開し、気温の上昇に合わせて花芽が大きくなっていく。桜の開花時期が早いか遅いかについては、開花直前の春先の気温に依存するところが大きい。このことから、古文書に記載された桜の満開日の違いを比較することで、各年の3月の平均気温を推定できるのではないかという研究手法が生まれた。

1939年の田口瀧雄氏の論文「日本の歴史時代の気候について」に始まり、1960年代に元気象研究所所長の職にあった故荒川秀俊博士の論文「京都における観桜の記録から推定される気候の変動」（1955年）へと受け継がれた。その後も筑波大学元教授の関口武博士は、京都地方気象台が観測した里桜（有明桜）の開花日から満開日までの期間が7日程度でありそれ以上の食い違いはないとし、観桜会の日付を満開日とみて差し支えないとした[40]。

観桜会の記録をたどる際の桜の品種はヤマザクラだ。これは2つの点で好都合だ。まず、平安時代に宮廷人の観賞したヤマザクラの場合、1200年間の観桜日（満開日）を時系列的に並べることができる。現在の京都の桜の名所に咲く品種は主にソメイヨシノだが、嵐山や醍醐寺でヤマザクラは現在でも咲き誇っている。次に、ヤマザクラの開花期はソメイヨシノと比較して長いものの、満開になるのはわずか2〜4日と短い。現代でも満開日に花見客がもっとも多いことから、関口博士が述べたように観桜会開催日を満開日とする仮定はおかしなものではない[41]。

こうした生物学的なアプローチによる古気候研究は現在でも行われており、大阪府立大学大気環境学研究グループの青野靖之准教授らは2008年と2010年に集大成ともいうべき研究論文を発表している。青野准教授は、田口論文以降の桜の満開日に関する古文書のデータベースを充実させ、さらに10世紀から11世紀の中の桜のデータが得られない一定期間についてフジの開花日で補完するといった工夫を行った。図2－4(a)が太陽暦の元旦から満開日までの日数を示したものだ。○印が桜、×印がフジの開花での補完である。上図の左端の9世紀初頭の○印は、『日本後紀』弘仁三年二月十二日（812年4月1日）に記録されたもので、嵯峨天皇が神泉苑に行幸して桜の花を観賞して文人に歌を作らせたとあり、「花の宴の節はここに始まる」とある。10世紀半ばまではデータ数がかなり少ない。

続いて青野論文では、2001年から2005年に期間について、新聞紙面に掲載された嵐山のヤマザクラの満開日と3月の京都地方気象台が観測した平均気温の間の相関を求めた。そして、この関係式を用いて古記録に記述された満開日をもとにした9世紀以降の3月の平均気温の推定を行っている（図2－4(b)）[42]。

気温推定する際、近年の都市化によるヒートアイランド現象も考慮に入れている。20世紀の京都市と彦根市の気温を比較し、1・1℃の気温上昇をヒートアイランド要因とした。これを除去すると京都市の現在の3月の平均気温は7・1℃であった。この平均気温を各時代での推計値と比較している。

10世紀の場合、データ数は31（うち5つはフジによる補完）と限られているもので、3月の平均気温は7℃近辺であり、もっとも高い年で7・6℃であった。青野論文の推定では、20世紀後半まで10世紀の高い平均気温を超えることはなかったとする。

927年に編纂が完了した『延喜式』巻四十には、氷室（ひむろ）のついての規則が記載されてい

図2-4　京都市内での桜の満開日と京都市内の３月の平均気温推計

(a) 満開日の正月からの経過日数（グレゴリオ暦による）

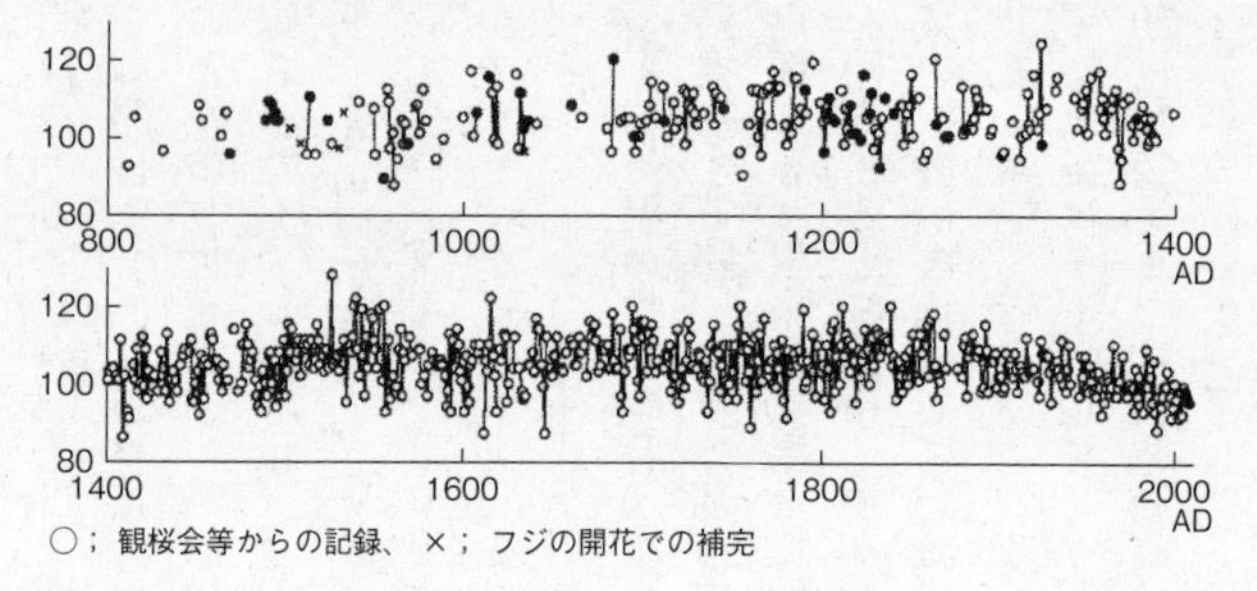

(b) 桜の満開日からの京都の３月の平均気温推計

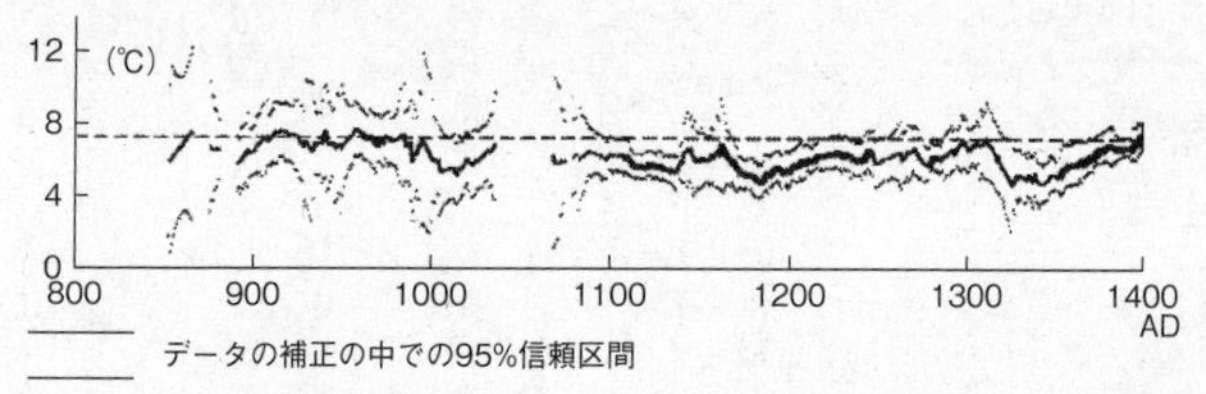

出典：Aono, Yasuyuki, Shizuka Saito (2010): Clarifying springtime temperature reconstructions of the medieval period by gap-filing cherry blossom phenological data series at Kyoto, Japan.
International Journal of Biometeorology 54 (2) pp. 211-219

る。氷室とは冬季の池に張った氷を地下に貯蔵する場所で、夏場になって氷を運びだし食用等で使用する。氷室による氷の貯蔵は『日本書紀』仁徳紀にあるように古くから行われてきた。『延喜式』には氷が張るように毎年十一月に祭を開催し、五色薄絁各五寸、木綿一両、麻二両などを捧げると定められている。加えて、暖冬で氷が薄い年には氷池風神の九カ所に五色薄絁各一尺、米一升、酒二升、海藻一斤、雑魚二斤等を捧げるようにとし、尋常の寒さであればこの措置は不要としている。こうした対応が明記されていることから、暖冬で氷が張らない暖冬の年が少なくなかったとみることができよう。

１０００年前後に気温が低下した局面がみられる。１０００年頃（±40年）に中国と北朝鮮国境沿いにある白頭山が火山爆発指数7の可能性もある大噴火をしており、この影響が現れているのかもしれない。また、オールト極小期という太陽活動の低下期も１０４０年から１０８０年の40年間とされる。ただし、後者の期間について桜の満開日と推定できるものは『新千載和歌集』等のわずか3例しかなく、青野論文では11世紀半ばについて気温推定を見送っている（図２－４(b)）。

１０８０年から１１８０年にかけて、12世紀半ばに何度か昇温期はあるものの、気温はやや低下傾向となる。長承・保延の飢饉（１１３３年）について『中右記』に霖雨や寒気との記録があり、低温傾向とみてとれる。なお、この時の飢饉で政府の財政が破綻したのに対し、鳥羽上皇の所有する荘園は相対的に飢饉の打撃が少なかった。飢饉対策としての賑給米３０００石は、鳥羽上皇の荘園からの「播磨国別進米」に頼っている。鳥羽上皇は経済的な優位性を背景にしたことで貴族の支持を拡大し、白河法皇死後に院政を確立するきっかけのひとつとなった[43]。

青野論文では、その後の１１８０年から１３１０年にかけて気温は上昇傾向へと反転した。ただし、13世紀の京都での3月の平均気温は5・5℃から7・0℃の幅にあり、10世紀の高温時と比較すると0・5℃から2・0℃低い。そして、1310年代に7・1℃のピークをつけた後、平均気温は急速に低下していった。

●源平争乱の中での養和の飢饉

『新古今和歌集』の編者の一人として、あるいは『小倉百人一首』の撰者として名高い藤原定家は、1179年（治承三）に兄の成家とともに昇殿して以降、生涯にわたって日記を書き続けた。現存するのは1180年（治承四）二月からの記述であり、部分的な欠落はあるものの1235年（嘉禎元）に至る56年間の自筆日記は、後世に『明月記』と名づけられた。まったくの偶然だが、『明月記』は書き始め直後に源平争乱に深く関わる飢饉を記し、その50年後の恐らくは日本史上もっとも厳しかったと考えられるもうひとつの飢饉を詳しく描いている。干ばつによる1180年（治承四）以降の養和の飢饉、そして冷夏が原因の1230年（寛喜二）に始まる寛喜の飢饉である。[44]

1160年代の終わりから、桜の満開日は遅くなる傾向にあった。『醍醐寺雑要』の記述を追いかけると、1167年〜1175年にかけての9年間のうち1172年を除いて桜の満開日は4月20日過ぎである。3年続いて4月20日以降になるのは、1173年〜1175年以後では1548年まで待たねばならない。ところが一転して、『明月記』によると1180年（治承四）の満開日は4月7日と早かった。10世紀のもっとも早い年である955年（3月30日）と961年（3月28日）とまではいかないまでも10世紀の平均日よりは早いことから、1180年3月の京都の平均気温は7℃を超え、ヒートアイランド現象の要因を除いた現在の気温と変わらない暖かさであっただろう[45]。

春先の暖かさが降水量の少ない熱い夏へと続き、翌1181年にかけて養和の飢饉をもたらす。荒川秀俊博士は、この年の京都での水不足について古い文献を調べ上げた。荒川博士は5月1日から8月31日にかけて、『山槐記』『吉記』『玉葉』のいずれかに雨の記述がある日を数えていった。その結果、7月はまったく降らず、8月も驟雨が4日降っただけであった。そして明治以降での3回の干ばつ発生年（明治16年、大正13年、昭和14年）での雨天日数とも比較し、1180年（治承四）では7月に晴雨不明の日が7日あるものの、明治以降の干ばつ発生年と比較しても雨天日数が少なかったことをつきとめている（表2－1）。

明治以降の干ばつ発生年の場合、5月から8月にかけての降水量は300ミリ台の前半であり、現在の平年値の約半分しか降らなかった。1180年の場合、雨天日数や8月に驟雨しか降らなかったことを勘案すると、降水量は明治以降の3回の干ばつ年よりも少なかったであろうと、荒川博士は結論づけている[46][47]。

同年八月二十三日、源頼朝は石橋山の戦いで敗れたものの、2カ月後の十月二十日（11

月9日）の富士川の戦いで平維盛の軍勢を破る。『平家物語』や『源平盛衰記』では武田信義の一軍が富士川に馬で乗り入れたところ、水鳥が一斉に飛び立ち、その水音に平氏軍は驚いて大混乱に陥り退却したエピソードで語られている。荒川博士は、平氏軍の撤退とはこの年の干ばつによる凶作で西日本が食料不足に陥ったためではないかと考えた。駿河まで出陣したものの、兵糧が不足したことで軍内に厭戦気分が高まり、撤退したのではないかとみる。平氏が拠点とする西日本が深刻な干ばつと飢饉に見舞われたのに対し、頼朝が兵を募った東日本は前章⑵で述べたように「干ばつに不作なし、雨年に豊作なし」の土地柄である。荒川博士の描く構図は、1180年の干ばつが東日本と西日本の農業生産にまったく逆の状況をもたらし、これが治承・寿永の乱で頼朝が勝利する背景であったとする。[48]

大きな干ばつが発生すると飢饉は翌年の収穫まで続く。収穫が多少なりとも得られれば、その年の暮れまでは何とか過ごすことができる。問題は年明けになって食料が尽きた後だ。奈良時代から江戸時代に至るまで、干ばつなり冷害なりで飢饉が起きると、餓死者が大量に出るのは凶作の翌年春以降という傾向がある。1180年（治承四）の干ばつによる飢饉は1181年（養和元）から1182年（寿永元）まで続いた。『百錬抄』には1181年六月の記述に、「近日、天下飢饉、餓死者其の数を知らず。僧綱有官の輩すら其の聞あ

表2-1 治承四年（1180年）夏の京都付近での天気日

治承四年（1180 年）	5月	6月	7月	8月	計
雨天日数	16	14	なし	4	34
晴天日数	15	16	24	27	92
天気記事のない日数	-	-	7	-	

注1：各月はグレゴリオ暦による
注2：8月の雨天はすべて驟雨

<干ばつが発生した比較年>		5月	6月	7月	8月	計
明治 16 年	雨天日数	17	10	11	5	43
	降水量（mm）	112.7	153.1	56.9	18.5	341.2
大正 13 年	雨天日数	18	15	8	9	50
	降水量（mm）	177.9	84.3	32.7	71.2	366.1
昭和 14 年	雨天日数	7	13	12	9	41
	降水量（mm）	117	40.4	126.1	28.8	312.3

<平年値：1981 年～2010 年平均>		5月	6月	7月	8月	計
	降水量（mm）	160.8	214.0	220.4	132.1	727.3

出典：荒川秀俊（1979）：飢饉．pp. 37,38および気象庁HP

り」、『皇帝紀抄』の安徳天皇の項には「今年、天下飢饉、道路に餓死者充満す。開闢以来此の程の子細無し」とある[47]。

養和の飢饉での阿鼻叫喚を描いた文学として、鴨長明の『方丈記』は世に知られている。「養和のころとか、二年があひだ、世の中飢渇して、あさましきこと侍りき。……築地のつら、道のほとりに、飢ゑ死ぬもののたぐひ、数も知らず。採り捨つるわざも知らねば、くさき香世界にみち満ちて、かはり行くかたちありさま、目もあてられぬこと多かり」と腐臭が京都市街に満ちた状況を描いている。餓死者の規模についても、「仁和寺の隆暁法印といふ人、かくしつつ数も知らず死ぬることを悲しみて、その首の見ゆるごとに、額に阿字を書きて、縁を結ばしむるわざをなんせられける。人数を知らむとて、四五両月を数へたりければ、……すべて四万二千三百余りなむありける。その前後に死ぬるもの多く、また河原・白河・西の京、もろもろの辺地など加へていはば、際限もあるべからず」と記している。

●歌道に倦んだ晩年の定家

1180年（治承四）の干ばつが発生した年、藤原定家は18歳であった。この年の一月に従五位上になり宮廷人としての階段を昇り始めるとともに、翌年の養和の飢饉の最中に歌人として最初の作品となる『初学百首』を詠んでいる。『明月記』治承四年・五年紀には養和の飢饉の惨状を示す記述はなく、干ばつを示す天候についても治承四年七月十六日に「炎旱旬に渉る」、翌年四月十六日に「天晴る。温気火の如し」とある程度だ。養和の飢饉と源平争乱の最中にあって、「世上乱逆追討耳に満つといへども、之を注せず。紅旗征戎は吾が事にあらず」（『明月記』治承四年九月）と著名な記述があるように、世の中の激動に背を向けた姿が目に浮かぶ。父藤原俊成の傘の内で人生を歩み始めた若き歌人にとって、干ばつも飢饉も別世界のものであったのかもしれない[49]。

ところが、その50年後の1230年（寛喜二）に始まる飢饉に際して、養和の飢饉のように無関心でいられなかった。老境の定家にも、寛喜の飢饉は襲いかかってきたのだ。

定家は、和歌の創作意欲をもはや失っていた。「春の夜の夢の浮橋とだえして峰にわかるる横雲の空」を詠んだのは37歳、「しろたへの袖の別れに露おちて身にしむ色の秋風ぞ吹く」は41歳、自信作の「秋とだに吹きあへぬ風に色かはる生田の杜の露の下草」について、『最勝四天王院障子和歌』への選をめぐって後鳥羽上皇との対立を生んだのは45歳の時であった。『明月記』には39歳の折から「詩歌さらに成らず」「予、風情なし、さらに成らず」「詠吟風情尽く」と焦燥感を口走るようになり、48歳の時に源実朝に送った『近代秀歌』の中で、「老いに臨みて後、病も重く憂へも深く沈み侍りしかば、詞の花色を忘れ心の泉も枯れ」たとし、「いよいよ跡かたもなく思ひ捨て侍りにき」と謙遜が幾分はあろうが、心情を吐露している。選者の一人であった『新古今和歌集』の編纂作業も40歳台のうちにほぼ完了し、50歳を過ぎると「老骨の後、詠歌ははなはだ堪え難し」「老の風情尽き、一首も尋常ならず」「予、風情尽き了る。歌体に非ず」と創作者としての衰えを意識している。64歳の頃から遊びとして、連歌を嗜むことが増えた。

和歌の作風とは裏腹に、そして本人の宮廷人としての資質とは別に、定家の出世欲は強かった。父俊成が歌道での権威とは違って、官歴で参議にも昇進できなかったこともあり、定家は生涯にわたって高い位を求め続けた。摂関家であった九条家に出仕し、九条兼実が失脚すると今度は源通親や藤原兼子に擦り寄って51歳にして参議の地位を得る。承久の乱で後鳥羽上皇の一派が駆逐され、再び九条家が台頭すると状況はさらに好転し、1227年（嘉禄三）に正二位を昇叙し、「人臣の極位なり、身上に徳分というべし」と達成感を『明月記』に綴っている。

60歳を過ぎてから、定家は古典の書写に熱中し始めた。注意力が際立っていたのであろう。『明月記』には「落字」がないことを自慢している。一方で「盲目」（老眼）で原書が見えづらいと歎き、後に「定家様」ともいわれる独特の書体を「鬼のようだ」と苦笑しながらも、和歌関係では『古今和歌集』『後撰和歌集』『拾遺和歌集』『千載和歌集』、物語日記類では『源氏物語』『伊勢物語』『土佐日記』『更科日記』、漢籍では『文選』『北史』『斉書』『周書』『隋書』、仏典では『阿弥陀経』『法華経』等をひたすら筆写する毎日であった。[50][51]

●寛喜二年の異常低温

天候異変は、1220年代半ばから始まっていた。1226年（嘉禄二）の六月から七月に京都で長雨、続く1227年（嘉禄三）も湿潤傾向が続いた。鎌倉でも春から夏にかけて、世間で若死にする者が非常に多く、餅をつき粥を煮る救済が各地で実施されていると気候の変調を思わせる記録がある。[52]

1228年（安貞元）になると、日照りと大雨という極端現象が相次いだ。『百錬抄』によると鴨川が氾濫し、十月には東日本に巨大な台風が到来した。鎌倉でも御所の侍所・中門廊・竹御所などがみな倒れ、家々の損壊は大きかった。1229年（寛喜元）は前半が干ばつ傾向、後半が湿潤であったようだ。『吾妻鏡』は八月十七日に暴風雨により稲の花が皆枯れたと伝えている。[53][54][55]

こうした天候不順が続く中で、数え年で69歳の藤原定家は1230年（寛喜二）を迎えた。『明月記』六月十七日（7月28日）に冷夏という異常気象が登場する。「早朝涼気あり。薄霧秋の如し。……夜涼しく綿衣を著す」と冬物の衣服を持ち出している。東日本でも異常低温が記録されている。同月九日（7月20日）、『吾妻鏡』では鎌倉幕府は武蔵で落雷、美濃で降雪があったとの報告を受け、六月の降雪の事例を調べ上げている。孝元天皇三十九年、推古天皇三十四年（626年）、醍醐天皇の延長八年（930年）と事例を掲げ、いずれも不吉だとうろたえている。「上古であっても奇異であるのに、ましてや末代の現在ではなおさらであろう」

低温傾向は続き、『明月記』七月十五日（8月24日）に「涼風仲秋の如し。昨今萩の花盛んに開く」と既に夏の終わりを感じており、関東でも『吾妻鏡』七月十六日（8月25日）に「霜が降り、まるで冬の天気のようであった」とある。

『明月記』には定家自身の所領からの報告として、冷夏を原因とする凶作の発生を記している。九月三日（10月10日）、冷害により北陸道の稲は枯れてしまい、収穫は近年まったくないほどに激しく損なわれたとあり、さらに四国に所有する荘園からも収穫がないとの報告を受けた。定家の所領ばかりではない。同月十日、覚寛法印の話として、鎮西（九州）で滅亡との飛脚が届いたと伝えている。そして十七日に「凶作により下民の憂慮があり、悪党世にはびこる状況につき外に漏らすな」との朝廷からの通達について、定家は緘口令を敷いても仕方がないだろうと冷笑するのだ。

とはいえ、何もせぬわけにはいかぬと思ったのだろう。十月十三日（11月19日）、定家は家中の家来に屋敷の北川の庭を耕し、麦の種を蒔くよう命じた。「嗤うなかれ、貧しい老人は他にどのような策があるのか」と『明月記』の中で自嘲している。

ところが、暮れになると一転して暖かさが戻ったようだ。全国各地で麦が実り、食べられるものさえあると噂された。定家は半信半疑であったが、十一月二十一日（12月26日）、1カ月前に蒔いた麦から穂が出ているのを見つけ、三月のようだと驚いている。白河で桜が咲き、タケノコが生えて食用にしたという。とはいえ、一過性の暖冬で収穫が増えるわけもない。翌年三月には厳しい寒さが戻っている。そして、凶作の影響は養和の飢饉と同様に、春先以降に深刻な飢饉を引き起こす。

●寛喜の飢饉は日本の歴史で最悪のものか？

　京都の社会秩序は乱れた。『明月記』には年が明けた1231年（寛喜三）二月の五日六日と続けて市街で強盗が家屋敷に押し入る事件を記し、こうした事件が多発していると補足した。同月二十五日には武士一人を連れだって外出していた甲斐前司資親が追剥に遭い、裸で自宅に逃げ帰ったことから、京都の郊外に出るのは危険だと感想を付している。

『明月記』は寛喜三年四月から六月にかけての日記が残っていない。『吾妻鏡』の同年三月十九日（4月22日）に「今年、世の中は飢饉で百姓の多くが餓死」とあり、『百錬抄』六月十七日（7月18日）に春から飢饉となり夏に死者が道を埋め尽くしており、養和の飢饉以来のことだと書いている。

『明月記』は3カ月間の欠落を経た後、七月冒頭から飢饉の惨状が描かれる。七月二日（8月1日）、「飢人且つ顛仆（たおれふ）し、死骸道に満つ。逐日加増す。東北院の内は其の数を知らず」、翌三日に「死骸逐日加増し、臭香徐ろに家中に及ぶ。凡そ日夜を論ぜず、死人を抱きて過ぎ融る者、計（かぞ）ふるに勝（た）ふべからず」、さらに十五日、「京中の道路、死骸更に止まらず。北西の小路、連日加増す」と伝えている。大雨が降ると鴨川の河辺に隙間なく死体が浮かび上がった。治安が悪い状況も変わらず、八月四日に群盗が車に乗って三条坊門に侵入を図り、混乱の中で大火事が発生し、八日には別の邸宅に強盗が押し入り女房の服を剥いだといった事件があった。

定家の所領から餓死者数が報告され、「(伊勢国) 小阿射賀庄の民、六月二十日より近日に至り六十二人死去す。穢に触るる身を憚る等に依り、上洛する者無し」とある。この記載が、寛喜の飢饉での人的被害を定量分析できる唯一のものだ。小阿射賀庄の面積は43・8町であったことが判明している。鎌倉時代に作成された土地台帳の『大田文』から想定される面積あたりの住民数をあてはめると農民280人となり、これに幼年者や老人などの非農業従事者を平均的な家族構成の仮定で加算すると荘園の住民を約392人と推定できる。『明月記』の死者62人が農民を指すのか、あるいは住民全体を指すのか定かではないが、飢饉による死亡率を考えると、前者であれば22%、後者であれば15・8%という計算となる。[56][57]

『立川寺年代記』は1231年(寛喜三)について、夏の全国的飢饉で人々は馬や牛を食べるほどの惨状であり、諸国で鼠が大量発生し五穀の実を食べ尽くしてしまい、全国でおよそ三分の一が死んだと記している。定家の所領が伊勢神宮近傍の自然環境の良い地域であり、そこでの2カ月あまりの死亡率からすると、『立川寺年代記』の表現はあながち誇大とはいえない。養和の飢饉のような干ばつ型の飢饉が西日本中心で東日本は豊作になることがあるのに対し、冷害型の凶作では飢饉が全国に及び、東日本で被害がより多かったであろう。[58]

江戸時代の宝暦・天明・天保の飢饉において、餓死者の多かった東奥羽をみても人口減少はそれぞれで2割を超えることはなかった。さらにいえば、江戸時代の3つの飢饉の場合、西日本では深刻な飢饉に至らなかったため、日本の総人口の減少は1割に満たない。飢饉の範囲や規模、そして犠牲者の比率からみて、寛喜の飢饉は日本の歴史上で最悪の飢饉であった可能性が高い。

大飢饉は1231年（寛喜三）では終わらなかった。藤原経光の『民経記』は、「今年の全国的な飢饉によって「民間は滅亡」してしまい、世の中が変わったと人々の間でしばしば話題になった」と伝えている。そして、三月から八月にかけての厳しい状況の苦境に陥った人々の間で「来年もまた飢饉がある」との内容の歌が流行った点について、経光はその根拠として、穀物の収穫量は通年の半分しかなく、農村には耕作する人も蒔く種もないからだとみている。麦はわずかばかり実ったとしても蒔くべき種まですべて食べ尽くしてしまうため、来年も麦が収穫できないことは疑いもないとし、流行り歌を正しいと結論づけた[59]。

藤原経光の考えた通りに事態は進んだ。『民経記』『吾妻鏡』等の記録をみると、寛喜の飢饉は1232年（貞永元）秋まで続いたのであった。

定家は1232年（貞永元）六月に後堀河天皇から『新勅撰和歌集』の編纂を下命された。およそ1280首あまりを集めたこの勅撰集は、妖艶な美を標榜した『新古今和歌集』

とはうってかわって修辞的技巧が減り平淡な作風のものとなった。定家自身の作品は15首採用されたが、20代後半から30代にかけての歌人との全盛期のものは2首しか選んでいない。そして、定家は編纂にあたって、「まことある歌を」を集めたと伝えている。「この頃の歌は、言葉を飾ってまことすくなき様が多いので、素直に心美しい歌」を編んだのだった。この背景には、承久の乱から寛喜の飢饉を経て、もはや新古今風の耽美的で幽玄な歌が好まれる時代ではなくなったことが挙げられる。定家自身は『古今和歌集』の世界へと回帰し、『小倉百人一首』を残した。勅撰和歌集は以後も14世紀後半まで10集以上編纂され続けるものの、『万葉集』から『新古今和歌集』に至る華麗な和歌の時代は衰退期に入っていった。[60]

●冷夏と暖冬の原因は何か

異常気象の到来は日本だけではなかった。1220年代後半から1230年代初めにかけて、世界各地に異常気象に見舞われた記録が残っている。中国と朝鮮では1226年から1228年と1232年に多雨、降雪、寒冷があり、ロシア北部では1228年に大洪水が起き食料不足により1229年から1230年にかけて大飢饉になった。『ニコン年代記』には当時のノブゴロド公国の状況について、1230年の4月（キリスト昇天日）から6月（聖エリアス日）にかけて寒波が到来し、収穫前のライ麦が凍って枯れてしまい、ロシア全土に飢餓が広がったとある。馬、犬、猫を食べ、人間同士が殺し合って倒れた方が人肉となった。マツ、ニレの樹皮や葉まで食用にして生き残ろうとし、数え切れないほどの死者が出たと記録されている。ロシア以外でも、イングランド、フランス、ネーデルランド、ライン渓谷一帯、ババリアでも１２２０年代後半に凶作が続いていた[61]。

突然の寒冷化の理由として、まずは火山噴火が考えられる。グリーンランドや南極の氷床コアに相当量の火山灰が残っているからだ。１２２０年代後半は、火山活動が非常に活発な時期であったようだ。ただし、現時点で特定できる大規模火山噴火はない。

１２２０年代後半の異常気象が火山噴火に由来する可能性が残るとしても、１２３０年に特徴的なことは他にないのか。『明月記』１２３０年（寛喜二）十二月にある暖冬で桜が咲き、タケノコが生えたという記録に注目したい。「火山の冬」による寒冷化ばかりではなさそうだ。冷夏・暖冬という異常気象の組み合わせで想起されるのが、エルニーニョ現象の発生だ。

南太平洋熱帯域の海面水温は、通常年であれば東側のペルー沖で冷たく西側のニューギニアからインドネシア付近で暖かい。この水温較差は８℃近くに及ぶ。このため太平洋の東側で高気圧が広がる一方、西側では上昇気流が発生し熱帯地方で積乱雲による雨を降らせる。太平洋の西側で上昇した空気はハドレー循環によって極側に移流し、中緯度帯で下降流となる。この下降流が日本に熱い夏をもたらす太平洋高気圧を生む。

しかし、エルニーニョ現象の発生年になるとペルー沖の海面水温が平年値より2℃から3℃上昇するため、太平洋の東西での海面水温の較差は小さくなる。このため、西太平洋赤道付近の上昇気流の勢いが殺がれ、中緯度側の太平洋高気圧も弱まり、夏季においても北極側の冷たい高気圧が日本列島を覆うまで南下してくる。

またエルニーニョ現象が発生した冬には、太平洋西部でWPパターンという気圧配置が生まれることがある。太平洋西部の北緯45度付近を境に南側で高気圧が発生し、北側に低気圧が居座る。この気圧配置になった時、冬将軍とよばれる北西風の寒波が遮られ東北地方まで南西の温暖な風が流れ込むことで暖冬になる。

果たして1230年から翌年にかけてエルニーニョ現象が発生したのだろうか。エルニーニョ現象はテレコネクションといって日本の気候だけでなく、世界各地の気候を変える要因になる。太平洋西側の熱帯域の海面水温を低下させる一方、インド洋からアフリカ東部のモンスーンの流れを変え降水域を変化させる。アフリカ東部のエチオピア高原は通常年であれば、インド洋からのモンスーンが高原を滑昇して豪雨となる。ナイル川の水源は3つあり、スーダンを経てビクトリア湖を源流とする白ナイルの長さが最大だが、水量としては30％に過ぎず、水源としてみるとエチオピア高原に発する青ナイルが60％、青ナイルの北を流れるアタバラ川が10％と大きい。ナイル川の豊かな水量とは、インド洋から吹くモンスーンによるエチオピア高原での降水が重要なのだ。エルニーニョ現象の年にモンスーンがエチオピア高原に到来しなくなると降水量が落ち、ナイル川の水量は細ってエジプトの農業に重大な被害を与える。

この関係から、ナイル川下流の水位についての古記録をたどることで、過去のエルニーニョ現象の発生年を推測する研究がある。オレゴン州立大学の海洋学者ウィリアム・H・クィンはナイル川の水位が低下する年を調べ上げ、1231年の水量が極めて少なかったことをつきとめた。ナイル川の水量の減少は、1230年後半からエルニーニョ現象が発生した可能性を示すものだ。[62]

(3) 非常時の人身売買を容認した北条泰時

●北条泰時の執権就任

第二代執権の北条義時が1224年（元仁元）六月十三日に鎌倉で死去した際、長男の泰時は京都にいた。承久の乱（1221年）で京方を鎮圧する遠征軍の総大将として京都に向かい、濃尾、宇治川で勝利して京都に入ると、そのまま六波羅探題北方として滞在したからである。

1219年（建保七）、源頼朝、頼家から征夷大将軍を引き継いだ源実朝が公暁に殺害されたことで将軍後継問題が起きると、後鳥羽上皇は鎌倉幕府から北条氏を排除するよう画策を開始した。1221年（承久三）五月十四日、朝廷は京都の検非違使判事であった三浦胤義を籠絡し、伏見の城南寺での流鏑馬揃えとして武士を集め、叛旗を翻した。手始めに高辻京極にいた京都守護の伊賀光季を攻め自害に追い込んだ。承久の乱の始まりである。

4日後の五月十九日、飛脚によって後鳥羽上皇の反乱が鎌倉に伝えられた。直ちに北条政子は御家人を呼び「頼朝のもたらした恩は山よりも高く、海よりも深い」とし、関東の一致団結を確認した。とはいえ、具体的な行動について鈍いものがあった。軍議では足柄・箱根で朝廷軍を迎撃する案と京都まで進撃する案の2つが検討され、前者の方が多数を占めていた。

この時、進撃案を強硬に主張したのが、若い頃九条兼実の政務に関わり、1184年（寿永三）に鎌倉に赴くと翌年の「守護・地頭設置の建議」に参画した文官の大江広元（おおえの）であった。政子も大江広元と同じく積極策で行くべきと主張した。しかし、義時が東国諸国に動員令を発したものの動きは鈍く、二十一日の再度の軍議では迎撃案への変更が議題にのぼった。ここでも大江広元は「泰時一人といえども出撃すれば、東国の武士が雲の竜に従うがごとくなる」と積極策を再度唱えた。ゆっくり構えていると、朝廷の威光から、御家人衆に寝返りが出る恐れは多分にあったのだ。文官とはいえ、この時73歳の大江広元は保元・平治の乱から源平争乱、奥州征伐、その後の御家人衆内での抗争を経験し、先制攻撃こそが勝利の鍵だと認識していたからであろう[63]。

宿老の三善康信も、政子の相談に対して大江広元の積極案に同意する。京都への遠征を決めたにもかかわらず日数が経過したことこそ怠慢であり、この上は大将軍一人で出発すべきであると語った。北条義時は、大江広元と三善康信の意見が一致したことでようやく覚悟を決めた。翌朝、長男の泰時が京都に向けて出発することとなった。

鎌倉から出撃した時、泰時の傘下にはわずか18騎しかいなかったものの、二十二日から二十五日にかけて東国武士は相次いで所領を後にした。『吾妻鏡』によれば、泰時の東海道軍10万騎兵、武田信光の東山道軍5万騎、北条朝時の北陸道軍4万騎、合わせて約19万騎へと膨らんだとある。この大軍による迅速な軍事行動により、宇治川渡河の激戦を制し、朝廷軍を破った。

泰時は3人の上皇を配流し朝廷軍の首謀者を処刑した後、3年間京都に留まった。京都守護を改組し、平清盛邸のあった六波羅を拠点とし、朝廷を監視するとともに、尾張以西の諸国を管理する機構を築いた。六波羅探題は鎌倉幕府にとって執権、連署につぐナンバー3の要職となっていく。このように六波羅探題北方として駐在中に、泰時は父義時の死を知ることとなったのである。

泰時が六波羅から鎌倉に戻ったのは1224年（元仁元）六月二十六日、義時死去から

2週間が過ぎていた。泰時は義時の長男であったものの、母親が出自不明の側室であったことからすんなりと執権の座を継いだわけではなかった。義時の継室の伊賀の方は、自身の子である五男の政村を執権に据えようと三浦義村に接触していた。この時動いたのが泰時にとって伯母にあたる北条政子だ。政子は六月二十八日に大江広元に対して泰時後継案を伝え、全面的な賛意を得た。七月十七日深夜、政子は密かに三浦義村邸を訪れる。突然の訪問に恐縮する義村に対し、政子は承久の乱の平定は天命であったとはいえ泰時の功績が大きく、その後も何度も戦争を収めてきたと語り、泰時こそが関東の棟梁になるべきだと迫った。そして、政村を推して戦乱を起こすならこの場ではっきり表明するよう詰め寄り、義村から泰時の執権就任の合意を得たのだった。

政子が泰時を執権に導いた背景には、夫であった源頼朝が幼少時に泰時の思慮深い性格を見込んでいたとの思いがあったろう。実際、泰時は温厚で抑制の効いた気性の持ち主であったようだ。執権就任2カ月後の九月五日、政子は義時の所領について、遺児での配分を泰時に尋ねた。一覧表を見た政子が嫡子たる泰時の取り分が随分と少ないと怪訝に問いかけると、泰時は「執権を承った身として所領などの事はどうして強いて願い望むことがあろうか。ただ舎弟らに与えようと思う」と返答し、政子の感涙を誘ったという[64]。

翌1225年（嘉禄元）、泰時の後ろ盾であった大江広元が六月、政子も七月と相次いで死去し、鎌倉幕府の運営は名実ともに42歳の泰時に任されることとなった。

●寛喜の飢饉への具体的な救済策

寛喜の飢饉に対して、泰時の危機意識は早かった。前述したとおり1230年（寛喜二）六月に美濃で降雪があったとの報告を受けた際、泰時は天候不順を憂慮し対策の必要性を感じた。同月、『吾妻鏡』に梅雨の雨は豊年を示すというが、涼気が尋常ではなく五穀は実らないだろうと悲観し、飢饉発生の予感を記している。

『明月記』には十月十六日、鎌倉幕府は食料不足に備えて毎日の食べ物の量を削減するよう指示したとの話が広まったと書かれている。年が明けた1231年（寛喜三）、関東に伺候している者に対して贅沢禁止令が正式に発せられた。[65]

律令制において播種用種子の利子付き貸借は租庸調の外側での課税という位置づけであり、基本的に国が管理するとされ、民間の私出挙はたびたび禁止令が出された。平安中期以降に律令制が崩れると、出挙は在地領主や富農などの私的な経済活動へと変質していた。富裕な階層は返済が滞るのを恐れ、領地内に米麦が残っていても農民への貸し付けを抑えるようになる。いわゆる「貸し渋り」だ。泰時は伊豆と駿河の農民が餓死しそうだとの報告を受けると、幕府の蔵にある米を出挙米として放出するように奉行に指示した。出挙米の貸出に逡巡するようであれば、処罰を行うと念を押した。[66]

1232年（寛喜四）春、伊豆国仁科荘の農民が餓死しそうで耕作地を放棄しようとしているとの声を聞くと、泰時は直ちに出挙米として30石を貸し与えるよう命じ、もし弁済が滞ったなら、自分が代わって支払うとまで言い切った。『吾妻鏡』には、泰時が出挙の貸し付けを保証するような措置を何度も行ってきたと記している。[67]

この年の秋、矢田六郎左衛門尉は泰時にあまりに出挙米の貸出が多く、既に9000石を上回っていると不安を唱えた。貸し与えた農民は返納する術がないと苦境を訴えるばかりであった。この時も、泰時は翌年まで返済を猶予すればいいと平然と答えている。そして、美濃の1000町を超える水田の年貢を免除しただけでなく、平出左衛門尉を派遣して救済米まで配らせた。[68]

鎌倉幕府は1233年（天福元）四月、飢饉対策の総決算として前年秋以前の出挙の利息について、それまでの元本の同額から半額へと減額するよう諸国に下知した。この下知は関東諸国にとどまらず、九州を除く西日本30カ国に向けて3つのグループの使者を派遣して徹底させている。その適用範囲は御家人の案件のみならず、六波羅探題に対しても厳命しており、出挙全般を対象とするものであった。[69][70]

●御成敗式目の制定

飢饉に入って3年目の1232（貞永元）四月十四日、『吾妻鏡』は「北条泰時がかねてから内々に進めてきた御成敗条の制定を正式に計画し、今日から本格化して着手する」と伝えている。関東での訴訟を裁決する際、以前に定められた法が少ないことから、時によって異なった判断がなされていることを問題視し、新たに法を作ることによって訴訟の円滑化、判断の統一化を図るためとした。泰時は書状の中で、同じ訴えでも強い者のものは取り上げられ、弱い者のものは無視されるといった「人によって軽重が決まる」状況をただすための式目（式条）だと思いを語っている[71]。

八月十日、4カ月足らずで編纂作業は終了し、50カ条の御成敗式目が制定された。『吾妻鏡』は、「藤原不比等の律令に比すべきもので、律令は国内の規範であり、式目は関東の大きな宝」と讃えた。泰時は、九月十一日にこの式目を京都の六波羅探題に届けている。その際に六波羅探題北方であった弟の重時に宛てた書状に、「ただとうり（道理）におすところ」を記したものだとし、「武家の人へのはからいのためばかり」であって、京都の律令の定めを改めるものではないとあくまで武家法であって公家法とは一線を画すと書いている。その上で「関東御家人・守護所・地頭にはあまねく披露して、その心得をえさせられ候べし、かつは書き写して、守護所・地頭にはめんめんにくばりて、その国の地頭・御家人どもにおほせふくめられ候べく」と周知徹底を指示した[72][73]。

御成敗式目の制定とは、承久の乱により西日本を含めた全国を統治することとなった鎌倉幕府が、その支配形態を最終的に整えたものと解釈されている。とはいえ、式目制定のきっかけに寛喜の飢饉は深く関わっていたと考えられる。寛喜の飢饉以前、所領等をめぐる各地の訴訟について、鎌倉幕府では評定衆にて個別に判断してきており、それで足りていた。個別判例の記録を収集することが判断の一貫性も保つ上で重要であるものの、平時であればわざわざ式目の形で世に周知する必要性は小さかったであろう。泰時は御成敗式目制定の4カ月後に大江広元の文書が散逸していることを案じ、これを探し集め目録を作っている。判例を集めて判断の統一化を図る作業は別途行われていた。[74]

ところが、寛喜の飢饉の間、地頭による年貢取り立ては苛酷なものとなり、不法行為が横行するようになっていたのだ。周防国吉敷郡宮野庄では年貢を半分に減額したとはいえ、必ずその分は払うよう寺の秀徒に決議させ、東大寺領伊賀国黒田庄で年貢の減免をある程度行ったものの農民が逃亡する事態が生じた。また、高野山金剛峯寺所司が地頭の不法行為として挙げるものに、地頭の定員を水増しする、農民の生麦を勝手に刈り取る、義務のない労役を強いるといった事態が起きていた。[75]

御成敗式目編纂中の七月十日、「正道に私心がない」旨を表明した起請文に評定衆11名が連署し、これに最終判断者であった泰時と彼の後見人であった北条時房が署名と花押を加えている。逆にいえば深刻な飢饉を背景として訴訟件数が増大するばかりでなく、その事案も複雑化したため、判事の姿勢を問わねばならない状況であったとみてとれる。

御成敗式目の各条文からは、飢饉の状況下での社会秩序の悪化をみることができる。諸国の守護人について、第3条で「国司に非ずして国務を妨げ、地頭に非ずして地利を貪る」行為を違法と禁じているが、それだけ名前を騙る違反行為が横行していたことの反映だろう。第4条にも「犯罪の実否を決せず、恣に罪科の跡と称して財産を私的に没収」することの禁止を敢えていうのも、無法な国司が正式な裁判を経ずに財産没収を行っていたからであろう。また地頭について第5条で「諸国の地頭が年貢を留め置くことの禁止」とあるが、これは私的に消費するためか、あるいは値上がりを狙って年貢米を自身で溜め込むケースが多発していたことを暗示している。こうした国司や地頭の行動は、飢饉の中でこそ増加したに違いない[76]。

不法行為が増すだけでなく、国司、地頭、御家人の間で土地所有をめぐる訴訟も増加したと想像できる。御成敗式目は第7条以降において土地所有を中心にした判断を示しており、贈与、相続、没収といった点に詳しい。律令制がもともと公地公民を前提としていたため、土地所有の帰属をめぐる訴訟にはなじまなかったことも、式目が重宝とされた理由のひとつだ。第42条のように、領内の農民が逃亡したからといってその妻子をつかまえて財産を没収してはならず、年貢の未納があるならその額だけを支払わせればいいとあり、寛喜の飢饉での逃亡の増加を反映したと思われる条文もある。

御成敗式目には「これにもれたる事候はば、追って加えらるべきにて候也」と追加法を想定している。追加法という形で条文を増していくことで御成敗式目は実用性を確保し、鎌倉幕府が倒れた後も建武式目とともに訴訟判断に用いられ、江戸幕府が武家諸法度を制定するまで命脈を保った。また、泰時が「道理」の示すところを書いただけとあるように、慣習法を体系化したという点でコモン・ローの条文化と位置づけることもできるだろう。[77]

●人身売買を明記した追加法

奴隷制度は、メソポタミアや古代ギリシャで文明の誕生とともに発生している。日本でも奴隷や人身売買は古くから存在したようで、『日本書紀』に691年（持統五）三月の詔として、「もし百姓が兄のために売られている場合は解放して良（公民）として扱い、父母によって売られた場合はそのまま賤（奴隷）とする。借金を返済できないことで賤になった者は解放して良とし、賤の子供はすべて良とすべき」とあり、奴隷の身分に触れている。これは庚午年籍を作成するために公民と奴隷を区別するための措置だ。出挙米の返済を滞った農民等が身を売り、奴隷の身に落ちることが少なくなかった。[78]

平安時代初期になると、奴隷制は公的には禁止になっていた可能性がある。『政事要略』巻八十四の「但馬国朝来郡郡司全見挙章問状」の中で、奴婢が「延喜格は奴隷（奴婢）制を停止しているゆえ、格の制定後は奴隷という身分は無いはずだ」と主張している。現存する延喜格に奴隷制廃止の記述は見当たらず、その後に編纂された延喜式に奴隷身分の規定があることから、奴隷制そのものの一般的な廃止というのは無理がある。とはいえ、何らか公民が奴隷の身に落ちることを抑制する格があったのではと推察されている。[79]

寛喜の飢饉の最中、人身売買を巡るトラブルが頻発していた。食料が尽きた者や出挙の返済を滞らせた者が、やむなく子弟を売る事態になっていた。1231年春頃になると禁制とされた人身売買の有効性が問われ、訴訟に持ち込まれている。具体的な事例が、朝廷側と幕府側それぞれにある。

朝廷側の判断記録として、明法博士中原某は「法意」として人の子孫を買い取る科は重いとされているとし、子供を使役に使ってはいけないとした。買い手にとっては買損である。根拠とした「法意」とは、養老律令の中の賊盗律にある公民を奴婢として売買したもののへの罰則規定であった。明法博士がヒューマニストであったのではない。彼は律令制の下での公地公民の条項にすがって判断したのだ。とはいえ、買い手と売り手への罰則までとても行使できなかったのであろう。罰則行為そのものを問題とせず、単に買った子供に労働させるのだけを禁じる判断を下しただけだ。[80]

ところが、御成敗式目の追加法第112条をみると、寛喜の飢饉の間、鎌倉幕府が人身売買を容認してきたことがうかがえる。この追加法は1231年（寛喜三）の8年後の1239年（延応元）四月十七日に発せられたもので、非常事態での特例とその特例の解除を5つの論旨で述べている。

追加法の冒頭の3つの文に、「寛喜三年の餓死のころ、飢えた人となった者について、養育の功労として奴隷にしておいていい」とし、もとより「人倫売買の事、禁制これ重し」ものの、「しかれども、飢饉の年ばかりは免許されるか」とあるのだ。そして飢饉が去った後に、生みの親が子を買い戻そうという動きがあったのだろう。この点について追加法は後段の2つの文脈で「飢饉時の安い価格（時価の10〜15％）で返してほしいと請求してもこれを認めない」「ただし売買双方が納得して当時の価格によるのなら、この限りにあらじ」としている。

冒頭で引用している寛喜三年に発せられたとする人身売買容認の法令は、実際にどのように発令されたのか定かではない。とはいえ、この追加法112条は、鎌倉幕府が寛喜の飢饉の最中にあって、公的に人身売買を容認していたことがみてとれる[81]。

さらに、翌月の五月一日、「人倫売買の事、禁制これ重し」と原則を述べた上で、近年妻子の返還についての訴訟が頻発している状況において、緩和策にかかる訴訟は飢饉の年の御家人間の訴訟に限定するとし、「およそ今後、一向に売買を停止せるべき」と結ぶ追加法114条を発した。この内容は、北条泰時と北条時房の連名で関東御教書として六波羅探題にも伝えている。念を押すかのように同月六日、追加法115条では人身売買の禁制を緩めたものの、今においてはその緩和を停止すると下知した。

このように、日本の歴史上最悪ともされる寛喜の飢饉の惨状に接し、北条泰時は超法規的措置で乗り切ろうと企てたことがわかる。飢餓で死ぬのを待つだけであるなら、奴隷身分に落ちても生き残る道という選択肢を禁制を曲げて是認したのだ。

超法規的措置は副作用を伴う。飢饉が終わると買い主から逃亡する者も現れ、全国至る所で人身売買の返還についての訴訟が起きた。子を売った親は買い戻そうと願い、買い主はなかなか手放さない。売買行為がなされず単に養育した場合に使役義務は残るのか、養育者は奴隷を他者に転売する権利を持つのかといった事案も出た。1239年（延応元）春に人身売買の禁止を徹底したといっても実態は異なり、その後の念を押す法令が多く出されたにもかかわらず、1255年（建長七）においても人身売買は実施され続けた。奴隷制の再度の禁止が徹底されない中で、1257年に始まる正嘉の飢饉が到来することとなる。[82]

●鎌倉幕府による全国統治の完成

今日的なヒューマニズムの視点からみて、鎌倉幕府の奴隷制容認に対して異議もあるかもしれない。しかし眼前の惨状に対して、事態収束を真剣に考え抜いた北条泰時を中心とする鎌倉幕府の対応は、為政者の現実的な判断として評価されるべきであろう。

寛喜の飢饉に際して、朝廷側の施策は奈良時代と変わらず神仏への祈祷が中心であった。1230年（寛喜二）六月に物価対策として米1石を銭1貫文とする宣旨を出し、1231年（寛喜三）十一月に新制42条で救援米についての賑給の規定を設けている。とはいえ、朝廷には飢饉に喘ぐ人々に対して、有効な対策を行うだけの財務的な力がもはや無かった。

朝廷は1231年(寛喜三)五月に贅沢禁止令を発してはいるが、これも果たして貫徹したかどうか。贅沢禁止令が出た2カ月後の七月十二日、『明月記』に競馬・蹴鞠に興じるとある。『民経記』の著者はこの行楽について「天下飢饉の折から叡慮なく不快」と憤り、九月十五日に貴族が水田に船を浮かべる姿を「天下ただ遊放するか、これに至りて所々、海内の財を尽くす」と嘆いている。

朝廷側の無力、無気力に対して、鎌倉幕府は自らが解決すべき課題だと認識していた。初期動作では食料消費の抑制と贅沢禁止令を武家社会に徹底し、続いて1231年春に備蓄していた穀物を出挙米として放出した。『吾妻鏡』には鎌倉周辺への救済ばかりが綴られているものの、彼の施政は全国の御家人の模範になったであろう。また、御成敗式目はその制定時に武家法であって公家法と一線を画するとしたものの、1233年(天福元)の追加法第76条に定めた出挙利息の5割減額は御家人以外にも適応すると六波羅探題に伝え、周知徹底のために西日本に使者を派遣しているのだ。

鎌倉時代とは、当初、東日本の幕府と西日本の朝廷という二元的な国家体制であり、承久の乱といういわば「革命」によって鎌倉幕府が全国を統治したとされる。確かに承久の乱以後、京都には朝廷を監視し西日本諸国を管理する六波羅探題が置かれた。しかし、朝廷は祭祀の権限を失ったわけではなく、寛喜の飢饉という天変に対する祈祷を頻繁に行い、時には鎌倉幕府に対しても五壇法の実施や『金光明最勝王経』の読経を行うよう綸旨を出している。朝廷自身は依然として自らが権威も権力も持っていると思っていただろう。

とはいえ、現実社会は具体的な施策を行ったものに従う。全国的な規模の大飢饉に立ち向かったのは北条泰時が率いる鎌倉幕府であった。御成敗式目は飢饉での訴訟増加を背景に編纂され、その後に追加法を重ねる中で、武家法の枠を超えて国法へと適応範囲を広げていった。異常気象に起因する寛喜の飢饉への対応を経て、鎌倉幕府による全国統治が完成したといえるのではないか。

第Ⅲ章 「1300年イベント」という転換期

「1258年は今までにまったくないような年だった。疫病で死ぬ者が多く、暴風雨が到来し、夏の間に農作物は実ったものの、秋に大雨が続いて地面に落ちてしまった。人々は食料難で餓死し、飼料不足で家畜も倒れた」

——ベネディクト会修道士マシュー・パリス　『クロニカ・マジョラ』（Chronica Majora）

「近年から近日にかけて、天変地異が続出し、飢饉が発生し、疫病が流行した。災難が日本全土に広がり、牛馬もいたるところで死に骸骨は路上に捨てられて、すでに大半の人びとが死に絶えて、悲しまない者は一人もいない」

——日蓮　『立正安国論』　文応元年七月十六日

(1) 日蓮が記録した天変地異と飢饉

●氷床コアに残る巨大火山噴火の痕跡

再び京都の桜の満開日についての時系列データをみてみたい（図2－4）。1250年代から満開日が遅い年が現れるようになる。グレゴリオ暦で1250年が4月18日、1254年が4月20日と極端に遅く、1257年に4月4日、1259年に4月6日と早まった（1255年、1256年、1258年、1260～1262年の記録はない）。しかし、1263年に4月30日、1264年に4月12日と再び遅れ、その後の12世紀中において満開日はすべて4月10日以降という傾向が現れている。

中国での古気候分析も、同じ傾向を示している。北京近郊の石花洞洞窟の石筍に含まれる酸素同位体比率から推定する5月から8月の平均気温をみると、1254年に急激に低下し、1250年代後半以降は12世紀前半までとは明らかに違う低温傾向が示されるようになる（図3－1）。北京の北方600キロメートルのモンゴルとの国境近くにある内モンゴル自治区の氷床コア（Dunde Ice Core；北緯38度06分、東経96度24分）の酸素同位体比率も、1250年代後半に気温が2℃近く急低下し、その後も1300年頃まで低温が続いたことを示している[1]。

図3-1　北京近郊石花洞の石筍の酸素同位体から推定する夏（5月〜8月）の平均気温：1150年〜1350年

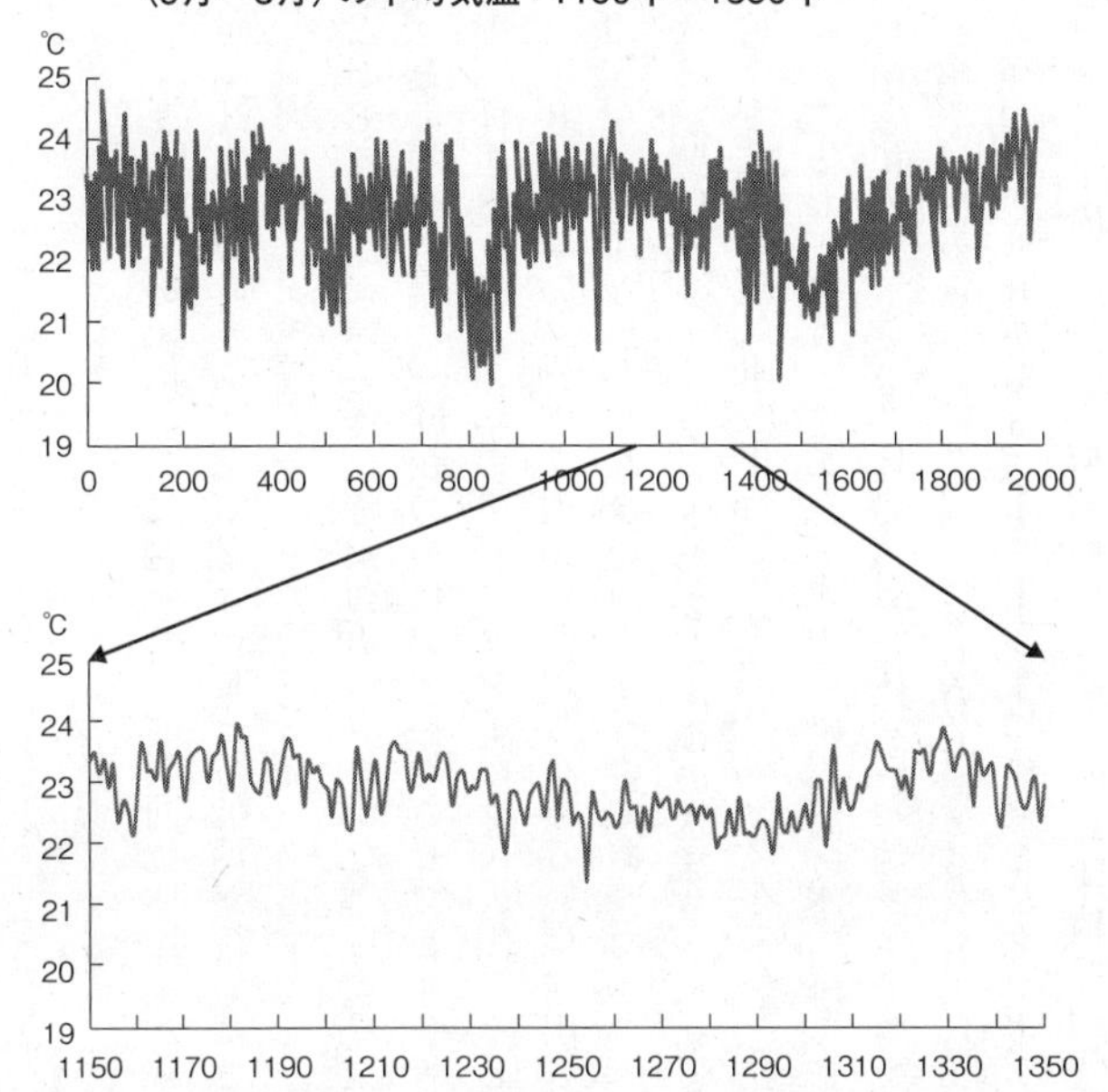

出典：Tan et al. (2003)：Cyclic rapid warming on centennial-scale revealed by a 2650-year stalagmite record of warm season temperature. *Geophysical Research Letters*, **30** (12)

　欧米に目を向けると、スウェーデン北部トルネトラスク地方のヨーロッパアカマツの年輪幅の分析でも、スカンジナビア地方の夏の気温が急激に低下した痕跡がある。また、米国西部のカリフォルニア州、ネヴァダ州、アリゾナ州の森林限界に近い高地に生育するブリストルコーンパインの古い樹木から、過去5000年間の年輪を採取することができる。この年輪を調べると、1259年に1ミリの凍結した痕跡が残っており、厳冬が訪れていた。[2][3]

グリーンランドの氷床コアに含まれる酸素同位体比率から、この地で1259年に厳冬となり、1260年から1262年の夏まで低温が続いたと推定されている。[4]

1258年に、おそらくは赤道付近のどこかで、巨大な火山噴火があったと考えられてきた。その噴火規模は、欧州の古代史を終焉させた546年頃の謎の火山噴火や、天明の飢饉と関係する1783年のアイスランドのラキ火山、そして「夏がなかった年」をもたらした1815年のタンボラ火山に匹敵し、あるいは検出された火山性堆積物の量からすればこれらを上回るかもしれない巨大なものであった。

噴火の痕跡はグリーンランドおよび南極の氷床コアに残されている（図0－2）。火山噴火による細かい塵は水と化合して硫酸エアロゾルとなり、成層圏まで達して「乾いた霧」(dry fog) として漂う。その後、重力の効果や降水・降雪により、数年かけてゆっくりと地表に落ちてくる。地球全体の大気に広がった硫酸エアロゾルは2億5000万トンに相当し、噴出物はマグマ換算体積で2000億～8000億立方メートル（5億～20億トン）の範囲との推計がある。1815年に噴火したタンボラ火山の場合、大気中の硫酸エアロゾルは1億トン弱、噴出物はマグマ換算体積で約560億立方メートルであり、

1258年の噴火はタンボラ火山の数倍規模の可能性が指摘されている。[5]

グリーンランドや南極の氷床にあった硫酸エアロゾルに関心が集まってから10年以上にわたり、この巨大噴火を起こした具体的な火山を特定できなかったが、2013年になってようやく有力な候補が見つかった。インドネシアのロンボク島サマラス火山だ。考古学的な証拠としては、カルデラ斜面で炭化した木片の放射性炭素から年代測定をすると噴火時期は1257年であり、火山灰の中のガラス質がグリーンランドや南極の氷床コアのものと一致した。火山灰はカルデラの西側に積っていることから、噴火時期は偏東風が強い5月から10月とみられている。

文献的な史料も見つかった。ヤシの葉に書かれた『ロンボク年代記』には、サマラス山が噴火したことでカルデラができたと記録されている。そして、カルデラの北東5キロメートルの現在のスンバルンには王国の首都パマタンがあったが、溶岩流によって数千人が死亡したともある。[6]

ゴダート宇宙センターに在籍していたR・ストーザーズは、1984年に科学雑誌《ネイチャー》に発表した論文「536年の謎の雲」で火山噴火が欧州の古代社会を終焉させたと主張した。その16年後、新たな論文「1258年の巨大噴火による気候および人口の帰結」を発表し、この中で13世紀半ばの火山噴火に関連した皆既月食の記述に注目している。

13世紀に生きたイングランド・サフォーク州出身の年代記作家ジョン・ド・タクスターは、1244年から1262年にかけての18年間の年代記を残しており、2回の皆既月食について触れている。1258年5月18日と1265年12月24日のものだ。前者の皆既月食では月は完全に消えたとある一方、後者の場合はいつも通り皆既月食中に月面は血のように赤かったという。これはどういうことだろうか。

私たちが一般に見る皆既月食は、1265年でのタクスターの記述と同じく、月が完全に地球の影に入った時間帯にその姿は薄赤く空に浮かぶ。地球が太陽を覆い隠すものの、地球の外縁大気での屈折によってわずかに太陽光が月まで届くからだ。この時、青い光は散乱するのに対し、赤い光は月面まで達する。このため皆既月食中に月は薄暗いながら赤く見えるのだ。ところが、タクスターは1258年5月の皆既月食で月が欠け、文字通り完全に見えなくなったと書いている。火山噴火による大量の硫酸エアロゾルが成層圏に漂っていると、赤い光も地球大気を通過する際に散乱してしまう。このため赤い光も月面まで届かず、月が消えてしまう現象となったと考えられる。実際に1991年のピナトゥボ火山の噴火の2年後にあたる1993年6月4日の皆既月食においても、月は赤くならず暗く灰色になる現象が現れた[7]。

光の透過率を示す尺度として光学的深さ(Optical Depth)という単位がある。透明さが増すと0に近づく。硫酸エアロゾルによって光学的深さが0・1以上になると皆既月食時に赤い光も散乱し、月を照らす光ははっきりと減少していく。硫酸エアロゾルによる光学的深さは1991年のピナトゥボ火山時に最大で0・15程度であったのに対し、1258年の火山噴火では噴出物の規模からみて0・2以上であったと推測される[8]。

●ベネディクト会修道士が記したイングランドの異常気象

イングランドのケンブリッジシャー生まれのベネディクト会修道士のマシュー・パリス（1200年頃－1259年）は、ロンドンの真北に位置するセント・オールバンズの大修道院で暮らしていた。この地で、パリスはデッサンや水彩画を加えたイラスト入りの1235年から1259年までの年代記「クロニカ・マジョラ（Chronica Majora）」を編纂した。この年代記で、1256年以降の天候の悪化とそれに伴う飢饉と疫病を記録している。

1256年の8月中旬から1257年2月にかけて長雨が続き、河川は氾濫し、土地は荒れ果てた。翌年も同様で冬に蒔いた種は夏にかけて生長するものの、秋の洪水で流されてしまう。やがて不耕作地が広がって飢饉が発生した。

こうした天候不順の年が連続する中で1258年を迎えた。1月末から3月末にかけて北風は止むことがなく、雪が降り凍える寒さの中で霜柱が地面から伸びた。ヒツジやヤギの疫病も流行し、若い家畜まで殺して食べた。春先から初夏にかけても北風はいっそう強くなり、食料不足が起きて多くの貧民が死亡し、その死体が町のいたるところに転がっていた。夏にかけて生長していた農産物は、秋の大雨で穀物も果物も地面に落ちてしまう。クリスマスの4週間前にあたる降臨祭になると穀物倉庫も既に空になり、穀物が欠乏して人も家畜も死んでいった。

異常気象はイングランドだけではなかった。フランス、ドイツ西部、イタリア北部で1258年の夏から秋にかけて雨が非常に多く肌寒い日々が続いた。イングランドでは短いながらも夏の暑さで穀物は熟しつつあったが、8月からの豪雨で収穫までに実は落ちてしまった。続いて厳冬となる。ロンドン近郊にいたパリスは尋常でない寒さだと記した。ボヘミア地方のプラハでも同様に寒く、『ノブゴロド年代記』では1259年4月のロシアは寒さを通り越して凍りつくような日々が続いたと描かれている。このため、イングランド、パリおよびフランスの各地、ドイツ西部、イタリアのボローニャとパルマで穀物価格が上昇した。

追い打ちをかけるように、1258年冬にはイングランドで羊に家畜性伝染病が大発生した。その他の疫病も流行し、都市部の貧民での打撃が大きかった。インフルエンザが流行した可能性があるものの、史料が少なく断定はできない。フランスとボヘミア地方でも家畜の死亡率が高かった。欧州では、1259年に異常気象は収まったかにみえたが、1260年から1261年の冬に再び厳しい寒波に襲われた。

欧州だけではない。中東のイラク、シリア、トルコ南部でも飢饉が発生した。そして、エジプトを中心に1258年から1259年に腺ペストと思われる疫病も流行した。飢饉と疫病だけでなく、1258年2月にモンゴル帝国によるバグダッド侵攻があり、イスラム社会は大混乱となった。とりわけダマスカスの状況は厳しかった[9][10]。

●日蓮の『立正安国論』と正嘉の飢饉

イングランドのパリスと並び、この時代の天変地異と飢饉を記した宗教家がアジアの東端にいた。法華宗（日蓮宗）を起こす日蓮（1222年～1282年）だ。日蓮は1260年（文応元）の七月十六日、鎌倉幕府の第五代執権で得宗の北条時頼に宛てた『立正安国論』の冒頭で、飢饉の惨状を綴っている。

「近年から近日にかけて、天変地異が続出し、飢饉が発生し、疫病が流行した。災難が日本全土に広がり、牛馬もいたるところで死に骸骨は路上に捨てられて、すでに大半の人びとが死に絶えて、悲しまない者は一人もいない」

日蓮が示した惨状は、正嘉の飢饉とよばれるものだ。日本の天候異変は、1256年（建長八）八月の大雨と洪水に始まる。同月、台風が到来し水田に被害が出た。京都では赤斑瘡（麻疹）が発生し、後深草天皇も罹患し雅尊親王は病死した。このことから、十月五日に康元と改元された。赤斑瘡の流行は鎌倉まで拡大し、第六代執権となる北条長時の子の義宗も九月に患っている。十一月になると今度は赤痢が流行し、北条時頼も罹患した。[11]続く1257年(康元二)、『立川寺年代記』によれば「大干ばつ、大地震、大疫病、餓死人無数」の年となる。三月に熊野、陸奥で大地震が発生したことで、康元から正嘉へと改元された。六月から七月にかけては空梅雨となり、鎌倉幕府では雨乞いの祈祷を行っている。ところが、八月に台風の到来が京都、鎌倉、越後で記録され、作物の収穫に大打撃を与えた。同月二十三日、鎌倉で大地震が発生する。『吾妻鏡』には、「戌の刻、大地震。音あり。神社仏閣一宇として全ことなし。山岳頽崩、人屋顛倒し、築地皆ことごとく破損し、所々地裂け、水湧き出づ。中下馬橋の邊、地裂け破れ、その中より火炎燃え出づ」とあり、地震による建造物の倒壊だけでなく、地割れや液状化現象までを記している。[12][13]

1258年(正嘉二)夏になると、欧州や中東と同様に巨大火山噴火の影響を思わせる異常気象が現れ、飢饉はいっそう厳しさを増した。六月に京都で「二月や三月のように寒い日が続き全国で五穀不熟で、餓死者その数を知らず」、鎌倉でも「最近、寒気冬の如し」と低温の日々が到来した。八月の記録には台風などによる大雨となり、京都、紀伊、伊勢から東北の会津、陸奥まで洪水が発生し、陸奥で「五穀不熟」と記録された。鎌倉幕府の評定衆は同月二十八日に諸国の損亡を考慮して、将軍家(宗尊親王)の上洛の延期を決めた。[14][15]

1259年(正嘉三)になっても全国規模の飢饉が続く。甲斐の『妙法寺記』に「天下饉死」、京都の『五代帝王物語』に「春から夏に至り、天下疫癘大行、加えて飢饉によって、諸国民庶死亡多い」、大和の『興福寺略年代記』に「天下飢饉疫疾国衰亡也」とあり、羽前、陸奥、伊予の記録でも同様で飢饉と疫病が併記されている。京都では十三、四歳の若い尼が死人を食べたとの記録もある。この年に全国規模で流行した疫病が麻疹か赤痢か文献から特定することはできない。翌年八月に鎌倉幕府第六代将軍の宗尊親王が赤痢にかかっていることから、赤痢の可能性が高いかもしれない[16][17]。

鎌倉時代に諸国で作成された土地台帳『大田文』から、1150年から1280年にかけての全国各地での人口の減少をみることができる。寛喜の飢饉と同じく、正嘉の飢饉においても東日本でより被害が大きかったようだ。常陸での人口減少が大きいが、餓死だけでなく逃亡も含まれていた[18]。

食料不足の中で、不当な使役を強要する地頭に対し、農民は逃亡で抵抗した。武蔵国豊嶋郡江戸之郷前島村の平長重は、1261年（弘長元）十月の寄進状で、労役者の拠出を求められたものの、この3年間の飢饉によって農民が一人も揃わないと訴えている[19]。

逃亡した農民の中には、山林や湿地帯へと逃げ込み、木の根、野イチゴ、野生動物、魚を取って飢えを凌ぐ者もいた。1259年（正嘉三）二月十日付の北条長時と北条政村による陸奥向け関東御教書（追加法第323条）が注目される。

「諸国飢饉の間、近隣や遠方の救われない人びとが山野に入って薯蕷（しょよ）や野老（ところ）を取り、或いは川や海に入って魚や海藻を求めている。これは生き残るための非常手段といえる。しかしながら、地頭はこれを禁じている。流浪の人の生命が保たれることを優先し、地頭の行為は禁止されるべきである」

東北地方では寒冷湿潤な気候で耕作困難となり、農業を営む暮らしから狩猟採集生活に戻る事態が生じていたのだ[20]。

大飢饉の中で治安も悪化した。1258年（正嘉二）九月十一日の関東御教書に、「国々、悪党蜂起し、夜討強盗山賊海賊を企てると聴く」と治安強化を指示している。その後も強盗、山賊、海賊への対策を強化していくが、このため牢獄が犯罪者で一杯になったようだ。

1260年（文応元）六月、鎌倉幕府は六波羅探題に対し、「殺害者においては日頃から10年を経れば罪状の軽重に問わず放免としてきたが、諸国の飢饉や人民の病死に鑑み、別の計らいから、年期を問わずに特段の事情がなければ本年までの囚人を放免するように」と文書を送っている。奈良時代にも、天皇が天変地異に対して自らの徳を示すために何度も恩赦を実施しており、徳治政治での天変地異時の恩赦の観点もあったかもしれない。しかし、鎌倉幕府としては食料不足の中で自らの手で囚人を餓死させたくなかった、という現実的な判断とみられる[21][22][23]。

1260年八月に台風による被害は出たものの飢饉の状況はようやく好転し、翌1261年に飢饉の様相は沈静化する。しかし、鎌倉幕府は、正嘉の飢饉で増大した夜盗・山賊・海賊という新たな叛乱要素に悩まされるようになる。彼らは悪党として生き残り、14世紀に入って後醍醐天皇の討幕に与し、建武の新政の原動力のひとつになっていった。[24]

●天候異変で得たモンゴル帝国皇帝の座

日蓮の『立正安国論』は、天候異変により暴風雨の襲来・草木の枯死・五穀不稔・土地の荒廃といった災難が到来し、「四方の賊来て国を侵し、内外の賊起こり」と続けた。後に元寇を予言したとされる記述である。日蓮の予言は『金光明最勝王経』などによったもので、彼が実際の東アジア情勢に通じていたわけではない。しかし、1250年代後半の異常気象がモンゴル王族のある有力者に幸運をもたらし、彼が日本侵略を企てたという歴史の綾があった。

1251年7月、チンギスの四男トルイの長男モンケが、クリルタイにより第四代のモンゴル帝国皇帝に選出された。モンケは時に43歳。旧ケレイト王国の王女であったソルコクタニ・べキを母親に持ち、血統を重んじるモンゴル部族の中で最高の貴種であった。[25]

モンケは、広大な帝国の北西をチンギスの長男の子のバトゥ、北東をチンギスの実弟の流れをくむ東方三王家、南東を同じ母を持つトルイの四男のクビライ、南西を五男のフレグに任せた。フレグはモンケの構想に沿って1258年にバグダッドを攻略し、アッバース朝を滅亡させている。専制君主たるモンケの下では、クビライもフレグも同じソルコクタニ・ベキを母親としていたとはいえ、単なる将軍の一人に過ぎなかった。[26]

1257年春、モンケはカラコルムの統治をトルイの六男でソルコクタニ・ベキの末子であるアリクブケに任せ、自ら南宋攻略に乗り出した。ところが、西方の四川から南宋に攻め入ろうとした矢先、モンケ軍を正体不明の疫病が襲いかかった。アジア北東部で1258年夏に絶え間なく雨が続き、収穫が減る中で飢饉が発生しており、1259年1月に人肉食の記録もある。疫病が流行する素地が生まれていたのだ。モンケは、長江中流域の湖北の諸郡が前年以来、旱（干ばつ）・潦（長雨）・疫・飢饉に見舞われているとして、義倉米の放出を指示した。5月になると、中国東部で大雨となり翌月に安徽省と浙江省を中心に大洪水が発生した。同年8月、アラビア語で「伝染病、赤痢、コレラ」を意味するヴァッパーという疫病にモンケは倒れた。前述したようにこの時期にエジプトで腺ペストが流行した記録があり、モンケの命を奪った疫病がペストである可能性もある。[27][28][29]

モンケの死後、クビライは中国に留まり、モンケが定めた作戦行動を継続して中国本土の支配を拡大し、長江を渡河した。この時期に弟のアリクブケのいるモンゴル本土に戻ったとしても、皇帝に推される勝算がなかったからとされる。1258年の巨大火山噴火による影響もあったろう。急激な気温の低下はより高緯度側の地で影響が大きく、南部の中国本土は大軍を率いるのに適していたに違いない。

1260年、46歳のクビライはモンゴル草原南部の金蓮川の地で自派だけでクリルタイを開き皇帝即位とした。一方、モンケからモンゴル本土の統治を任されていたアリクブケもカラコルム周辺でクリルタイを開催し皇帝位についた。クリルタイを開催する手続きとしては、アリクブケに正統性があったものの、クビライは豊富な軍事力でアリクブケを圧倒していった。4年間の武力抗争の後、1263年春に中央アジアの中心にあたるイリ渓谷で厳しい飢饉となり、餓死者が出てアリクブケ軍は崩壊した。翌年7月、軍隊を失い財源に窮したアリクブケはクビライの軍門に下ったのである。[30][31][32]

第五代モンゴル帝国皇帝となり首都を大都（北京）に移したクビライは、モンケ死後に中国本土を移動していた際に高麗王の倎（元宗）と親交を深めていた。1274年、南宋攻略の一環として日本を牽制すべく起こした最初の侵攻作戦（文永の役）の主力は、高麗軍であった。また、南宋を併呑した後、投降した100万を超える余剰兵士の日本への移民を目的とした2回目の侵攻（弘安の役）でも、江南軍を率いたモンゴル人の司令官のアタガイは中級指揮官であり10万の兵を率いる地位ではなく、主力は高麗から発した東路軍であった。クビライは3度目の日本侵攻を計画したものの、東方三王家が叛旗を翻したために作戦は中止され、叛乱鎮圧の1年後の1294年、クビライは死ぬ。第六代皇帝となったテムルは日本侵攻に関心を示さなかった。[33]

(2) 寒冷化が可能にした新田義貞の鎌倉攻め

●「1300年イベント」とは何か

正嘉の飢饉をはじめとする世界的な飢饉をもたらした1250年代末の天候異変は、寒冷期が始まる移行に際しての最初の顕著な現象であった。8世紀から始まる太陽活動の活発化を背景にした温暖な時代は終わりを告げ、13世紀の後半以降の転換期を経て、小氷期という寒冷期に入っていった。

1258年の巨大火山の噴火は、きっかけのひとつであったろう。さらに13世紀後半にかけて、グリーンランドならびに南極の氷床コアから、その後も3回の大きな火山噴火があったことがわかる（図0－2）。一度の火山活動だけであれば、長くとも数年で気候は元に戻る。しかし、巨大火山噴火が連続して起きると硫酸エアロゾルは成層圏に漂い続け、十年以上に及ぶ寒冷化をもたらすことがある。

火山活動だけでなく、長期的な気候変動の要因である太陽活動は、1280年頃から1350年頃にかけてウォルフ極小期とよばれる低下期に入る（図0－1、図2－2、図4－1）。北極圏カナダならびにアイスランドにおいて、1275年から1300年にかけて夏の気温が急低下し、山岳地帯の氷河の塊である氷帽（Ice Cap）が大きく成長し、アルプス氷河はカラマツ林の森林地帯まで前進を始めた。[34][35]

気候変動の歴史をたどる時、それまでの安定した状況が突然変わる転換期が現れる。最終氷期が終わった後の1万2000年前に起きた1300年間にわたる急激な寒の戻りの時代を「ヤンガードリアス・イベント」、8200年前の300年間の寒冷化を文字通り「8200年前イベント」などとよぶ。

フィジーのサウス・パシフィック大学海洋地球学部教授であるパトリック・ナンは、1250年から1350年にかけての100年間を温暖期から寒冷期への移行期ととらえ、「1300年イベント」と名づけた。そして、この100年間を1960年以前の過去1000年間において、もっとも急速に気候の変化が起きた時代だとした。気温だけでなく、海面水位やエルニーニョ現象の頻度などが変わり、環太平洋全体の東アジアから南米の先住民族、そして太平洋の島々の歴史に大きく影響を与えたという。[36]

●世界各地に残る寒冷化の痕跡

「1300年イベント」とされる100年間、気温は著しく低下していった。アイスランド海岸に漂着する流氷は数を増した。グリーンランドの氷床コアの分析から、1300年頃を境として夏季にアイスランド低気圧が力を増し、暴風雨が増加したと考えられる。欧州北部では14世紀初めから不作が続き、1315年から1317年にかけて冷夏と長雨に起因する「大飢饉（the Great Famine）」と歴史上語られる大凶作に襲われた。[37]
環太平洋についての古気候研究も同じ傾向がみられる。ベネズエラのアンデス山脈熱帯地方の標高4900メートル近辺に残る4つの氷河に含まれる酸素同位体から、1250年から1810年の間に気温が3・2℃（±1・4℃）低下したと推定される。また、ニュージーランドの場合、石筍に含まれる酸素同位体や年輪分析の結果、平均気温は1270年頃の13・3℃から1350年頃の11・4℃と1・4℃低下した。[38][39]
東アジアではシベリア高気圧の勢力が増した。北京近郊の夏の平均気温をみても、1250年代に急低下した後、1310年代まで低温傾向は続いた(図3－1)。
中国の古文書に記載された梅の開花日、川の凍結、積雪日数などから、華北東部の冬季での過去2000年の平均気温の推移を推測する研究がある。分析結果から、紀元後から490年頃までは1世紀毎に0・17℃平均気温は低下し、もっとも低い時期の平均気温は1951年から1980年の30年平均値を1℃下回った。その後、570年頃から1310年頃にかけて1世紀毎に0・04℃ずつ上昇するトレンドに入り、2回の高温時には30年平均値よりも0・3℃から0・6℃高くなった。ところが1310年以降、平均気温は小氷期の間に今度は1世紀毎に約0・1℃ずつ急速に下がり続けた。特に転換点での気温の上昇・下降がそれぞれ大きく、5世紀から6世紀にかけての気温上昇が約1・4℃であったのに対して、13世紀前半から14世紀前半にかけて反対に1・4℃ほど低下した。[40]

北大西洋の海流にも変化が起きたようだ。米国東海岸中部のチェサピーク湾はポトマック川やサスケハナ川などの大河川の河口に位置し、北大西洋の気圧配置や偏西風の変化の影響を受けやすい。湾内の海底コアで採取した有孔虫に含まれるマグネシウム／カリウムの比率から、過去2200年間の海面水温の変動を推定した研究がある。解析結果によれば、各年の春の海面水温は13世紀半ば以降に2・5℃以上急激に低下し、中世温暖期の頃の温かい海面水温に戻るのは19世紀以後であった。[41]

大西洋の高緯度側でもこの傾向は顕著だ。カナダ北東部のグリーンランドの西側にあるバフィン島のドナール湖の堆積物の厚さは夏季の気温との相関が高い。過去1250年の夏の気温の推定結果をみると、1250年から1350年の間に1℃以上低下し、気温が低い小氷期へと移行する過程が示されている。[42]

南太平洋熱帯東側の海面水温が2℃から3℃上昇するエルニーニョ現象（第Ⅱ章(2)参照）は、太古以来ある程度の頻度で発生し続けたわけではない。8000年前から5000年前までの完新世の気候最適期とよばれる時代、エルニーニョ現象による海面水温の変動は極めて小さかった。5000年前以降エルニーニョ現象は活発化するのだが、その発生頻度は一様ではない。エルニーニョ現象の発生年について、ナイル川の洪水記録（622年～1522年）、スペインからの征服者の記録（1525年～1800年）、そして実際の

図3-2　エルニーニョ現象の発生頻度

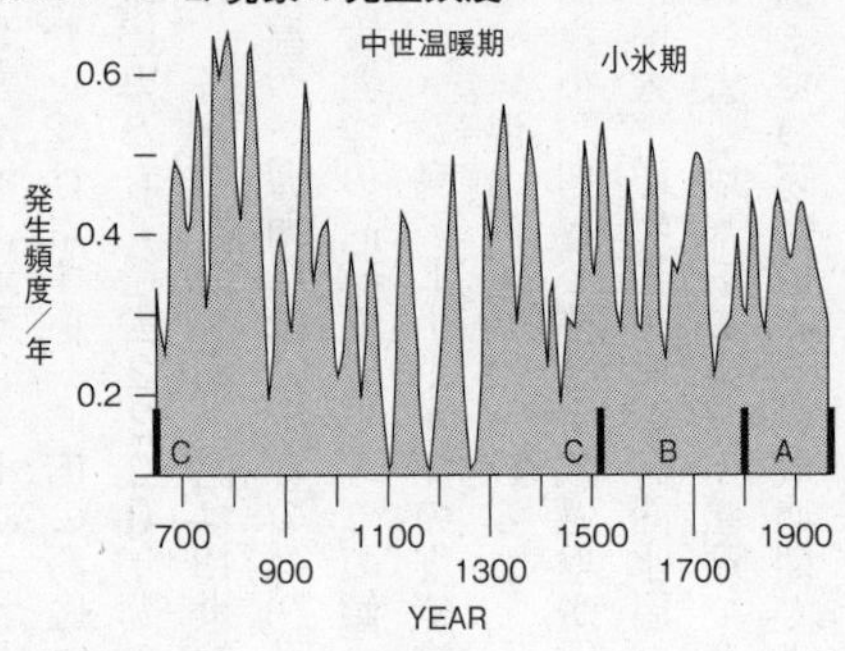

A＝観測記録（1800年以降）
B＝スペインの征服者の記録（1525年～1800年）
C＝ナイル川の洪水記録から（629年～1525年）

出典：Anderson, Roger Y. (1992)：Long-term changes in the frequency of occurrence of El Niño events.

観測記録（1800年以降）をつなげると、その発生頻度の変化がみてとれる。図3－2にあるように、13世紀半ばが重要な転換期であり、中世温暖期の3年から5年に一度の発生から、2年から3年に一度へと頻度が増加した（図3－2）。[43]

アジアの夏のモンスーンの動きも変わった。古気候についての36の研究論文を総合すると、東アジアのモンスーンに大きな変動がみられた時期として、1万1500年前頃、5000年前から4500年前にかけて、そして西暦1300年（±50年）の3回と特定された。チベットからアラビア海にかけて、アジアの南西モンスーンが到来する地域で乾燥傾向となり、同時期に台湾でも低温や乾燥の気候へと変化した。花粉分析から中国東北部で乾燥化する一方、華北東部で湿潤傾向となった。[44]

●古気候学が明らかにした海面水位の低下

海面水位は気候が温暖になると上昇（海進）し、寒冷化すると低下（海退）する。海洋にあった水が蒸発して大気に漂った後、雪や雨となって地表に降る際、寒冷な地域では融けずに残り万年雪・万年氷となる。温暖な時代に万年雪・万年氷は融解して海に流れ込むことで海面水位は上昇し、反対に寒冷化すると陸上の万年雪・万年氷の量が増加し海面水位は下がる。また、気温の上昇は海水温の上昇を促し、海水の熱膨張によって海面水位が上がり、反対に気温低下によって海水温も下がると体積が減る要因もある。このように、温暖な時代に海進が起き、寒冷化すると海退が現れるのは、万年雪・万年氷による海水の陸上保存の多寡と海水温により増減する海水の体積に関係する。

フロリダ半島西側のキャプティバ島からサニベル島にかけての海岸線の堆積物各層の砂粒の大きさを調べ、その分布の尖度から海面水位を推定した研究がある。波のエネルギーが大きいと正規分布に近くなり、反対に波のエネルギーが小さいと尖度が大きくなる。砂粒の分布が正規分布に近ければそこの地域は波打ち際であり、尖度が増せば波打ち際から遠ざかる。堆積物の時代の砂粒の尖度から、1000年頃から海面水位は上昇を開始し1200年にピークになった後、1400年まで水位は下がった。海面水位が再び上昇に転じるのは、1750年以降であった。[45]

イスラエルの海岸線に沿ったテルアビブとハイファの中間地点のカエサリアで、1世紀から13世紀の十字軍時代までに掘られた井戸の深さから海面水位を推定する研究もある。ローマ帝国初期の1世紀頃の海面水位は現在の海面水位とほぼ同水準であったのに対し、400年から800年は10センチ程度現在よりも高くなり、1000年頃になると40センチほど現在よりも高いデータもある。その後の13世紀の十字軍時代になると、一転して今度は現在よりも40センチ程低くなった。[46]

●日本列島での海退

世界各地と同じく、日本列島の沿岸でも海面水位の低下がみられた。国後島の地層ならびに湖沼コアに含まれる花粉の変遷から、縄文期以降の植生や海面水位の変動について調べた研究がある。

7000年前から6500年前にかけて国後島は温暖湿潤となり、6500年前から6300年前にかけて島の北部にも針広混交林が広がり海面水位は現在よりも2・5メートルから3メートル高かった。4700年前から4500年前に寒冷化傾向となり、広葉樹林は減少し、海面水位も現在よりも4メートルから5メートル低下した。その後、4010年前から3400年前、2950年前から2620年前にかけての2回、海面水

図3-3　国後島南部の海面水位の変化

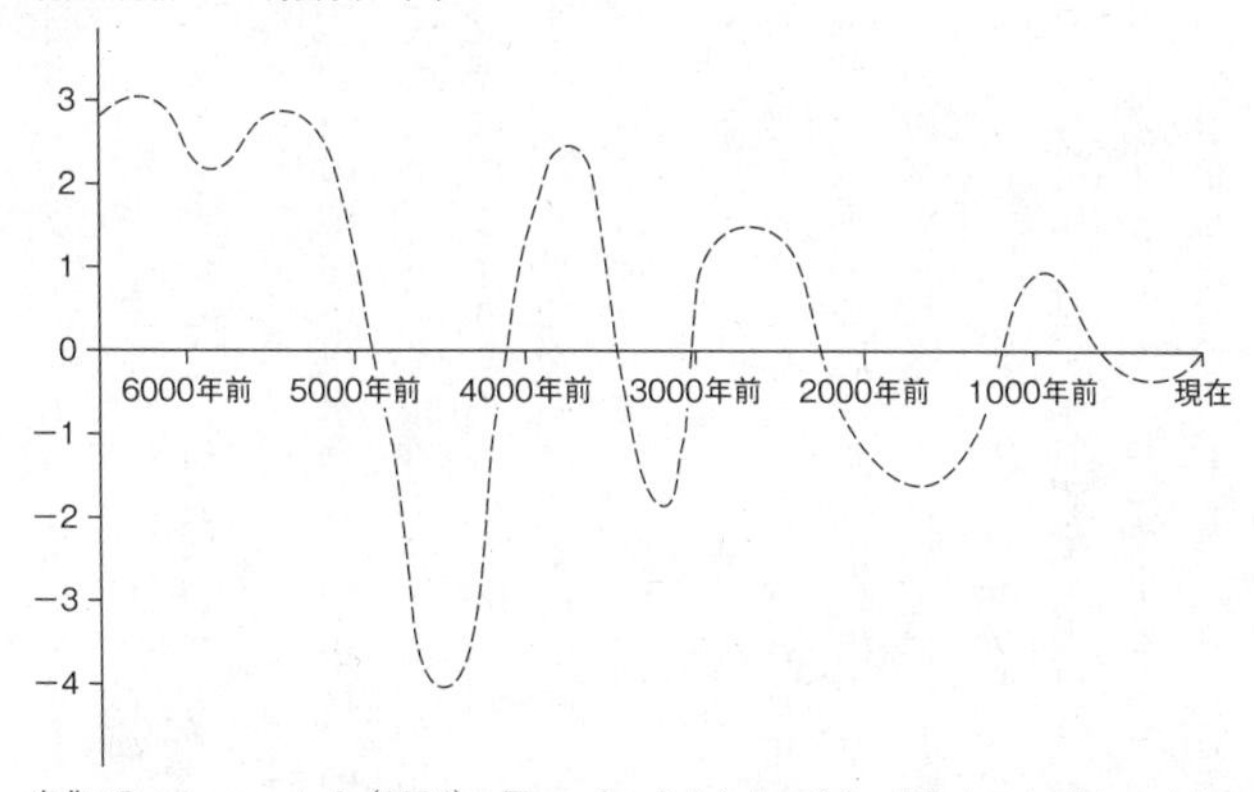

出典：Razjigaeva et al. (2004)：The role of global and local factors in determining the middle to late Holocene environmental history of the South Kurile and Komandar islands, northwestern Pacific. *Paleogeography, Paleoclimatology, Paleoecology* **208** pp. 313-333

位は上昇し、現在よりも前者では1・5メートルから2・5メートル、後者では1・2メートルから1・5メートル高くなった。

紀元前後に国後島南部のコナラが減少しており寒冷な気候への変化があったようで、300年から700年にかけて海面水位も低下した。1000年頃になると再びブナやニレの広葉樹林帯が拡大し、海面水位は羅臼岬南側の海成段丘が形成された位置から判断すると現在よりも1メートル高い場所まで海進している。

ところが1150年（±50年）から状況は変化し、海面水位は現在よりも0・6メートル低い場所へと海退していった。海進のピークと比較すると、海面水位は最大で1・6メートル低下したことになる（図3－3）。この海退は1810年（±40年）まで続いた。国後島では海成段丘の形成過程から、この5000年間は顕著な地殻変動はないことが確認されており、一連の海面水位の上下動は気候変動によるものだ。[47][48][49]

山陰地方の中海は汽水湖と分類され、塩分濃度は海水の半分程度しかなく、淡水性・海水性それぞれの生物が混在している。河川などの淡水は降水に由来することから、酸素同位体比率は海水よりも小さい。酸素同位体（^{18}O）を含む海水は重いため大気に蒸発しにくいことから、降水に含まれる酸素は軽い^{16}Oが多いためだ。よって、中海の湖底コアから採取した貝殻に含まれる酸素同位体比率を調べれば、各時代の塩分濃度を推定することが可能だ。

図3－4をみると、およそ7200年前から5500年前にかけての縄文海進の時代、中海南部の岩礁部の塩分濃度はほぼ海水と同様であり、高い海面水位によって中海に日本海からの海水が流れ込んでいたことを示している。その後、5000年前から2000年前にかけて中海の塩分濃度は減少し、汽水湖の性質を持つようになる。そしておよそ1000年前にかけて塩分濃度の上昇をみた後、900年前あたりから塩分濃度は低下し、「1300年イベント」時に極小となった後、現在の水準に至っている。中世温暖期に日本海から中海への海水流入量が増えたのに対し、「1300年イベント」前後に日本海か

図3-4　中海南部の塩分濃度の推移

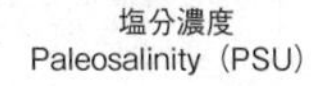

放射性炭素調整年代

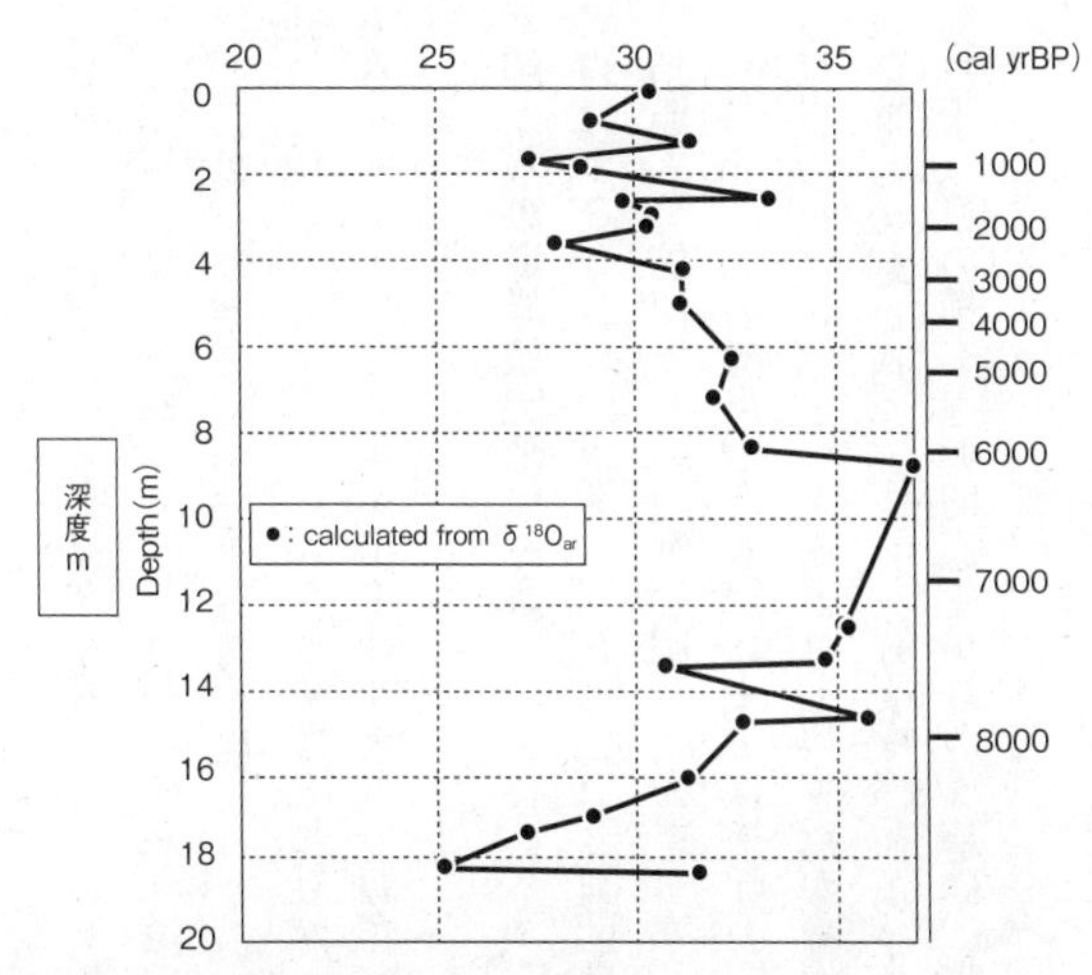

●：酸素同位体（¹⁸O）比率による推定

出典：Sampei et al. (2005)：Paleosalinity in a brackish lake during the Holocene based on stable oxygen and carbon isotopes of shell carbonate in Nakaumi Lagoon, southwest Japan. *Paleogeograhy, Paleoclimatology, Paleoecology* **224** p. 363

らの海水流入量は減少しており、これは海面水位の低下があったことを示唆するものだ[50]。

古気候分析だけでなく、日本の古い文献からもこの時代に海面水位の低下がうかがえる。

紀行文『海道記』（作者未詳）は、1223年（貞応二）に京都から鎌倉までの旅を記したもので、この中で神奈川県江ノ島近辺について、海岸線の道端にある岩には波浪により削られたもので、海が干上がって陸地に現れたとみている。「歩ヲオサエテ石ヲミレバ、昔波ノ掘穿タル磐モ也、海モ久クナレバ干ヤラムトミユ」

また、今川貞世は九州探題として九州に向かう道中について1371年に記した『道のゆきふり』には、安芸国沼田荘の風景が描かれている。ここに、「この所は寿永の昔までは海の底にて侍けるとて。石のかたはらなどに牡蠣というものの殻つけためり」と、平安末期の寿永年間（1182年〜1184年）の海底が浮かび上がった描写がある。[51]

●稲村ヶ崎からの海岸線突破の背景

新田義貞は1333年（正慶二）五月、上野国世良田の自領で鎌倉幕府に対して挙兵すると小手指原と分倍河原での激戦を制し、大軍を率いて鎌倉街道にそって藤沢まで一直線に南下した。北条氏の拠点である鎌倉までは指呼の間といえたが、攻略は容易ではなかった。鎌倉は三方を山に囲まれ、南側は七里ヶ浜から海が広がっていたからだ。陸路で侵入するには切通しの細い道を通らねばならず、崖の上に鎌倉幕府は防御兵を用意していた。実際、同月十八日の極楽寺坂切通りからの攻撃は、鎌倉勢の本間山城左衛門により撃退されている。

ここで、『太平記』の中でもっとも有名な場面のひとつが登場する。新田義貞は五月二十一日未明、精鋭2万の兵を集め、稲村ヶ崎の海岸で隊列を組んで並ばせ、海側に大船を出して弓手を用意した。そして、「内海・外海におられる龍神八部衆よ、潮を万里の外へ遠ざけ、わが三軍のために道を開くように」と祈り、黄金の太刀を海中に投じた。すると、『梅松論』に「不思議なことに、稲村崎の浪打ぎは石たかく道ほそくして、軍勢の通路難儀のところに、俄かに潮干して合戦のあいだ干潟にて有りし事、仏心の御加護とぞ人申しける」とあるように、海岸線の道が開けたのだ。海に浮かべた数千の船は引き潮によって沖合に流されたという。稲村ヶ崎を渡った後、新田軍は民家に火を放った。背後をつかれた幕府軍が動揺する中、陸路を詰めていた別働隊も切通しを突破し、大勢は決した。最後の得宗であった北条高時をはじめとする一門数百人は翌二十二日に葛西谷で自害し、鎌倉幕府は終焉を迎えた[52][53]。

この稲村ヶ崎の海沿いを回る海岸線突破について、この日の干潮は、午前4時15分頃であったが、単に大潮時の干潮を利用しただけではない。五月二十一日（7月3日）は年間で干満の差が大きい季節にあたる。また、『梅松論』には山を越えた別働隊が麓に下り火を放つと、「いづかたの風もみな、鎌倉へ吹入れ残所なくこそ焼払れけれ」であったという。これは北西や北東から海岸線のある南に向かって強風が吹いていたことを意味している。であれば、稲村ヶ崎周辺でも陸側から海に向かう風が海水を沖に流す効果もあったに違いない[54][55]。

しかし、本質的には中世温暖期の海面水位が高かった時代に作られた鎌倉防衛のシステムが、海面水位の低下の中で機能しなくなったといえるのではないか。『太平記』も『梅松論』も、潮が干上がったことを奇跡が起きたかのように語っている。しかし、明治時代の極楽寺に住む老女の記憶として、江戸時代末期には大潮の際には500メートル以上にわたって干上がり、七里ヶ浜から由比が浜まで海岸線を歩いて渡れたという。中世温暖期が終わり小氷期に移る時代、海岸線の水位は低下していた可能性が考えられる。もっとも、地震等による地殻変動の要素もあり、断定はできない。[56]

(3) 農業技術の発展で気候変動に立ち向かう

寛喜の飢饉において、北条泰時の飢饉対策は一定の効果を挙げたであろう。ところが、わずか四半世紀後の正嘉の飢饉で日本の国力は殺がれ、加えて弘安の役以降も元寇への防衛という負担が重くのしかかった。鎌倉幕府の滅亡は、正嘉の飢饉の75年後のことだ。

その後の南北朝時代、室町時代と統治能力が強固でない政権が続いた。為政者による上からの対策が頼りにならない時代、人々は自らの力で気候変動に対処していくこととなる。農業技術の発達による下からの対策である。

平安時代末期から鎌倉時代を経て室町時代に至る間の農業技術の発展とは、鉄製農具の普及、農耕家畜の利用と肥料の多様化、灌漑設備や水利管理の向上、新しい稲の品種の採用、そして水田二毛作の導入があった。

●鉄製農具の普及と鋳物師(いもじ)

鉄製農具を持つ農民は、平安時代前期の9世紀では8人に一人の割合でしかおらず、地方役人や富裕な農民が零細農民に対して農器具を貸し与えていた。古墳時代から800年代頃までの製鉄炉は、自然通風方式の半地下式竪型炉や瀬戸内地方で用いられた長方形箱型炉であった。平安末期に製鉄技術の革新があり、炉内が1・5メートルから2メートルとより大きな長方形断面多数吹子羽口形式の踏鞴(たたら)炉へと改良された。吹子(ふいご)の採用によって火力が増して精錬される鉄の質が向上し、炉の大型化で生産量も大幅に増大した。絵巻物に描かれた風呂鍬(くわ)、風呂鋤(すき)、鎌、斧といった鉄製農具が1200年代後半には全国の農民に普及し、幕末期まで変わらない形で製造され続けた[57][58]。

鉄製農具の普及に際しては、鋳物師(いもじ)が大きな役割を果たしたと考えられている。鋳物師という職能集団は、1079年（承暦三）に殿上の燈炉を造進したとの記録が初見であり、河内国日置荘を拠点としていた。彼らは畿内だけでなく諸国七道をわたって鉄売買を行い、朝廷だけでなく鎌倉幕府の拠点たる六波羅探題からも自由通行権を認められていた。鋳物師は諸国に散在し、各地で定着していく。それぞれ一国内での自由な通行権を得て、商権や鋳造権を確保し、鉄製品の普及を担っていった[59]。

●農耕家畜の利用と肥料の多様化

家畜を農耕に利用するようになるのは、平安時代後期からだ。西日本で牛、東日本で馬に農耕地で鍬を引かせる姿が、1280年代までに中規模な農民の田畑でみられるようになる。高野山領鞆淵荘の訴状の中で、農民は「百姓我牛にて我地をすき候時」とあり、自分の所有する牛で自身の農耕地を犂き起こしていたと話している。馬についても、『沙石集』(1283年成立)の中で肥料、収穫物、刈草の運搬として農業用に利用されたとある。1311年に描かれた「松崎天神縁起絵巻」や1320年代の「大山寺縁起絵巻」には農地の整備に牛馬を使用した姿が描かれている。地頭の行った狼藉の中に、農民の家畜を奪ったとするものがある。正嘉の飢饉以降、全国で悪党による略奪が多発する中、彼らが家屋を焼いて農民の家畜数十頭を奪ったとの記録もある。[60][61][62]

一方、入会地の草木を農耕地の肥料として刈り出すことは、奈良時代や平安時代から行われていた。平安時代末期、肥料といえば灌木を焼いた灰(肥灰)が主流であった。このため、入会地に対して所有権を主張する寺社や地頭と農民の間で訴訟は少なくなかった。こうした中で鎌倉時代に入ると、農耕家畜の使用が広がることと相まって、家畜の排泄物(厩肥)の利用が増えていった。この時代に人糞尿も肥料として用いたと想像されるが、史料による確認はできない。牛馬の排泄物は室町時代、江戸時代を経て肥料としての重要度が増し、安価な化学肥料が登場するまでその利用は続いた。[63]

●灌漑設備と水利管理の向上

灌漑装置として水車（揚水車）が畿内で普及していくのも、鎌倉時代からだ。日本史で最初に水車が登場するのは『日本書紀』推古天皇十八年（610年）で、高麗から来日した僧曇微が碾磑（水力を使った臼）を造ったと記述されている。ただし、構造など判然としない。揚水車の初見は、829年（天長六）五月二十七日の太政官符のもので、干ばつ時の灌漑用水を確保するために、国司は積極的に水車を造るようにとの勅が発せられている。

鎌倉時代初期になると京都近郊で水車が広がっていくが、その進捗度は地域によって玉虫色だったようだ。『徒然草』第51段の話題として、「亀山殿の御池に、大井川（大堰川）の水をまかせられんとて、大井の土民に仰せて水車を造らせられけり」とあるものの、大井川の住民では水車を回すことができず、宇治の人を連れてきてようやく「思ふように廻りて、水を汲み入るる事めでたかりけり」というものだ。何かにつけても、知識や技術を持っている人が貴重だと吉田兼好はまとめている。

実際、揚水車が畿内から諸国へと普及するのは鎌倉時代末期から室町時代に入ってからだ。永享年間（1429年〜1441年）に日本通信使として朝鮮から来日していた林瑞生は、自国向けの報告の中で日本の揚水車を紹介している。「日本の農民は、水車をしかけて灌漑に便利をもたらしている。水の流れてくる場所において自然に回転させ、水を田にひきいれている。人力によって水をひきいれる朝鮮の水車とは様子が違っている。日本の水車は急流にしかけてあるので、流れのゆるやかなところに置くことはできない」[64][65]

水車の建設だけでなく、灌漑設備の管理は領主の役割であった。とはいえ、鎌倉時代には小領主が多く、財力や能力の不足から大規模な治水・灌漑工事を行ったわけではない。ため池の建設は小規模なものだ。法隆寺領の場合、1275年（文永十二）に大谷池、1320年（元応二）に悔過谷をそれぞれ掘削し、1350年（貞和六）に小池を造営した記録が残っている。その工事費用はすべて領内の農民の負担であった。ため池造営に際して、法隆寺の評定衆で、技術者は領内の職人が担い、労働力も領内農民によるとし、費用は毎年の年貢を割増することで分担した。

また、領主は森林の用水源涵養の観点に目を向けている。筑前国宗像神社領をはじめとして、それまでは入会地として農民の出入りが自由であった森林の一部を水源林として立ち入り禁止区域に設定した事例がある。

水利に恵まれなければ、少ない水を複数の領内で分かち合わねばならない。用水を時間によって分配する番水法と、用水路の分岐点で分割する施設内分水の2つがあった。大きな荘園がある場合、彼らが水主荘園として引水を差配し、周辺の領主を含めた広い地域での番水が行われた。番水の事例は畿内、中国、四国、北陸等でも見つかっており、この慣行は江戸時代まで続いた。[66]

●新しい稲の品種の採用

水田耕作での新しい品種の採用として象徴的なものに、中国から輸入された占城米（安南地方原産のインディカ型赤米）がある。占城米は別名、大唐米とよばれ早稲（わせ）のひとつだ。古代からの品種である「法師子」「千本子（ちもとこ）」「袖の子」などと比較して早熟性、耐旱性、耐水性にすぐれ、肥料が少なくとも生育した。このことから、干ばつ時に水不足に襲われた西日本での導入が進んだ。

大唐米という言葉の史料的な初見は、1308年（徳治三）の東寺丹波国大山荘のもので、「たいたうほうし（大唐法師）のいね（稲）なり」とある。この地域は灌漑設備が十分でなく、干ばつになると損田になりやすい場所であり、早稲や中稲（なかて）を植える水田の2割で大唐米が作付されていた。また、1356年（延文元）の東寺領播磨国矢野荘の史料によれば、年貢高に占める大唐米の比率は1300年代後半から1400年代前半にかけて3割弱までになった。[67][68][69]

もとより、古代から稲に早稲・中稲・晩稲（おくて）といった多様な品種があり、大唐米が最初のケースではない。『万葉集』には大伴家持の歌に「吾が蒔ける早田（わさた）の穂立作りたるかづらぞ見つつしのはせ吾背」と早稲を題材としたものがある。また、平安時代中期の『和名類聚抄』では巻一七に早稲、晩稲を説明しており、それぞれの種も早稲は「稙」、晩稲は「稑」と区別している。中稲という言葉もこの時代の和歌で詠まれた。

とはいえ、平安時代までの古い文献では、早稲・中稲・晩稲について収穫時期の違いばかりが注目されていた。それぞれの種類の稲が収穫時期だけでなく、食材としての美味しさの違いや気象条件への耐久性といった観点で活発に論じられるようになるのは鎌倉時代以降だ。

中世後期になると、平安時代に生まれた「法師子」「千本子」に加えて、早稲には「こひずみあわせ」、晩稲には主に中国地方で栽培された「しょうがひげ」が登場し、後者は優良品種として酒造にも使用された。『田植草紙』には、「節くろ」「めぐろ」が収穫の多い稲として紹介している。『東寺百合文書』には早米・中米・後米と区分けされ、早米と中米それぞれの年貢納入日の記録があり、早米では太陽暦に換算して9月下旬から10月上旬、中米で12月初旬であった[70]。

以上みてきた鉄製農具の普及から新品種の採用までの一連の農業技術の発展の集大成というべきものが、水田二毛作であった。

●水田二毛作の原型は干ばつ対策だった

水田での稲栽培の裏作としての麦の植え付けの原初的な形は、第I章(2)で述べた奈良時代の飢饉対策にある。日照りが続く中での干ばつで水田が涸れ米を収穫できなくなった時、政府は陸田（畑）での雑穀栽培を奨励した。『続日本紀』によれば、715年（霊亀元）

に「農民はただ湿地で稲を作ることのみに精を出し、陸田の有利なことを知らない」とし、また722年（養老六）に夏の水不足の折に国司に対して雑穀の栽培を命じている。日照りによる干ばつや大雨の洪水が発生した年の雑穀奨励は、平安時代初期まで何度も発せられたことは、『類聚三代格』にも記載されている。このように水田が乾燥してしまい荒れ果てた際の飢饉対策として考えられたものが、秋蒔きの雑穀栽培という水田二毛作の最初の形であった。

もちろん、政府は水田の生産性の高さを認識していた。また、農民も水田稲作にもっとも力を入れていた。とはいえ、829年（天長六）の太政官符に「耕種之利、水田為ㇾ本。水田之難、尤在二旱損一」とあり、気象条件その他が理想的であった場合、水田は大きな収穫をもたらすものの、干ばつが発生すると損害が大きい旨を明記している。夏の水不足で稲の凶作が決定的になった際に、政府は秋蒔きの大麦と小麦を特に奨励したのだ。

また、灌漑用水を引くことができず「かたあらし」の休耕田になっていた悪田でも、冬畠の利用として麦を中心とした雑穀栽培が急遽行われたであろう。「大小麦は夏の欠乏を救う」（天平勝宝三年三月十四日格）、「麦は食料不足を救う点で、雑穀の中でもっとも良い」（天平神護二年九月十五日格）、「大小の麦は労力が少なくてすみ、初夏には収穫できるため、急場をしのぐ力が大きい」（承和六年十月八日格）と、陸田での雑穀栽培の中で麦が主力になっていった過程をたどることができる。

この場合、稲作の収穫が悪い場合、ただちに秋蒔きの麦に切り替えねば作付けが間に合わない。それゆえ、弘仁十一年七月九日格にあるように、政府は時期を逸することなく麦作を八月から行うよう指導している。[71]

●水田二毛作の導入を促進した田麦課税禁止令

奈良時代の飢饉時に水田を秋に陸田にして雑穀栽培を行うことは、緊急措置とはいえ水田二毛作とみることもできる。ただし、一度陸田になってしまうと水田に戻すのに大量の水を必要とするため、政府は水田から陸田への転換の恒久化を禁止していた。奈良時代から平安時代にかけての二毛作は、凶作による飢饉対策という意味であくまで緊急避難的な措置であった。

こうした経緯を経て、干ばつあるいは冷夏長雨といった天候異変による飢饉への対策として水田裏作の形で稲を刈った後に麦を蒔く栽培法が、寛喜の飢饉、正嘉の飢饉を経て13世紀後半に一般化していくことになる。水田二毛作が一般化したことを示すもっとも古い史料は、1221年（承久三）の高野山御影堂に残る紀伊国伊都郡の水田三段（反）の寄進状の文言だ。そこには「夏秋に所出物の多少」があると書かれており、稲の二期作とは考えられないゆえ、この文言は水田二毛作が通常行われたことを示している。水田二毛作の実施をより明確に示す史料として、同じく高野山御影堂への建治二年（1276年）の寄進状には、二反について「一反は米九斗麦六斗、もう一反は米八斗麦五斗」と米麦それぞれの収穫量を記載している[72]。

鎌倉時代には、「稲を刈り終わった後の田は無主の地（誰のものでもない）」という考え方が流布しており、鎌倉幕府は1264年（文永元）の田麦課税禁止令（追加法第420条）でこれを追認している。農民にとって裏作の麦は飢饉時の最後の「たのみ」であったゆえ地頭による租税の対象としないというものだ。水田裏作の麦への徴税禁止は室町時代も貫徹し、豊臣秀吉が1597年（慶長二）の四月に第2次朝鮮出兵の兵粮米の補充として「田麦年貢三分の一徴収令」を発したものの、彼の死後、石田三成ら五奉行は「百姓迷惑」として翌年には撤回した。江戸初期においても、「麦はもっとも地下人の食物第一たり」として課税禁止の慣行は残った[73][74][75]。

ただし、上海の南に位置する浙江省諸曁（しょき）盆地に残る清朝初期の判例集『棘聴草』によれば、中国でも水田二毛作の表作の稲では収穫量の5割が地主のものとなったのに対し、裏作の麦に関しては地主による収奪の対象とならず、ほとんど小作農の所得として残ったという。東アジア全体で、水田二毛作の裏作の徴税禁止の発想があったのかもしれない[76]。

田麦課税禁止令には、水田から収穫される稲での加持子（年貢）が未達（未進）で翌年に繰り越すと、麦で支払うことを可能とするなど曖昧な部分もある。とはいえ、御成敗式目追加法第420条は西日本で水田二毛作が広がる大きな契機となったであろう。農民が表作たる水田稲作よりも、課税されない裏作の麦栽培に力を入れていくのは、当然の流れであった。表作を重視する領主層と裏作に注力する農民のそれぞれの主張が交差する。領主層が水田での早稲の栽培を推奨し、早米納入を義務づけようとしたのは、早稲の収穫量が安定しているためばかりではない。早稲の場合、田植え時期が早いため麦の収穫期と重なり、水田二毛作が難しくなるからだ。[77]

●農業生産性向上への長い道のり

もっとも、水田二毛作によって農業生産性が直ちに飛躍的に高まったかというとそうでもない。高野山御影堂文書から読める那珂郡荒河荘の場合、表作の稲の収穫量は水田二毛作開始前と比べて、多い年で82・3%、少ない年で63%と減少し、年毎の稲収量の変動も大きくなった。また、高野山御影堂の寄進状にあるように、裏作の麦の単位あたりの収量は、表作である水田稲作の半分強しかなかった。環境が悪い年となると、水田二毛作によって稲と麦を合わせても、平年の水田単作での稲収量に満たなくなる水準だ。

大きな理由は裏作の実施によって土地が痩せてしまうためだ。窒素・リン酸・カリという三要素の肥料を与えずに栽培を行うと、翌年の収穫量は水田での稲作で60〜70%、畑作の麦では20〜30%へと落ちてしまう。水田二毛作によって稲と麦それぞれの収穫量を高く維持するためには、よりいっそう肥料を使用する必要があった。[78]

加えて、水利も大きな課題であったろう。秋蒔きの麦を初夏に収穫した後、田植えをするために陸田を水田に変える時に大量の農業用水を必要とする。灌漑設備が未発達な状況では、水田二毛作はどの土地でも簡単にできるものではなかった。

水田二毛作とは、施肥問題と用水供給の課題を解決すれば稲の単作の1・5倍以上の増収をもたらす可能性を秘めていた。それゆえ、鉄製農具の普及と農耕家畜の利用による労働生産性の向上、肥料の多様化および灌漑設備の充実という土地生産性の向上をもたらす他の農業技術の発達と相まって、ゆっくりと広がっていくことになる。水田二毛作は鎌倉時代に畿内、西日本で始まり、江戸時代初期になってようやく東日本まで導入された。

室町時代以降に気候が安定した時期が訪れると、水田二毛作はその威力を発揮するようになる。そして、農業生産性の向上が日本の人口増加の第三のピークをよぶ大きな要因となるのだ。その素地は鎌倉時代に底流のように流れる農業技術の着実な普及であり、これに加えて2つの飢饉を経て鎌倉幕府による水田二毛作を促進する柔軟な姿勢が実を結んだ結果といえよう。

第IV章 戦場で「出稼ぎ」した足軽たち

「天下の土民蜂起す。徳政を号して、酒屋、土倉、寺院等を破却し、雑物等を恣にこれを取り、借銭等を悉く破る。管領これを成敗す。凡そ亡国の基であり、之に過ぐるべからず。日本開白以来、土民蜂起の初めなり」

――尋尊『大乗院日記目録』正長元年九月

「われらにおいては、土地や都市や村落、およびその富を奪うために戦いがおこなわれる。日本での戦さはほとんどいつも小麦や米や大麦を奪うためのものである」

――ルイス・フロイス「日本覚書」1585年6月

(1) 経済発展と人口増加の時代

●文献に記された鎌倉時代末期から室町時代前期の気候

古文献から日本の気候や災害を探る時、京都とその近郊についての記述は比較的豊富であるものの、東北や関東、西日本の諸国での史料は断片的でその数も必ずしも多いとはいえない。鎌倉時代の『吾妻鏡』は通史的な年代記であり、かつ広い地域をカバーしている貴重な史料だが、これ以外となると各地の社寺が残した年代記などを確認していくことになる。また、干ばつ、長雨、冷害といった記述が果たして地域的なものなのか、あるいは日本列島の広い地域で発生したものなのか、各地の史料を比較しながら定性的に判断していくしかない。

1250年代末の正嘉の飢饉の後、1260年代後半は京都で止雨奉幣と長雨をうかがわせる祈願がみられるものの、諸国での天候にまつわる記述はほとんどない。続く1271年から1274年にかけては全国的に干ばつとなった。その後、13世紀の終わりから14世紀初めにかけては「炎旱（えんかん）」「大雨」といった記述が各地で錯綜しており気候的な特徴はつかみにくい。目立つのは1306年から数年間の赤斑瘡（麻疹）の流行で、京都だけでなく甲斐、鎌倉、会津でも記録されている。

14世紀に入ると、1314年（正和三）と1320年（元応二）に冷害による全国的な飢饉の後、1321年（元亨元）に「夏大旱、諸国大飢饉、餓死多し」（『太平記』巻一）と長い干ばつが発生し籾米価格が急騰した。この干ばつの後、1420年頃まで傾向としては比較的気温の高い年が増えるようになる。

1356年（延文元）に京都で雨の日が多く、越中で飢饉、1390年（明徳元）に京都や上野（こうずけ）で七月から八月まで大雨で諸国大洪水、1406年（応永十三）に豊前、陸奥、越中、紀伊で相次いで洪水が発生し大飢饉となった。とはいえ、深刻な冷害の記録はこの3年だけで総じて干ばつが目立つ。全国規模の干ばつが1360年、1362年、1369年、1370年、1407年、1420年、1421年と頻発している。とりわけ、1420年と1421年の干ばつは厳しく、京都はもとより、陸奥、羽前といった東北地方から越後、越中、能登、丹波のある日本海側の諸国で餓死と疫病の記録がある。[1][2]

●古気候研究からみた気候の変化

北半球平均気温はどのように推移しているだろうか。図1−1をみると12世紀に入って平均気温はピークアウトし、その後13世紀後半に急激に気温が低下していることがわかる。14世紀に入って持ち直し、14世紀後半まで相対的に温暖な時代となった後、15世紀前後から上下動が大きくなり、15世紀半ばから寒冷化傾向が顕著になっていく。北京近郊での石

図4-1　太陽の相対黒点数（上図）と 桜の開花日から推定した京都の3月の平均気温（下図）

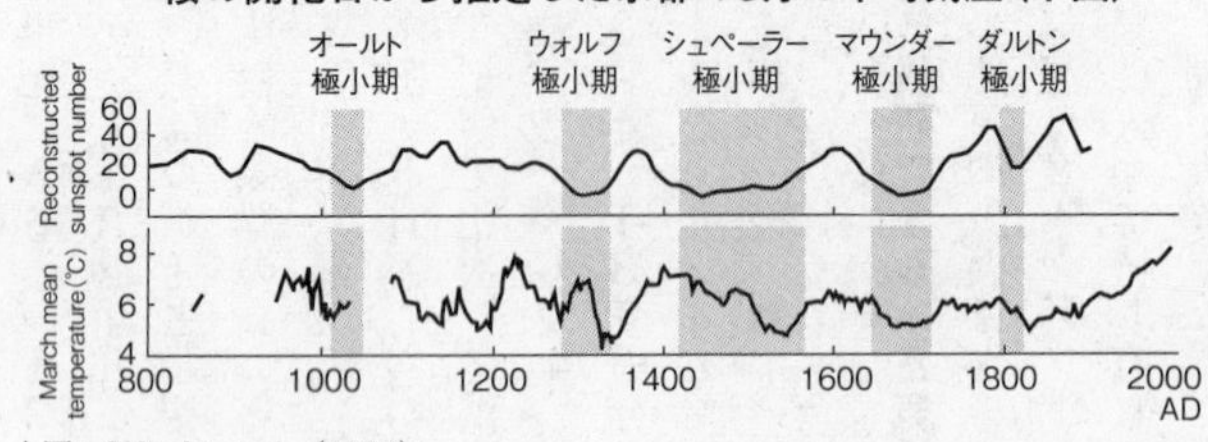

上図：Solanki et al.（2004）
下図：回帰分析による推定値の31年平均値をグラフ化

出典：Aono, Yasuyuki and Keiko Kazui（2008）：Phenological data series of cherry tree flowering in Kyoto, japan, and its application to reconstruction of springtime temperatures since the 9th century. *International Journal of Climatology* 28

筍による夏の平均気温の推定も、ほぼ同様の結果を示しており、１２００年代後半の低温傾向は１３００年を過ぎる頃に終わり、１３３０年代と１４２０年代の２回のピークを持つ高温傾向が現れた（図３－１）。

桜の満開日はどうであろうか。正月から桜の満開日までの日数をみると、14世紀中は傾向として早まっている（図２－４）。この基礎データを用いた京都の３月の平均気温の推定によると、13世紀後半では変動が大きく、14世紀初頭にかけて気温上昇があった後に一時的に気温が下がり、15世紀初めから再び上昇傾向となる（図４－１）。

限られた代替史料による推定ではあるものの、１２００年代後半は低温傾向が続き、１３００年代初頭に底を打ち、１３３０年代から１４２０年代にかけて比較的温暖な期間に戻ったというのが、大きな流れといえる。この動きは、１２８０年頃から1350年頃にウォルフ極小期という太陽活動の低下期であったこととも整合的だ。

●室町時代前期に発展はあったのか

ウォルフ極小期が終わる手前の1330年から1420年にかけての90年間、7回の干ばつと3回の冷害により、それぞれ広域の飢饉が起きている。この90年間に10回という発生頻度は、それ以前の時代と比較して少ない（表4－1）。国史等の記録をみる限り、奈良時代の84年間に23回（干ばつ由来13回、冷害・長雨由来4回、理由不明6回）、平安時代前期（794年～1088年）の124年間に38回（干ばつ由来20回、冷害・長雨由来9回、由来不明10回）と、古代から中世初期において3年から4年に一度発生しており、頻度は多かった[3][4]。

前章(3)で述べたように、鎌倉時代後期から灌漑設備が小規模ながら各農村で施されていった。畿内から西日本を中心とするため池、水車、水利管理の整備は、干ばつ対策として徐々に効果を発揮していった。江戸時代に入ると、飢饉はもっぱら冷害・長雨に由来するものばかりで干ばつ由来のものはごく稀になる。これは灌漑設備と水利管理が、十分に機能するようになったからだ。室町時代は、こうした農業技術が普及する過程と位置づけることができよう。

1369年（応安二）に京都で六月から十一月にかけて雨が降らず「五穀稔らず」とい

表4-1　広域の飢饉発生年とその要因：1250年～1480年

西暦	和暦	原因	飢饉発生が記録されている地域	
1257年～1259年	康元二年～正嘉三年	冷夏・長雨	京都、鎌倉、陸奥、会津、甲斐、能登、河内、紀伊	正嘉の飢饉
1271年	文永八年	干ばつ	京都、尾張、美濃	
1273年	文永十年	干ばつ	京都	
1279年	弘安二年	冷夏・長雨	大和、飛騨、（関東）	
1314年	正和三年	冷夏	陸奥、会津	
1320年	元応二年	冷夏	京都、北陸	
1321年～1322年	元亨元年～二年	干ばつ	京都、会津、能登	
1338年	暦応元年	干ばつ	京都、鎌倉、相模、山城、薩摩	
1349年	正平四年	干ばつ	京都、会津	
1356年	延文元年	冷夏・長雨	京都、山城、若狭	
1360年	延文五年	干ばつ	京都、甲斐	
1362年	康安二年	干ばつ	京都、奈良、山城	
1369年	応安二年	干ばつ	京都	
1370年	応安三年	台風	相模、駿河以東の東国	
1379年	天授五年	不明	京都、陸奥、上野、紀伊、豊前	
1390年	明徳元年	冷夏・長雨	京都、陸奥、上野	
1405年～1406年	応永十二年～十三年	冷夏・長雨	京都、陸奥、会津、越中、大和、丹波、豊前	
1407年	応永十四年	干ばつ	京都、大和、播磨	
1420年～1421年	応永二十七年～二十八年	干ばつ	京都、陸奥、羽前、越中、能登、山城、丹波	
1423年	応永三十年	冷夏・長雨	京都、常陸、越中、伊勢、大和	
1427年～1428年	応永三十四年～正長元年	冷夏・長雨	京都、会津、下野、武蔵、越後、伊勢、丹波、豊前	正長の土一揆
1437年～1438年	永享九年～十年	冷夏・長雨	京都、会津、駿河、越中	
				嘉吉の徳政一揆（1441年） 文安の土一揆（1447年）
1448年～1449年	文安五年～六年	冷夏・長雨	京都、陸奥、会津、武蔵、越中、能登、伊勢、豊前	
1452年	宝徳四年／享徳元年	冷夏・長雨	京都、奥羽、越中、丹波	
				享徳の土一揆（1454年）
1457年	康正三年／長禄元年	干ばつ	京都、大和	長禄の土一揆
1459年～1461年	長禄三年～寛正二年	干ばつ	京都、会津、越前、大和、紀伊、讃岐、日向	長禄・寛正の飢饉 寛正の土一揆（1462年、1463年）
1472年	文明四年	干ばつ	京都、会津、上野、武蔵、大和、和泉	
1477年	文明九年	冷夏・長雨	京都、陸奥、会津、甲斐、肥後、	山城の土一揆（1478年）

出典：佐々木潤之介ほか（2000）日本中世後期・近世初期における飢饉と戦争の研究

った年や、1407年（応永十四）の京都での「此年大旱魃」、陸奥での「天下旱魃」、あるいは1420年（応永二十七）に五月から九月までの長い干ばつとなり「畿内及西国殊不熟、大飢」といった記録もある。とはいえ、その被害は奈良時代や平安時代前期と比較すると相対的に減少していたであろう。室町時代になると、深刻な飢饉をもたらす異常気象とは、干ばつよりも冷害・長雨を原因とするものが多くなる。そして、1330年から1430年の100年間で冷害・長雨に由来する全国的な飢饉は1356年、1390年、1406年の3回しかなかったということは、当時の日本人にとって望ましい気候条件の時代が到来したことを意味した[5]。

太陽活動が低下するウォルフ極小期とシュペーラー極小期の狭間の1330年頃から1420年頃までを「室町最適期」と名前をつけ、社会、経済、文化が大きく発展したという見方がある。鎌倉時代にゆっくりではあったものの着実な技術の進歩が、14世紀半ばから15世紀前半にかけての温暖な気候の中で花開いていたとみるのだ。

農業や工業の技術向上だけでなく、商業・流通システムも充実した。1カ月に数回の市が全国で開かれるようになり、京都では40の座（職能集団）と350もの金融業者がいた。商品流通も格段に進歩し、主要な都市を結ぶ街道には土の上に砂や石が撒かれて通行が容易になった[6]。

都市に物資が集まり、食料備蓄が充実したことで、飢饉発生時の農民の行動にも変化が現れる。1420年（応永二十七）の干ばつにおいて、「炎旱飢饉の間、諸国の貧民が上洛し、乞食が充満し、餓死者の数知らず」と飢民が京都に流れ込んだ。鎌倉時代前期の寛喜の飢饉において、食料難になった人々は山林や河川での狩猟採集で飢えを凌いだ。ところが、15世紀の飢饉では政府や寺社による食料の施しを求め、流民は都市に向かうようになる。後にみるように、土一揆が京都や奈良を襲う萌芽をここにみることができる。[7]

農村も大きく変貌した。灌漑設備や利水の制御や入会地たる里山の森林の管理だけでなく、南北朝の軍事衝突による被害防止や悪党の略奪に対する自衛が、村の大きな役割になった。鎌倉時代まで分散していた農民一人ひとりの住居は、室町時代になると数カ所に集中するようになる。住居が集中すると、利便性だけでなく、地縁で結びついた村社会の組織力は増していった。そして、畿内を中心に小さな村を統合した地縁集団として、惣村が鎌倉時代末期以降に形成されていく。惣村は、惣有財産として入会地たる山林や灌漑設備を保有・管理し、年貢をとりまとめる地下請の責任を持ち、独自の村法たる惣掟によって域内の秩序維持について領主の介入を受けることなく自検断（じけんだん）を行使した。惣村の形態は、15世紀に入ると畿内から西日本に広がった。独立自衛を志向する惣村の一部では、室町時代後期に四角の濠で周囲を囲んだ環濠集落を形成するようになる。[8][9][10]

●1280年から1450年頃にかけての日本の総人口

第Ⅰ章で奈良時代および平安時代の日本の人口推移について、ハワイ大学のファリスによる推計として1150年頃に530万人から630万人であるとの数字を示した。その後、養和の飢饉、寛喜の飢饉、正嘉の飢饉によって全国的に大量の餓死者が出たこともあり、鎌倉時代末期まで日本の総人口はほとんど変わらなかったとする。鎌倉時代から室町時代前期の日本の総人口推移についても、ファリスの研究がある。

まず1280年頃の総人口について、鎌倉時代の土地台帳『大田文』から導き出している。現存する『大田文』は、1197年から1306年にかけて21の諸国で作成されたもので、ここから水田面積を拾い出し、12世紀半ばの田籍史料である『拾芥抄』のものと比較する。農地面積だけを取ると諸国では減少しているところが大半であり、極端なケースとして常陸では4万2038町から9005町へと四分の一以下になっている。寛喜の飢饉と正嘉の飢饉の影響を受けた可能性が高い。実際、常陸国北部では無人の地が増えるようになり、平安時代に3つあった郡が1306年になるとひとつに統合されており、過疎化を示している。

一方で、水田の単位あたり生産性の向上があったに違いない。ファリスは土地生産性が1・2倍になったと仮定し、一人あたりの必要な水田面積は8世紀に2・17反であったのに対して1・81反とした。[11]

ファリスは、この水田面積の推移と生産性向上の仮定を基に、子供や老人といった非労働力人口を16％として加え、全国の農村部の人口を550万～600万人と置いた。地域ごとの傾向として、九州では北部を中心に人口増加、西日本および畿内では増減まちまち、北陸から東日本にかけて減少であった。さらに都市部の人口として、京都10万人、鎌倉6万人等、総計で20万人を加え、1280年頃の日本全国の人口総数として、570万人から620万人と推定している。平安時代末期と比較して、ほとんど増えていない水準である[12]。

続く1280年頃から1450年頃にかけて、日本の人口はどのような推移をたどったであろうか。これも限られた資料の中でのファリスは推計している。彼は守護大名の率いる騎馬と歩兵の数に着目するのだ。『満済准后日記』1433年（永享五）十一月の記述に延暦寺の僧兵を牽制するために山名が動員した兵士は騎馬約300、歩兵2000から3000とある。また、興福寺別当の尋尊が書いた『大乗院寺社雑事記』には、1477年（文明九）に畠山は騎馬350、武装した歩兵2000ほどを保有したと記載している。この2人の守護大名の軍団規模を勘案し、1450年頃の一人の守護大名が領国からの動員可能な兵士数を騎馬325、歩兵2500、合わせて2825とした。次に全国の兵士数の合計について、守護大名数37で掛けると10万4525、また諸国数60で掛けると16万

9500となる。この数字には村落を自衛する武装農民は入っておらず、あくまで守護大名の軍事行動に追従できる兵士数である。ファリスは、この兵士数に足利幕府の直轄軍として守護大名10カ国分に相当する数字を加え、1450年頃の日本全土の兵数を13万2775から19万7750と仮定した。[13]

次いで、この兵士数を奈良時代の日本全土での兵士数の推定値11万人と比較する。奈良時代の政府が管掌する総人口を610万人とする推定値を用い、人口と兵士数の比率が同じだと仮定し、1450年の時点で740万〜1100万人（平均して920万人）という数字を導き出している。[14]

これに都市人口を加算する。1450年頃に、京都20万人、博多4万人、天王寺3万人、柏崎および大津がそれぞれ2万人、伊勢国山田や越後国直江津で1万5000人、奈良9000人、越中国瑞泉寺と近江石寺・駿河国府中で5000人といった数字があり、合計して日本全国の都市人口を40万人とおく。この数字を農村部の人口と合算し、日本の総人口を960万人と推定している。[15]

ファリスの推計は荒っぽいかもしれない。しかし、奈良時代から鎌倉時代までと比較して、室町時代とは古文献での全国的な定量数値がなく、歴史人口学にとって暗黒時代なのだ。何らかの仮定をおいて導き出すしかない。一橋大学の名誉斎藤修教授の場合、江戸時代通期での人口増加率が0・4％を下回ったことに着目し、室町時代中期から江戸時代享保年間に至るまでの人口増加率を同程度の0・4%と仮定し、1450年に1050万人とした。鬼頭宏博士も1450年頃の1000万人という数字を支持している。[16][17]

ファリスの1450年の960万人、斎藤教授の1050万人という数字をどのように考えればいいだろうか。前述したように、ファリス推計では、1280年を570万〜620万人（平均値595万人）としており、奈良時代初期（730年）の610万人から500年以上を経て、日本の総人口は若干ながら減少した。鬼頭推計では、奈良時代初期の725年を451万人としているが、これとファリスの1280年の推計人口595万人を比較すると、日本政府が関東から青森北端まで勢力を拡大したにもかかわらず、年間の人口増加率は僅か0・05%に過ぎない。

ところが、1280年から1450年にかけての人口増加率は、0・31%と6倍に跳ね上がるのだ。仮に1330年から1420年の気候が温暖で安定した90年間におよそ400万人の人口増加があったとすると、この期間の年平均増加率は0・55%を超える。高水準の人口増加率は後述する江戸時代前期に匹敵するものだ。

一国の経済成長を考える上で、今も昔も人口推移は重要だ。現在の経済成長を図る統計数値はGDPだが、この伸び率は労働力人口の増加と生産性の向上で大方の説明はつく。過去の日本の歴史も同じことがいえるだろう。室町時代前期の経済や文化の繁栄とは、農業を中心とした技術の発達とともに、人口増加が大きな要因であった。この人口増加は、14世紀半ばから15世紀初頭にかけての比較的温暖であった気候が背景のひとつであったに違いない。

(2) 太陽活動の低下が招いた「小氷期」

●シュペーラー極小期という太陽活動の低下期

ウォルフ極小期が終わって100年も経たない15世紀前半から、シュペーラー極小期とよばれる新たな太陽活動の低下期が始まる。命名は19世紀に太陽黒点を研究したドイツ人の物理学者グスタフ・シュペーラー（1822年～1895年）に因むものだ。

シュペーラー極小期は、770年以降の他の5回の極小期と比較して、その期間の長さに特徴がある。従来、シュペーラー極小期は1420年代から1570年代と150年に及ぶとされてきた。近年の屋久杉に含まれる放射性炭素による分析結果から、この極小期は1416年に始まったと確認され、終わる時期は開始時ほど定かではないものの1534年頃と特定されている。屋久杉分析からみても100年を超える低下期であり、過去1600年間の6回の極小期の中でもっとも長い。[18]

そして太陽活動の低下レベルについても、6回の極小期の中でマウンダー極小期と並んで大きい。推定される全太陽放射照度（TSI）をみると、およそ1364・6W／㎡まで下がっており、平安時代のオールト極小期や18世紀終わりから19世紀初頭にかけてのダルトン極小期よりも、はっきりと低い傾向が出ている（図0－1）。

太陽活動が低下を開始すると、いきなり日本の気候が寒冷湿潤になるわけではない。太陽活動は地球全体の気候の内部変動に影響を与え、またさまざまな地域の気象を変える要素と考えられるものの、その物理過程はいまだ明確になっていない。とはいえ、室町時代の文献史料をみると、そこに寒冷・湿潤といえる気候変化を見つけることができる。

●冷夏と長雨が続く時代への転換

1330年から1420年にかけて飢饉の頻度は減少し、稀に全国規模での飢饉が発生したとしても、その要因は干ばつが主なものであった。ところが、1420年を過ぎると様相は変わる。応仁の乱が始まる40年ほど前から冷夏・長雨といった気象状況が頻繁に現れ、およそ10年に一度の頻度で全国規模の重大な飢饉をもたらすようになる（表4－1）。

1427年（応永三十四）の六月から八月にかけて、日本各地で大雨・洪水に襲われた。京都では七月に風雨洪水のため三条河原近くの小規模住宅が数十軒流され、水位は1・5メートル（5尺）上昇した。[19] 諸国でも陸奥、上野、会津、豊前で記録が残され、「人民多死失ス」という状況であった。

この年の大雨による凶作は、翌年の飢饉を深刻化させた。1428年前半に三日病とよばれる疫病が発生し、京都、越中、上野で流行したとの記録がある。三日病がどのような疫病か必ずしも特定できないが、病気そのものは軽度で二、三日で快方に向かうものであったことから、戦前の医学史家の富士川游氏は、軽度の麻疹かインフルエンザと想定し、「三日麻疹」と同じ命名の仕方だとしている。三日病は鎌倉時代末期の1311年からその病名が記録され、1408年以降に流行の頻度が高まっていた。[20]

1428年(正長元)夏も前年同様に低温で長雨が続いた。伊勢で「当年飢饉、餓死者幾千万と数知れず、鎌倉でも二万人が死んだと聞く」、会津で「大雨洪水、諸国悪作大飢饉」、下野で「飢饉洪水」と飢饉が関東や東北まで及んだ。[21]

そして九月、正長の土一揆が勃発する。尋尊の『大乗院日記目録』には、「天下の土民蜂起す。徳政を号して、酒屋、土倉、寺院等を破却し、雑物等を恣(ほしいまま)にこれを取り、借銭等を悉く(ことごと)破る。管領これを成敗す。凡そ亡国の基であり、之に過ぐるべからず。日本開闢以来、土民蜂起の初めなり」と書かれている。

徳政令は鎌倉時代後期の1297年(永仁五)のように、債務が過重となった御家人救済のために為政者が企て実施するものであった。しかし、正長の土一揆において、近江坂本や大津の馬借が金融業者への債務免除という徳政を求めて蜂起した。物流を仕事とする馬借は、輸送物資の量や食料価格の高騰の面で凶作による食料不足に敏感であった。蜂起の主体は、馬借から農民（地下人）に広がり、一部の守護大名も同調する動きをみせた。連鎖反応を起こして、叛乱の地域は近江だけでなく、奈良から木津を経て京都に突入する動きがあり、さらに畿内全域へと拡大した[22]。

室町幕府は同年十一月二十二日に一揆の禁止令を発し、叛乱側の求める正式な徳政令には応じていない。しかし、京都に突入した暴徒は、酒屋や土倉といった金融業者に押し入り、借入証文の破棄という形（私徳政）で目的を果たしている。さらに、金融業者の蔵や寺院を破壊し物資の略奪も行った。『大乗院日記目録』に記されたように、この正長の土一揆が民衆蜂起の始まりとなった[23]。

この年になぜ、日本の歴史で最初の土一揆が発生したのか。ひとつには各地での自立的な集団と技術の発展があったろう。惣村の形成をみるように、村落の人口が増加する中で農民などは集団意識が強くなり組織化された。そして、鉄製農具や農耕家畜の普及は彼らの武装化を容易にした。土一揆の集団とは、組織化し武装した暴徒という性格を持つ。借金棒引きという徳政を求めた点を重視すると、為政者への強い叛乱という面が浮かび上がるが、実際は飢饉を目の当たりにした暴徒が生き残りをかけて食料を求める破壊的な行為という面が大きい[24]。

次に、正長の土一揆は九月に起きているが、その後の土一揆も多くが夏から秋にかけて

表4-2　京都とその周辺の土一揆年表

年代	土一揆勃発年						
1420年代	1428						
1430年代							
1440年代	1441	1447					
1450年代	1451	1454	1457	1458	1459		
1460年代	1462	1463	1465	1466			
1470年代	1472	1473	1478				
1480年代	1480	1482	1484	1485	1486	1487	1488
1490年代	1490	1493	1494	1495	1497	1499	
1500年代	1504	1508					
1510年代	1511						
1520年代	1520	1526					
1530年代	1531	1532	1539				
1540年代	1546						
1550年代							
1560年代	1562						
1570年代	1570						

出典：神田千里（2001）土一揆像の再検討．*史学雑誌*　**110**

の収穫期に蜂起している。１４６０年前後の長禄の土一揆と寛正の土一揆は干ばつ時のものだが、その他のほとんどの土一揆が冷夏・長雨という気象条件の悪化による凶作を目の当たりにして、農民が暴徒化したものだ。

土一揆は正長の土一揆以降、15世紀後半まで京都周辺で頻発した。１４５０年代が5回、１４６０年代が4回、１４７０年代が3回、１４８０年代が7回、１４９０年代が6回である。ところが、16世紀に入ると激減し、１５３０年代の3回以降では、10年に1回程度と減少していく。京都とその周辺で土一揆が頻発した時代とは、シュペーラー極小期とほとんど重なっている（表４－２）。

●1430年代から1440年代の天候不順と嘉吉の徳政一揆

1430年代になると、1433年（永享五）五月から七月に京都で干ばつが起きて祈雨奉幣が行われ、翌年までこの傾向は続くものの、被害が起きた記述はほとんどない。1436年（永享八）に加賀、奈良の記述で炎旱の文字がみられるものの、深刻な事態には至らない。

ところが、1437年（永享九）になると一転して冷夏・長雨の様相が全国的に広がる。京都で「霖雨天下不熟」、越中で「夏に霖雨長く降る、天下不熟」、会津で「大飢饉、特に関東奥羽で人多く死す」となる。山城の東寺所領では名主や農民から十月に凶作により年貢について何度も減免の訴えがあった。翌年に飢饉は深刻化し、京都で「去年霖雨、天下五穀不登、この年飢饉、餓人道に満つ。飢饉疾病洛中に死体山の如し」という養和の飢饉や寛喜の飢饉を彷彿させる記録がある。越中でも「飢饉、大疫病、洛中に死骸山のごとし」と全国的な飢饉となった。

1440年代に入っても状況は変わらない。京都では1441年（嘉吉元）五月に鴨川の洪水があり、四条と五条の橋が流された。八月には台風が到来した。「天下一同ハシカ病」と疫病も流行した。[25]

こうした中で、九月に嘉吉の徳政一揆が起きる。発端は正長の土一揆と同じく近江の農村による徳政の要求であった。第六代将軍の足利義教が守護大名の赤松満祐の一族によって嘉吉の乱で暗殺され、義勝が第七代将軍になると、「代替りの徳政」を求めて東山から京都に流入したのだ。武装した一揆は近江からだけではなく、南方からは鳥羽、竹田、伏見、北方からは嵯峨、仁和寺、賀茂と呼応し、軍勢は数万に及んだ。一揆は京都の物資補給路の七道口をすべて抑え、首都機能を麻痺させて徳政を迫っていった。室町幕府は、京都市内での「商売の物なく、京都の飢饉もってのほか」という状況に堪え切れなくなる。正長の土一揆では拒否した徳政要求に屈し、閏九月十日（10月24日）に徳政施行を発し制札を七道口に掲げることとなった。[26]

嘉吉の飢饉以降も天候不順は続いた。1443年（嘉吉三）五月に京都および諸国での大洪水、そして同年九月にも京都と丹波で洪水が発生した。この年の食料不足を嘉吉の飢饉とよび、『看聞日記』には「天下餓死し、悪党充満す」とあり、その悪党は酒屋、土倉、寺院を襲った。

1445年から1446年にかけても、洪水は加賀、能登、近江で起き、京都で止雨奉幣が行われた。続く1447年（文安四）に諸国の牢籠人が洛中に集まり、暴徒や悪党と結託して文安の土一揆が起きる。この年の気象について史料は少なく、京都で五月と七月に祈雨奉幣が行われ、能登で「大風、洪水、炎旱」とある程度だ。前年の冷害を受けての凶作の影響と当年の干ばつが重なった感がある。1448年から1449年になると、東北から九州北部まで水害が多発した。[27]

(3) 火山噴火が多発した40年間

●南太平洋シェパード諸島のクワエ火山

嘉吉の徳政一揆や文安の土一揆を起こした冷夏・長雨という天候不順は、シュペーラー極小期に入ったことによる太陽活動の低下だけでなく、もうひとつ理由があった。1440年代から火山噴火が激増しているのだ。グリーンランドと南極の氷床コアの含有量をみると、グリーンランドのもので、1445年、1453年から1454年、1456年から1457年、1459年から1463年に、そして南極のもので1444年、1451年から1453年、1461年から1462年、1465年に硫酸エアロゾルの痕跡が残っている（誤差はそれぞれ±2年）[28]。

また、世界各地で火山噴火が多発している。火山爆発指数で4以上のものをみると、1441年にアゾレス諸島のフンラス火山（VEI＝4）、1444年に同じくアゾレス諸島のセテシダデス火山（VEI＝4）、1450年のフィリピンのピナトゥボ火山（VEI＝5）、1471年から1476年に九州の桜島（VEI＝5）、1477年のアイスランドのバールダンブンガ火山（VEI＝6）ち続いた。そして、アメリカのセント・ヘレンズ火山は1480年（VEI＝5）と1482年（VEI＝5）の2回大きく噴火した。[29]

一連の噴火の中でも、1452年後半から翌年の1453年初めに噴火したと推測される南太平洋シェパード諸島（現バヌアツ共和国）のクワエ火山の噴出量は極端に大きいものであった。第Ⅲ章で示した1258年の噴火規模には及ばないものの、1815年のタンボラ火山に匹敵する可能性もある。

クワエ火山は現在のバヌアツ共和国エピ島南東の海底火山であり、カルデラの大きさは東西12キロメートル南北6キロメートルの面積を持つ。クワエ火山の噴火による噴出物は、グリーンランドの13カ所および南極の20カ所から採取された合計33カ所の氷床コアに1453年から1457年にかけての層で検出されている。1平方キロメートルあたりで降り積もった硫酸の量をみると、グリーンランドで45キログラム、南極で93キログラムに相当し、1815年のタンボラ火山におけるグリーンランドでの50キログラムおよび南極での59キログラムと比較してほぼ同水準である（図0－2）。氷床コアに残る硫酸から、噴火時に地球全体に広がった硫酸エアロゾルはタンボラ火山と同じく1億トンに相当するとの論文もある。[30]

●火山の冬が導いた中世欧州の終焉

1440年代からの火山噴火の影響からか、年輪分析による推定では北半球の夏の平均気温は1881年から1960年の平均値と比較して1440年代に0・3℃から0・4℃低下し、1453年に0・5℃以上の急激な低下をみせ、その後も1470年代まで低温傾向は続いた。

欧州各地に残る文献も、こうした気候の変化を表している。イングランドとドイツで1450年代は過去千年間でもっとも湿潤な時代であり、春の低温と夏の長雨が凶作をもたらした。1458年から1460年に北欧諸国から欧州西部まで厳冬が襲っている。この時期、欧州の政治地図は激変した。イングランドとフランス王国の間で1337年以来断続的に続いていた百年戦争は、1453年10月19日にシャルル7世がボルドーを奪還しイングランド軍が大陸から撤退することで幕を閉じた。

東欧では1440年代にロシアで干ばつによる飢饉が発生する一方、地中海に近い地域では1443年から1444年にかけて冬季に寒波が押し寄せたためオスマントルコに対峙していたハンガリー帝国の軍隊はセルビアまで撤退した。イベリア半島でも1440年代から1470年代にかけて降水量の変動が大きく、1450年代になると長雨と洪水に蝗害が加わって食料不足が深刻化し暴動が多発した。

中近東でも各地で異常気象が起き、エジプトでは1451年にナイル川の水位が極端に下がって干ばつとなり、カイロで回復不可能ではないかとの不安が広がった。イラクでは経済的にも政治的にも混乱し、ティムール朝に対抗して黒羊朝が勢力を拡大した。[31]

欧州史での中世から近世への転換とは、1453年の東ローマ帝国滅亡から1492年のコロンブスのカリブ海諸島への上陸とイベリア半島でのグラナダ陥落によるレコンキスタ運動の達成までの間とされる。この転換期はシュペーラー極小期のただ中にあたり、さらにクワエ火山の巨大噴火を中心とする火山噴火の活発期に重なっている。

●15世紀半ばの明の混乱

日本で「室町最適期」とよばれる気候が安定した14世紀後半、中国では一介の浪人であった朱元璋が元を駆逐し、新たに明を打ち立てた。15世紀に入いると、明は第三代皇帝の永楽帝の時代に国力を大幅に増加させた。永楽帝は太祖洪武帝たる朱元璋の四男であったが、洪武帝が後継者とした建文帝を靖難の変の武力衝突で破り、1402年に皇帝位を簒奪したのだ。軍人皇帝であった永楽帝は1420年に没するまで生涯にわたって外征を続けた。首都を南京から北京に遷都し、モンゴルまで5回にわたって親征を行い、タタール族やオイラト族を駆逐した。一方で、鄭和による7回の大船団による航海を実施し、インドから中東まで勢力拡大を行った。周辺諸国に対して朝貢外交を推し進め、日本も足利義満を日本国王として冊封体制に加わった。

こうした拡張政策が可能であったのは、15世紀初頭にかけて豊作の年が続き、経済的に安定していたからだ。租税として納付される穀物は京杭大運河によって首都の北京に運ばれたが、その量は毎年２３２万トンに及び首都の穀物倉庫は溢れかえり、消費できずに腐るばかりであったという。凶作の年となっても、直ちに潤沢な穀倉から救援食料を放出した。工業製品も世界中に輸出され、絹織物はエジプト製品を圧倒し、景徳鎮などの陶磁器はヨーロッパにまで広がった。

　永楽帝を引き継いだ洪熙帝と宣徳帝は拡張政策から内政を固める方針に転換し、この堅実な政策により明の繁栄は続いた。ところが、１４４０年代になると中国でも飢饉が頻発するようになる。図４－２は北京近郊の夏の平均気温を推定したものだが、１４４０年代前半に気温が低下し、１４５０年初めに急低下した後、低温傾向が続いたことがわかる。北京周辺の冷夏とは、南西モンスーンが北方まで届かなかったからと考えられ、華北の降水量も少なかったであろう。

　１４４４年から１４４５年にかけて山西省と陝西省で干ばつから飢饉が発生し、河南省の穀倉から救援物資が運ばれた。華北が干ばつとなるのに対し、華南では南西モンスーンが留まるため長雨となり洪水が発生する。１４４０年の夏に江西省と河南省で河川が氾濫し、１４４４年に長江上流の沙州（敦煌）の洪水で１０００人以上が飲み込まれた。１４４５年に福建省で堤防が決壊して「人畜の漂流数えきれず」とあり、１４４６年から１４４７年にかけて浙江省で洪水から飢饉となり、疫病も発生している。１４５０年代に入っても、寒冷な天候は続いた。１４４９年から１４５０年、１４５３

図4-2　北京近郊石花洞の石筍の酸素同位体から推定する夏（5月〜8月）の平均気温：1375年〜1600年

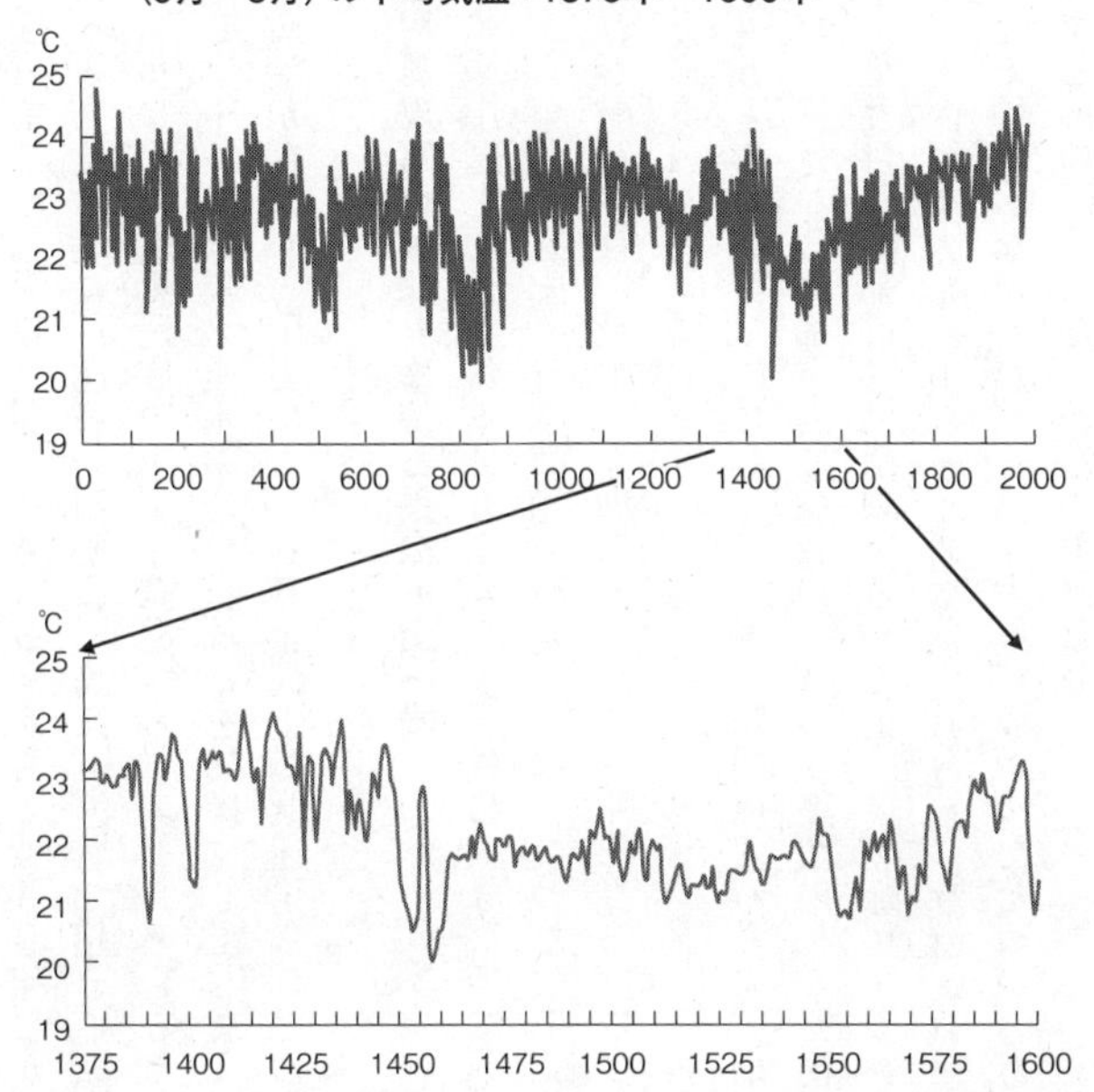

出典：Tan et al. (2003)：Cyclic rapid warming on centennial-scale revealed by a 2650-year stalagmite record of warm season temperature. *Geophysical Research Letters*, **30** (12)

年から１４５４年の２つの期間は厳冬となった。後者はクワエ火山の影響があるだろう。長江デルタに位置する太湖は、15世紀中でこの時に初めて氷結した。１４５４年１月に江蘇省の蘇州・常州で大雪となり、凍死者・餓死者数えきれずとあり、畜牛の凍死も９０００頭に及んだ。各地の凶作から飢饉も相次ぎ、１４５２年に江西省、1455年に華南一帯、1458年から1459年にかけて山西省、1462年に陝西省、1465年に河北省、河南省、長江下流域で起きている。

寒冷化は北方騎馬民族の南下を誘発する。エセン率いるオイラト族は国境を越えて明に侵入し、1449年の土木の変で正統帝を捕虜にしてしまう。明は皇帝の指導力が弱まり宦官政治が台頭し、国力は1460年代まで低迷することになる。[32][33]

●室町幕府軍の敗北：享徳と長禄の土一揆

欧州や中国と同様、日本にも1450年代に大きな天候不順が到来した。1452年は京都から東北地方まで日本海側で冷夏・長雨となった。上諏訪神社の年代記に大雨の後に山崩れが記録され、越中でも洪水で人が多く死んだとある。京都ではこの年に疱瘡が流行した。

1454年（享徳三）になっても湿潤傾向は変わらず、京都では止雨奉幣が神社に派遣された。三月から京都市内に盗賊がはびこり集団化して獲物を山分けするようになり、不穏な中で九月に京都近郊で徳政を求めて土一揆が蜂起する。享徳の土一揆である。下京から京都市内に突入し、土倉から略奪が行われた。幕府軍も撃退すべく兵を向けるものの、まったく効果がなかった。一揆の大軍が多かったためか、あるいは譜代大名の中に一揆に同調するものがいたためか定かではない。[34]

室町幕府は正長の土一揆以来、徳政令の要求には慎重に対応してきた。しかし、享徳の土一揆で「徳政の御大法」を発する。借金の十分の一を幕府に差し出せば、借金そのものを帳消しにするという「分一徳政」である。当事者でない幕府が利益を得て債権債務の抹消を認めるという不思議なものであったが、幕府の発する徳政令の基準となり、「分一徳政」は8回発せられることになる。[35]

京都での夏の長雨傾向は、1456年（康正二）まで続いた。翌年1457年（長禄元）十月、京都の南西方向の流民が蜂起し拠点を東寺に置いた。長禄の土一揆である。これに対して土倉軍は因幡堂に結集し、両軍は戦闘状態に入る。二十六日に土倉軍は五条で敗れ、幕府は細川・山名・一色といった主要な大名の軍勢を向けるがこれも敗北する。幕府の権威は失墜し、「武家の体たらくなきがとき」と罵倒され、京都の町中で「冬の夜を寝覚めて聞けば御徳政、払ひも敢へず逃ぐる大名」と落書された。[36]

土一揆集団の狙いは、公式な徳政令や私徳政による借金の棒引きだけではなかった。『経覚私要鈔』によれば、土倉と取引関係のある「竹田・九条・京中者」は十分の一の金を出して質物を得たのに対し、「田舎者は只取り」したとある。今後も金融業者との取引が必要な近隣の者の場合、徳政令に従った経済行為で事を済ませたのに対し、土倉らと縁がない遠方から流入した暴徒は、惣村へのしがらみもなくひたすら略奪したのだ。この「只取り」「分捕り」は、飢民の生き残り術として戦国時代にかけて日本中に蔓延することになる。[37]

●応仁の乱に至る飢饉と足軽の登場

1459年から1461年にかけて、今度は長い干ばつと台風の到来による凶作が続き、長禄・寛正の飢饉となる。1460年（長禄四）に京都で「頃年旱風水災、天下凶荒、疫癘飢年、天下人民死亡者三分之二」、越中で「天下飢饉、疾病餓死者死亡不知数、人種失三分二云々」、1462年に奈良で「依炎旱餓死数千人、又依病事死去不知其数」、越前で「河口庄から百姓がいうに、昨年から七月まえの間、餓死者9268人、逃亡者757人」等、全国でかなりの数の記録が残っている。

京都では1460年の冬から翌年三月まで、毎日300人から600人が餓死し、死者は四条や五条の橋の下に穴をいくつか掘り、ひとつの穴に1000人から2000人の遺体を埋めていった。この頃、京都には周辺地の飢人が幕府や寺社の行う救援を期待して大量に流入し、その数は数万人に及んだ。京都東福寺に残る『碧山日録』の1461年（寛正二）二月三十日の記述によれば、一人の僧が餓死者を弔うために卒塔婆8万4000枚を用意したところ、2000枚しか余らなかったという。そして、同じく京都の三月の記述に、「天下疫饉人相食」との文字も出た。寛正の土一揆は二度のピークがあり、1463年まで断続的に続いた。

興福寺の尋尊は1461年（寛正二）五月六日の『大乗院寺社雑事記』に、「去年諸国の早魃ならびに河内・紀州・越中・越前等兵乱のゆえ、かの国人等京都に於いて悉く以て餓死し了ぬ（おわん）」と記し、干ばつと兵乱によって流民が京都に向かい餓死者となっている因果関係を冷静に語っている。そして、危機の理由として「御成敗の不足故なり」と足利義政政権の統治能力の劣化を挙げている。

義政については、1462年（寛正三）二月に「国の飢饉を憐れむことなく」、花の御所を改築し山水草木や木石で豪華に飾ろうとしたものの、後花園天皇が漢詩に寄せて諭したため、さすがに恥じて造営を中止したと、『長禄寛正記』でも批判されている。1465年（寛正六）になると大和や山城で水害が発生し、天候は一転して冷夏・長雨の湿潤傾向に変わった。その2年後、関東の上野の『赤城神社年代記』に「京都大乱、細川勝元山名宗全合戦」と記載された応仁の乱が勃発する。[38]

応仁の乱は、室町幕府の三管領の一人であった斯波氏の跡目問題への将軍義政の介入がきっかけであった。1467年（応仁元）五月二十五日、細川勝元が幕府を占拠して義政を擁して山名軍に対して本格的な攻撃を仕掛け、将軍派と管領派の間での複雑な軍事対立となった。細川・山名の両軍とも、土一揆で武装化した暴徒を自軍の兵として採用していった。

大名が土一揆を軍事的に利用しようとした事例は15世紀前半からある。1432年（永享四）に大和で起きた越智・箸尾と筒井の抗争において、土一揆勢はそれぞれの軍の別働隊として行動した。筒井に与する土一揆が越智軍を襲い、筒井が赤松軍の援軍を受けて軍事面で圧倒すると今度は越智・箸尾が動員した土一揆勢の襲撃を受けている。

応仁の乱でも、両軍は積極的に土一揆の武力集団を味方に引き入れた。1468年（応仁二）三月二十日、細川勝元が流民の棟梁とされた骨皮道賢に下京を焼かせ、稲荷社をはじめ近隣の在家寺社が全焼したとの記述が『山科家礼記』にある。もともとは天候不順を背景にした流民であった土一揆の暴徒は、足軽として大名の軍隊に加わっていった。

1472年（文明四）二月の『大乗院寺社雑事記』に、「京都、山城以下ヤセ侍共一党、足白（足軽）と号し、土民蜂起の如し。是近来土民等、足軽と号し、雅意に任せるゆえ、此儀の如し云々。所詮亡国の因縁之を過ぐるべからず」とある。そして、両軍合わせて30万人とされる大軍に対して、各大名は食料を支給することができなくなると、足軽に対して兵粮米を与える代わりに、彼らに現地での徴収を許可した。足軽は酒屋・土倉に押し入り「兵粮」「酒肴料」として物資を掠奪していった。その行動は、土一揆の「田舎者の只取り」とほとんど変わらない。足軽の略奪品を今度は商人が買い取り、転売して利鞘を稼いだ。略奪品を扱う市まで開催されたという。[39][40]

土一揆の暴徒は大名に抱えられ足軽になっても、その行動の本質は変わらず「乱妨人」

とよばれた。足軽とその配下の雑兵の略奪行為が、戦国時代の軍事衝突における実情となる。

(4) 北条、上杉、武田——気候が戦国大名を動かした

●シュペーラー極小期からの回復と各国の状況

16世紀に入ると冷夏・長雨を主たる原因として広域の飢饉発生はあるものの、その頻度は減少した。1420年から応仁の乱の終わる1477年にかけての57年間において、広域の飢饉の年が13回とおよそ4年に一度発生していたのに対し、1480年から1601年の120年あまりにおいて広域の飢饉発生年は16回と6年に一度へと頻度は落ちる(表4－1および表4－3)。シュペーラー極小期後半になり太陽活動低下が底打ちしただけでなく、世界各地の火山活動が沈静化した時代と一致している。

欧州の年輪分析からの気温推定によれば、16世紀前半は15世紀と比較して全般的な気候は温暖であったようだ。イングランドは百年戦争の末に欧州本土から撤退した後、1455年から諸侯の叛乱による薔薇戦争が30年間続いた。1485年になってヘンリー7世によるテューダー朝が開かれ、エリザベス1世の時代に向けた繁栄の基が築かれた。ブリテン島とアイルランドを合算した人口推計をみると、1300年の500万人から、

飢饉、戦乱、黒死病により1400年に350万人まで減少した。その後、15世紀後半から回復基調になり、1500年に500万人に戻り、1600年に625万人へと増加に転じている。[41]

フランスも1491年にシャルル8世が国土を再統一し、人口増加期に入った。1300年に1600万人と推計される人口は、ブリテン島と同じく1400年に1100万人まで落ち込んだものの、1500年に1500万人まで戻り、その後1600年には1850万人と増加傾向に入った。1493年からイタリアへの侵攻を開始し、ルネサンスの盛りにあったイタリアを戦乱に巻き込んだ。

また、スペインとポルトガルはイベリア半島からイスラム勢力を一掃し、1497年から1499年のヴァスコ・ダ・ガマのインド航路発見、1519年から1522年のフェルディナンド・マゼランの世界周航に代表される大航海時代に入る。イベリア半島の人口推計は1300年に875万人、1400年に600万人、1500年に770万人、1600年に1050万人へと増加の道をたどった。

中国大陸をみると、明は1470年代から国力の回復が始まった。明は成化帝（在位：1464－1487）の時代に国家はようやく安定し、続く弘治帝（在位：1487－1505）は明朝の中興の祖とされる。石笥による北京近郊の気温推定で上昇傾向は確認できないものの、16世紀の変動幅は15世紀に比べてかなり小さくなり、気候が安定してき

図4-3　15世紀の明の銀生産量

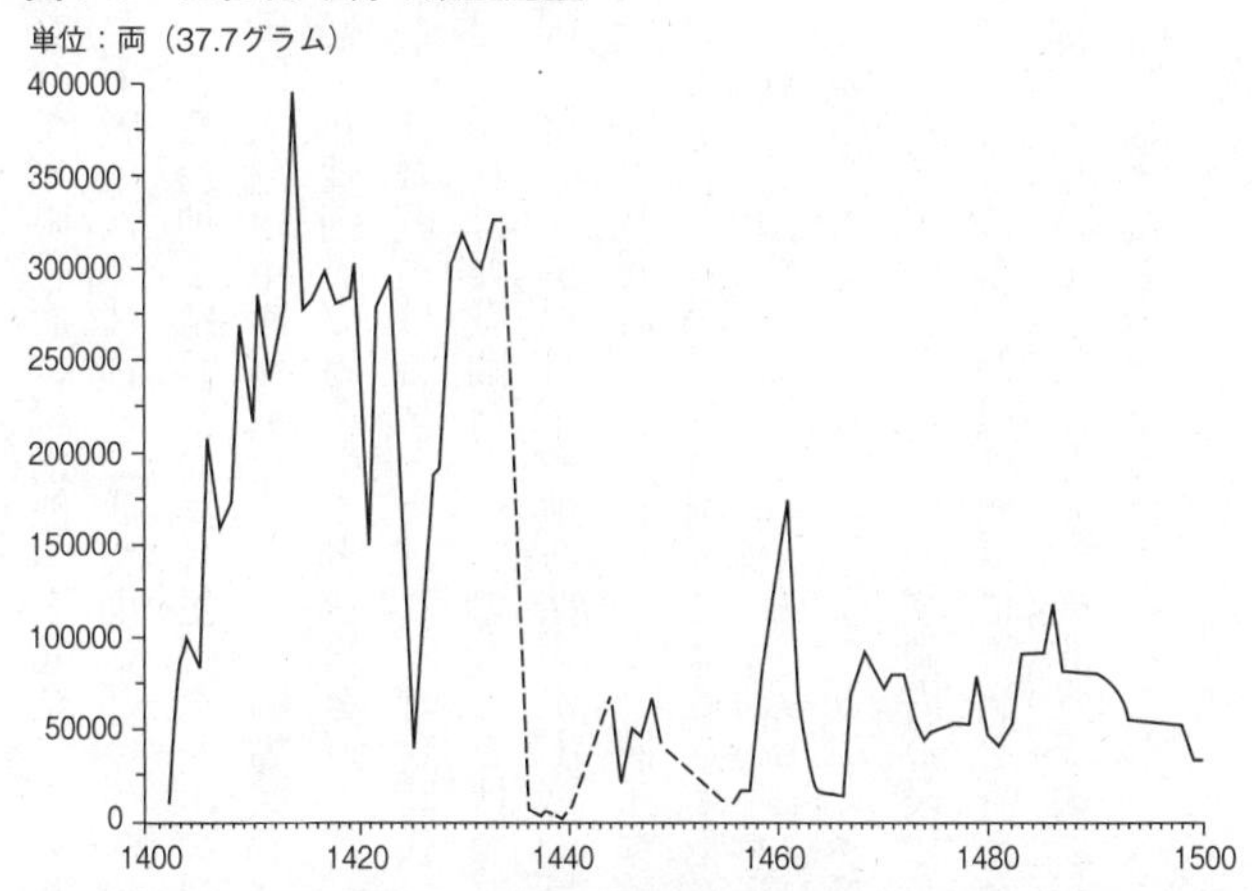

注：破線はデータの欠落期間：1435年、1441～1443年、1450～1454年
出典：Atwell (2002)：Time, Money, and the Weather：Ming China and the “Great Depression”of the Mid-Fifteenth Century. *The Journal of Asian Studies* **6** (1) p.87

たとみてとれる。16世紀の100年間に耕地面積は3倍近くに増加し、中国本土の人口も1300年に8600万人、1400年に8100万人であったのに対し、1500年に1億1000万人、1600年に1億8000万人に増加した。永楽帝時代以降に激減していた貴金属生産量が15世紀末に復活したことで貨幣流通が円滑になり、商工業の発展を促した（図4－3）。絹織物や陶磁器などの工業製品は再びはるか欧州にまで輸出されていった[42][43]。

●戦国大名の不安定な立場

ところが、日本の場合、気候の悪化の中で発生した土一揆から応仁の乱を経て室町幕府は統治能力を完全に喪失し、下剋上の世相へとなった。農民をはじめとした下層の人々は容易に武装化し、いったん飢饉となると暴徒となって食料を得ようとした。彼ら農地を離れた流民は足軽グループを形成し、「只取り」を生き残り術としたのだ。戦国大名の軍隊構造をみると、騎馬武者はせいぜい1割程度に過ぎず、残りが戦闘員の足軽、非戦闘員の馬を引く者や槍を運ぶ者、そして兵站部門としての物資の輸送担当であった。非戦闘員は雑兵とよばれ、鎌倉時代に登場した悪党や農家からあぶれた者が集められた。雑兵は非戦闘員といっても刀を持つなどの最低限の武装化はしていた。戦国大名が他国を侵略する場合、領地の拡大が主たる目的であるものの、それなりに大義名分を掲げた。しかし、足軽や雑兵にとって、勝手な略奪こそが軍隊に参加した目的であった[44]。

歴史小説に登場する戦国大名はまるで絶対君主のようだ。武田信玄の甲州法度次第に代表される分国法で領内を統治し、家臣団から「御館様」と崇めたてられる。その指示は絶対で領内の人間は何人も逆らうことができないといった姿である。

ところが戦国大名は、絶えず領内の民衆からの圧力を受けていた。人口が増加する中で飢饉が生じると、領民は簡単に不満を訴えた。領内の人々の尊敬が集まらねば、その権威も権力も維持できなくなる。後北条氏の家督相続や武田信虎の追放は、いずれも飢饉に関連して起きたものであった。

●飢饉の年に起きた後北条氏の家督相続

後北条氏は室町幕府の政所執事であった伊勢一門の伊勢盛時が、1493年（明応二）に伊豆に討ち入り、小田原城を奪取したことに始まる。盛時の子の氏綱は1523年（大永三）に「伊勢」の姓から関東で絶大な人気を持つ「北条」へと改姓し、盛時は「北条早雲」と称されることとなる。盛時（早雲）―氏綱―氏康と三代続いて明君であったことで、1589年の豊臣秀吉による小田原城攻略まで曲がりなりにも相模を中心に関東を支配したとされる。ところが、後北条氏の治世とは、近隣諸国との武力抗争だけでなく、飢饉時に爆発しそうになる領民のエネルギーをいかに抑制するかが大きな課題であった。

興味深いことに、彼らの家督相続はすべて飢饉の年に起きている。伊勢盛時が当主として確認できる最後の行動は、1518年（永正十五）二月の相模東北部の当麻宿への進軍で、遅くともこの年の九月には隠居し、家督を嫡子の氏綱に譲っている。盛時は翌年九月に死去するのだが、なぜ1518年に隠居したのか定かではない。ただし、表4－3にあるように、前年から冷夏・長雨による飢饉が全国で発生していた。1518年は関東諸国だけをみても、上野で「今年諸国大飢渇」、甲斐で「天下人民餓死」とある。この年の七月に会津で大雨が降り、同じく常陸で風が強く「五穀悉く枯れ」てしまい飢饉からの回復には3年から4年はかかるだろうと記された。八月に伊豆で異常低温による飢饉があり、同じ月に甲斐では「米ノ売買此郡一粒モ無之、耕作何も実不入」と関東一帯は惨憺たる状

表4-3　広域の飢饉発生年とその要因：1482年〜1601年

西暦	和暦	原因	飢饉発生が記録されている地域	
1482 年	文明十四年	冷夏・長雨	京都、上野、武蔵、信濃、能登、近江、大和、丹波	
1488 年	長享二年	疫病	京都、羽前、甲斐、大和	
1494 年	明応三年	干ばつ	京都、会津、甲斐、能登	
1501 年	文亀元年	干ばつ	京都、会津、武蔵、越中、丹波、讃岐、	
1503 年	文亀三年	干ばつ	京都、陸奥、会津、上野、下総、加賀、紀伊、和泉、日向、(九州)	
1511 年	永正八年	冷夏・長雨	陸奥、会津	
1514 年	永正十一年	干ばつ	京都、羽前、上野	
1517 年〜1518 年	永正十四年〜十五年	冷夏・長雨	京都、会津、上野、常陸、甲斐、伊豆、三河	
1525 年	大永五年	冷夏・長雨	京都、鎌倉、会津	
1530 年	享禄三年	冷夏・長雨	京都、会津、上野、甲斐、駿河、美濃、肥後	
1535 年	天文四年	干ばつ	京都、鎌倉、奈良、若狭、周防	
1536 年	天文五年	冷夏・長雨	京都、会津、甲斐、陸奥、肥後	
1539 年	天文八年	冷夏・長雨	京都、陸奥、鎌倉、大和、紀伊、摂津	天文九年（1540 年）に疫病（インフルエンザ）天文の飢饉
1544 年	天文十三年	冷夏・長雨	京都、会津、三河、大和、摂津	
1557 年〜1558 年	弘治三年〜弘治四年年	干ばつ	京都、奈良、紀伊、越後、上野、常陸	
1561 年	永禄四年	疫病	陸奥、会津、常陸、能登	インフルエンザの可能性
1566 年	永禄九年	冷夏・長雨	京都、陸奥、会津、武蔵、越後、伊豆、遠江、大和	
1573 年	元亀四年	干ばつ	会津、山城、伊予	
1582 年	天正十年	冷夏・長雨	京都、甲斐、駿河、三河、伊勢、大和、阿波、豊後	
1584 年	天正十二年	干ばつ	京都、武蔵、越後、摂津、大和、和泉、近江、日向	
1595 年	文禄四年	冷夏・長雨	京都、陸奥、越後、信濃	
1601 年	慶長六年	冷夏・長雨	京都、陸奥、関東、越後、美濃	

出典：佐々木潤之介ほか（2000）：日本中世後期・近世初期における飢饉と戦争の研究

況であった。[45][46]

家督を継いだ氏綱がまず行ったのが、領国内の年貢賦課の改革、役人の不正排除、目安制度（直訴）の創設であった。まずは農民の不安や不満の解消に手を付ける必要があったのだ。[47]

続く氏綱から氏康への相続は、1539年夏に始まる冷夏・長雨傾向が1541年まで続いた時期であった。甲斐の『妙法寺記』には1541年について、「此年春餓死ニ至リ候、人馬共ニ死ル事無限、百年ノ内ニモ御座無キ候ト人々申来リ候、千死一生ト申候」と餓死者が多発した様子を記録している。[48]

1541年（天文十）七月十九日に氏綱の死去により家督を継いだ氏康にとっても、当初の重要課題は先代と変わらず飢饉対策であった。天候不順により農地は荒れ果て天文の飢饉となっていた。加えて、軍役の徴発が重くのしかかったことで、「退転（たいてん）」「欠落（かけおち）」「逃散（ちょうさん）」といった農民の離村が急増していたのだ。氏康は手始めに領国の検地を実施し、不作地を特定した上で農民からの課税減免要求に応えている。さらに、1543年（天文十二）二月三日の虎印判状で、金銭を納めれば軍役を免除しその代わりに「郷中に罷り帰り、作毛すべし」と農作業の奨励を発した。[49][50]

隣国の甲斐では、1541年（天文十）六月十四日に武田信虎が追放され、晴信（信玄）が当主となった。凶作が起きると、食料の払底する春先にもっとも深刻な事態となる。

信虎追放劇について、彼が領内で非道乱逆を尽くしたことで家臣団が叛旗を翻したものとされるが、領内で飢饉対策を含めて世直しができる救世主が渇望されていたのだろう。「去るほどに、地家・侍・出家・男女共に喜び満足致し候事、限り無し」（『勝山記』）と若き当主晴信への期待が語られている。信虎追放劇の陰のエネルギーは、天文の飢饉によりもたらされたものであった。[51]

後北条氏に話を戻すと、氏綱および氏康への家督相続と飢饉の発生時期の一致は単なる偶然かもしれない。しかし、氏康から氏政への家督相続では、1557年から翌年にかけての全国的な干ばつとその後の1559年の長雨による飢饉が関係している。1557年（弘治三）は京都で五月から八月まで雨が降らず、常陸でも干ばつ、甲斐で日照りによる飢饉が発生した。翌年夏になると再び京都と紀伊で「天下大旱」とされ、関東でも上野で『赤城神社年代記』に「今年大日照り」、常陸の『和光院和漢合運』に「餓死」とある。1559年（永禄二）になると一転して関東で雨が多くなり、越後で霖雨により農地が荒廃したために諸役の免除、甲斐では大雨が降り咳病（インフルエンザ）と思われる疫病が3年間流行した。[52][53][54]

同年十二月末に氏康は隠居し、家督を氏政に譲ることになる。飢饉により領内で餓死者が多発し、伊豆・相模・武蔵の農民から「侘言（わびごと）」という苦情や異議申し立てが殺到していた。天変地異の発生は為政者の徳が不足しているためだとの中国伝来の思想は、飛鳥時代から日本に根付いているものだ。恐らく、氏康は領内の農民に対して、形式的に隠居して責任を取ることで、領内農民の不満を抑える必要があったとみられる。隠居したといっても氏康はその後も「御本城様」とよばれ、1570年頃まで10年間にわたって後北条氏の実質的な最高権力者であり続けた。

形式的な隠居だけでなく、代替わり徳政として1560年（永禄三）二月に領内で徳政令を発し、年貢の半分について米での物納を認め、借銭・借米と妻子・下人の期限付き売買などを債務破棄の徳政の対象とした。氏康は徳政令を発布した翌年、「目安箱によって百姓の直訴を保障し、万民を哀憐し、百姓に礼を尽した」と農民の不満への対策を打ち出したことを語っている。[55]

●戦争における「分捕り」の容認

後北条氏の例にみるように、戦国大名は領内の農民の意向を無視できず、特に天候不順で飢饉が発生すると彼らからの苦情が殺到し、迅速な対策が求められた。15世紀以降、農業技術の発達により気候が相対的に安定した時期に人口が急増する一方、鉄製農具の普及は農民の武装化も促した。凶作となれば食料の枯渇した農民は生き残るために団結し、彼らの不満は為政者に向かう。戦国大名とは乾いた薪の上に座っているようなもので、いつ火の粉が上がるかもしれなかった。[56]

上杉謙信の場合、越後の足軽や雑兵らを引き連れ、他国を侵略し、食料の略奪を繰り返した。越後からの関東出兵は、長雨による飢饉となった1560年（永禄三）八月に始まる。関東出兵は1574年まで12回に及んだが、うち8回は秋から翌年夏にかけてであり、関東平野で越冬している。越後は雪国ゆえ水田二毛作といった麦の裏作はできない。このため、春以降の領内の食料不足を見据え、「口減らし」をすべく温暖な関東平野で過ごしている。上杉謙信は北陸や北信濃にも出兵しているが、こちらは秋の収穫期を狙っての短期間の軍事行動であり、長期遠征で越冬するのは関東に対してだけだった。

上杉軍は、後北条氏の領内の農産物を奪っただけではない。1566年（永禄九）二月に常陸小田城を落とした際、「景虎ヨリ、御意ヲモツテ、春中、人ヲ売買事、廿銭程致シ候」と上杉謙信公認のもとで戦争奴隷の人身売買を行った記録がある。[57]

武田軍も同様だ。武田信玄は1541年（天文十）に甲斐の当主となり、1573年（元亀四）に三河の陣中で没するまで生涯32回の他国への軍事進攻を行う中で、広域の飢饉が発生した後に必ず外征している。1544年の冷夏・長雨の翌春に南信濃の伊那郡に遠征、1557年以降の干ばつ時に北信濃の川中島までを支配した。1561年にインフルエンザと思われる疫病が関東で流行した際に川中島で軍事作戦を展開し、1566年の冷夏・長雨時には上野を侵略している（表4－3）。[58][59]

武田軍の足軽・雑兵にとっても、戦場は出稼ぎの場であった。戦場で乱取りが常態化していたことは、高坂弾正（春日虎綱）による『甲陽軍鑑』から読み取れる。信虎を追放し信玄が家督を掌握した翌年から、武田軍の乱取りの記録がある。1542年十月に信州大門峠まで出陣した際、戦場は「諸勢共に乱取に出ず。……後先踏まえず、意地汚き人々は老若問わず、あまたあり」という状態であった。[60]

高坂弾正は、こうした乱取りができるのも「信玄公矛先の盛んなる故なり」と認識し、「国々民百姓まで悉く富貴して、安泰なれば、騒ぐさまひとつもなし」と領内の雰囲気を描いている。乱取りで得た戦利品によって領民の生活が豊かになっており、それゆえ甲斐では武士から領民まで外征を歓迎していた。[61][62]

●16世紀末に活発化した火山噴火

1580年代から1600年初めにかけて、世界の各地で再び大規模な火山噴火が続いた。1580年にメラネシアのブーゲンビルにあるビリー・ミッチェル火山（VEI＝6）、1586年にジャワ島のケルート火山（VEI＝5）、1593年にジャワ島のラウング火山（VEI＝5）、そして1600年2月19日のペルーのワイナプチナ火山（VEI＝6）と頻発した。日本でも、1600年に鹿児島県トカラ列島の諏訪之瀬島（VEI＝4）が噴火している。

火山噴火の多発は、異常気象による食料不足から飢饉をもたらす。スコットランドで東部を中心に1580年代後半から食料不足と飢饉の記録があり、1590年代には状況はさらに悪化した。ロシアでは1583年、1585年、1591年から1592年、1598年と厳冬となり、1601年に冷夏と異常な大雨により穀物は枯れ落ちた。欧州南部でも1584年から食料不足による危機の年が始まり、オスマントルコでは1585年から1590年にかけて飢饉、食料価格の高騰、ペストの惨禍に見舞われた[63]。

極域の気温が低下し、北大西洋の極側と熱帯側の海面水温差が通常よりも5℃ほど大きくなったため、大西洋洋上で低気圧が発達し、暴風雨が増加した。1588年のイングランドとスペイン間で行われたアルマダの海戦後、スペインの無敵艦隊は帰国の航路で暴風雨に遭遇し、イングランド艦隊からの敗北以上の大損害を受けた[64]。

イングランドから北米大陸東岸への植民が最初に試みられたのは1580年代だ。イングランド南西部のデヴォン州生まれのウォルター・ローリーは1584年に北米大陸東海岸のノース・カロライナ周辺を探検し、1585年に最初の植民地を建設した。ところが大西洋が荒れ、フランシス・ドレークによる救援も失敗し、1586年に15人だけがいったんは帰国した。翌年7月、ローリーは500エーカーの土地を与えると宣伝して新たな移民として男女子供150人を送ったものの、物資補給が運べない状態が続いた。1591年に首長のジョン・ホワイトがようやく上陸できたものの、居住地に人影はなく、柵に先住民の住む島の名前である「クロアトアン」と書かれただけであった。この地は、

「失われた植民地」として歴史に残った。[65]

インド北部ウッタル・プラデーシュ州のファテープル・シークリーは、ムガル帝国第三代皇帝アクバルによって1574年にタージ・マハール廟のあるアーグラから遷都された地であった。ところが1588年に南西モンスーンが北上せずに深刻な水不足に見舞われ、わずか14年で放棄され廃墟となってしまう。ファテープル・シークリーは、1986年にユネスコの世界文化遺産に登録された。[66][67]

中国では、1581年と1582年に夏から秋にかけて長江流域の江蘇省や湖北省で洪水が起き、溺死者は2万人に及んだ。1586年夏に、長江流域の江南省・浙江省・江西省・湖広省や華南の広東省・福建省で広域の洪水が起きた。一方、1587年夏には華北の山西省・陝西省・山東省で干ばつとなり、「黄河以北、民は草木を食す」とある。恐らくは夏季に南西モンスーンは華中に停滞し、華北の地まで北上しなかったためであろう。1590年代になっても干ばつや大雨による凶作から飢饉の年が続いた。1600年2月にペルーのワイナプチナ火山の大噴火の直後、スペインから南米に渡った征服者(コンキスタドール)の記録によれば、強いエルニーニョ現象も発生している。エルニーニョ現象が発生すると、中国大陸は南部で湿潤、北部で乾燥の傾向が現れることが多く、この年も長江流域で霪雨(長雨)により麦が打撃を受け、その北側の山東省・山西省・江南省は厳しい干ばつとなった。[68][69][70]

日本でも、1582年の冷夏・長雨や1584年の干ばつによって、全国的な飢饉となった。異常気象は1601年の冷夏・長雨まで続いた。最後のものは中国大陸と同じく、ワイナプチナ火山の噴火とエルニーニョ現象が関係しているであろう(表4-3)。

●九州諸国での奴隷売買

戦争で「分捕り」が横行したのは、上杉や武田といった東日本の強国に限ったことではなかった。ポルトガルの宣教師ルイス・フロイス(1532年~1597年)は1563年に長崎に上陸して以降、信長や秀吉に謁見するために何度か京都まで上洛したものの、多くの日々を九州での布教活動に費やしていた。彼は、1578年から1586年にかけての薩摩軍の豊後侵攻を目の当たりにし、強い衝撃を受けた。フロイスは、欧州の戦争が都市や村落といった土地の奪い合いであるのに対し、日本の戦争はほとんどいつも「小麦や米や大麦を奪うためのものだ」と語っている[7]。

フロイスによれば、「日本の戦さの習わしからすれば、最初の合戦の際に、目に触れるいっさいのものは焼却蹂躙され、誰に対しても容赦せず、その神社仏閣までも破壊せずにはおかず」、町や村を破壊して財貨は略奪され、「苅田」として農作物は刈り取られた。そして、薩摩軍も上杉・武田の配下の足軽・雑兵と同様に、戦利品として人々を生け捕り家畜を奪った。そして九州の場合、戦争奴隷の売り先は海外であった。フロイスは記録している。「薩摩軍が豊後で捕虜にした人々は、肥後の国に連行されて売却された。……彼らはまるで家畜のように、高来（島原半島）に連れて行って売り渡した」[72][73]

九州の戦争奴隷は女性や少年・少女らを中心に「異常なばかりの残虐行為」を受け、その後にポルトガル商人に二束三文で売却され、マラッカやマカオを経て東南アジアからインドにまで連れて行かれた。もっとも遠隔地に売られた記録として、アルゼンチン内陸のコルドバに日本人奴隷取引証書が残っている。[74][75]

手足に鉄鎖をつけられ、船底に押し込まれた「地獄の呵責」にまさる状況で、航海の途中で死ぬ者も多かった。天正少年使節の千々石ミゲルは、「日本人には欲心と金銭への執着がはなはだしく、……血と言葉を同じくする同国人を、道義を一切忘れて、さながら家畜か駄獣の様にこんな安い値で手放すわが民族に対して、激しい義憤に燃え立たざるを得なかった」と語り、原マルティノも「あれほど多数の男女や、童男・童女が、世界中のさまざまな地域へあんな安い値で攫っていかれ売り捌かれ、みじめな賤役に身を屈している」と同意した。[76][77][78]

中世後期以降、農業技術や商工業の発展を背景として、日本の人口は縄文時代や古墳時代に次ぐ第3の上昇期に入った。しかし、小氷期で最初の寒冷期であるシュペーラー極小期に1420年代から突入すると、凶作によって飢えた農民は武装化して土一揆を起こし、食料や財貨を強奪することに活路を見出した。この流れは、戦国時代の足軽や雑兵へと受け継がれたのだ。

中世後期は「自由な時代」であったとする見方がある。確かに前後の奈良・平安時代や江戸時代に比べると、下剋上という言葉が代表するように社会階層が固定化せず、室町幕府をはじめとする為政者の統制が緩いため、人々の中には才覚次第で出自を超えた暮らしを得た者もいたであろう。世の中が活性化した面もあったろう。

とはいえ、技術や社会が発展したとしても、天候不順から凶作になり飢饉や疫病が発生すると、自由な社会が逆に仇となる。腕力ある者が自身の生き残りを第一に考え、他者から収奪し尽くす。この自力救済の構図が戦国大名だけでなく、民衆にまで蔓延した。

豊臣秀吉や徳川家康は天下を手中に収めた後、中世後期の暴力的エネルギーを殺ぐことに注力した。秀吉は村同士の武力抗争を禁じる喧嘩停止令（ちょうじ）を発するだけでなく、1588年（天正十六）の刀狩令により農民に対して武力の象徴である刀の保有を禁じた。同年に海賊船禁止令ならびに人身売買禁止令、1590年（天正十八）に村落から傭兵を追放する浪人停止令を発しており、「只取り」「乱妨」の社会からの訣別に着手した。秀吉の朝鮮出兵は、血の気の多い悪党や渡り奉公人の不満解消との側面があった。秀吉の死により朝鮮出兵が終わると、日本国内で行き場のない浪人たちは傭兵として東南アジアに向かった。[79]

江戸幕府も秀吉の喧嘩停止令を受け継ぎ、平和を志向した。それは戦国大名間の平和だけでなく、村落や民衆レベルでの平和も意味していた。家康や秀忠の時代でも、農民は近隣の村との抗争からしばしば弓・鑓・鉄砲を手にとって武力の行使を続けた。江戸幕府はこうした実力行使を処罰し続け、目安制を整備し、裁判による平和裏の解決を定着させていった。家光の時代になると、ようやく民衆は直訴を得策と考えるようになり、自律的に武力行使を抑制するようになる。ちょうど、シュペーラー極小期とマウンダー極小期の狭間にあたる16世紀後半から17世紀前半という、小氷期の厳しい気候が緩和された時代でもあった。そして、秀吉と家康の目指した平和の世が実現することになる[80][81]。

第V章 江戸幕府の窮民政策とその限界

「本年の作毛も不熟であれば来年は餓死に及ぶべしとし、
諸国人民等の撫育の計を申し上げるべく仰せつけられる」
——『江戸幕府日記』寛永十九年五月八日

「前年迄打ち続く五カ年の豊作ゆえ、稗・粟いずれ共分限相応に
貯め置き候ところ、宝暦五年六月初め、商人共入り込み買い取り候
ゆえ、段々相場引き上げ宜しきに任す。七月八日の市にて三倍の
利潤に眼暗み、何れも貯め置き粟・稗残らず売り払うところ、
もっての他の大凶年と相成る」
——八戸藩士上野伊右衛門『天明卯辰簗（てんめいうたてやな）』天明四年秋九月

(1) 戦争は終わった――江戸幕府の天下泰平

●徳川家による統治の確立

1603年（慶長八）二月、徳川家康は征夷大将軍に任じられ、徳川家は「武家の棟梁」となった。第二代将軍秀忠は1611年（慶長十六）に西国大名22名を二条城に集め、三カ条誓紙へ連署させた。第1条に「右大将家以後代々公方の法令の如く之を仰ぎ奉るべし」とあり、源頼朝が将軍として法令を発出したように徳川家が法整備を進めることを承認させる言葉で始まる。この発想は北条泰時の御成敗式目を拠り所としていた。

家康と秀忠は三カ条誓紙への署名を拒んだ豊臣秀頼に対し、1614年（慶長十九）に大坂冬の陣、翌年に大坂夏の陣を起こし、豊臣家の政治勢力を完全に殺いだ。時を置かず閏六月十三日に一国一城令を促し、各大名に対して自身の居城以外の家臣等が持つ出城を破壊するよう迫った。関ヶ原の戦い以降、戦乱の気運は拭いがたく、各大名は領国内の城増築を進めていた。この流れを打ち止めにしたものであり、乱世の終結という江戸幕府の意向が強く示された。

続いて七月七日に秀忠は、伏見城において三カ条誓紙を拡充する形で武家諸法度（元和令）を発布した。さらに十七日、禁中並公家諸法度を宮中代表として前関白二条昭実、将軍秀忠、大御所家康の三名の連署で交付している。同時期に慶長から元和へと改元され、徳川太平の世を示す元和偃武(げんなえんぶ)とよばれるようになる。「偃武」とは武器を武器庫に「偃せ(ふ)る」(収める)という意味だ。

江戸幕府は「武家の棟梁」との権威をもとに法による支配を行っただけでなく、改易という形の国替で不穏な大名の勢力を奪っていった。江戸時代を通して160余りの改易がなされたが、このうち秀忠が将軍職の時代に46名、家光が将軍職の時代に48名と44年間ながら合わせて94名は、改易総数の5割を超える。この中には安芸広島藩の福島正則(49・8万石)、肥後熊本藩の加藤忠広(51万石)、出羽山形藩の最上義俊(57万石)といった外様大名だけでなく、家康の寵臣であった下野宇都宮藩の本多正純(15・5万石)、家康の六男で越後高田藩の松平忠輝(60万石)、秀忠の三男で駿河府中藩の徳川忠長(50万石)も含まれる。改易による没収により幕府直轄領は拡大し、1615年(慶長二十)頃に230万～240万石であったのに対し、1645年頃には400万石を超え、当時の全国の総石高約2300万石の17%を占めるまでに膨らんだ。[1][2]

家光は1632年(寛永九)一月の秀忠死去後に親政を開始し、2年後の1634年(寛永十一)夏に「御代替(みよがわり)の御上洛」として、譜代大名・外様大名合わせて30万7000人を従えて京都に赴いた。軍勢の規模は家康や秀忠の上洛時の人数をはるかに上回るもので、大坂冬の陣での徳川方20万人と豊臣方10万人を合わせた兵数に匹敵した。豪華絢爛な行列で東海道を進み、将軍家の威光を天下に伝えている。七月十一日に京都に到着すると、十五日に太政大臣推任の内命を受けたもののこれを固辞した。十八日には、秀忠の五女の徳川和子が産んだ明正天皇に拝謁し、次いで後水尾院を訪問し秀忠時代に悪化していた関係を修復している。そして、京都在住者約1000人を二条城に招き、銀5000貫を下賜することで庶民からの人気を博した。この後、家光は1カ月ほどを京都で過ごし、大坂を回って江戸に戻った。「御代替の御上洛」は、江戸幕府による全国統治の完成を誇示する一大イベントであった。以後、1863年に徳川家茂が上洛するまでの229年間、将軍が京都に赴くことはなかった。[3]

●江戸時代前期の人口増加

江戸時代前期の日本の人口増加を考える際、難題がある。江戸幕府による子午改めという人口調査（琉球と北海道先住民を除く）は1721年（享保六）が最初のもので、1726年からは6年に一度実施されるようになる。調査対象は武士および士農工商の外にいる人々は除かれているものの、相応の仮定を入れれば日本の総人口の推計が可能だ。1721年の総人口は3128万人程度とされている。ところが江戸時代の始まる時代の人口について、定量的な史料がまったくないのだ。

1600年の総人口について、ファリスは人口増加率の傾向変化から勘案して1500

万～1700万人とし、鬼頭教授も1400万～1500万人ではないかと置いている。両者の仮定から1600年の1400万～1700万人が、1721年に3128万人になったとすると、江戸時代前期の121年間に人口は2倍ほどに増加したことになる。ちょうど鎖国に至る時代ゆえ、人口増加とは他国からの移民ではなく、もっぱら自然増によるものだ。

先にみてきたように、縄文時代から江戸時代に至る日本の総人口をみる時、3回の大きな上昇傾向があった。最初が紀元前5000年前から紀元前2200年前にかけての縄文時代前期から中期で、総人口は11万人から26万人へと2・5倍増加した。この時の人口増加は完新世の気候最適期とよばれる縄文時代の温暖な気候によるものであり、東日本での人口増加が顕著であった。紀元前2200年前頃から寒冷な時期が数百年毎に訪れるようになると、縄文人の人口は減少した。

第二の人口増加の波は、第Ⅰ章で述べた紀元前3世紀頃の弥生時代から8世紀の奈良時代にかけてで、大陸からの移民の増加を主な要因として、人口は縄文晩期（紀元前8世紀）の8万人から1000年間で500万～600万人へと膨れ上がった。

第三の人口増加の波が、室町時代後期に始まり江戸時代前期にピークをむかえるものだ。17世紀以前は世帯主とその後継者が中心であった結婚という形が、非後継親族にも広がり、新田開発により嫡子以外が独立して新しい世帯を持つことが可能となり、出生率が増加したのだ。有配偶者女性の合計出生率は東日本で4・18人、中部日本と西日本では6人を超え、日本全体で5人程度となった。一方、衣類や衛生面を含めた生活水準の向上により、幼児を中心に死亡率も低下した。出生数の増加と平均寿命の上昇の両面によって、人口増加となったのである[4]。

この人口増加を支えたのは、農業生産性の向上に違いない。耕地面積は16世紀末に行われた太閤検地時に220万町歩(約220万ヘクタール)であったのに対し、1721年(享保六)には296万町歩と1・3倍に増えているものの、これだけでは2倍に増えた人々に食料を供給することはできない。単純に考えて、総人口3000万人を維持するためには、1600年対比でみて120年間で5割以上の農業生産性を必要とした[5]。

そして、この3000万人という規模が閉鎖経済である日本の限界であったようだ。江戸中期以降、日本の総人口は横這いに推移する。もちろん以下に述べるように、大きな天候異変が数十年毎に訪れ、何度も飢饉が発生した。地域的にみると東北地方で飢饉発生時の減少は大きい。しかし、根本的には3000万人というのが、農業生産力からみて持続可能な数字であったのだろう。

(2) 三代将軍家光、飢饉対策に乗り出す

●マウンダー極小期と火山噴火の頻発

天体望遠鏡による太陽黒点の観測は、1610年のガリレオ・ガリレイ以降、欧州の天文学者によって続けられるようになった。第Ⅱ章(1)で述べたように、太陽表面での黒点の出現数には8〜14年の周期がある。そして、この周期で太陽活動そのものも活発化・静穏化を繰り返してきた。光球とよばれる太陽表面が通常6000℃であるのに対し、黒点の温度は4000℃と低い。とはいえ黒点とは磁場活動によって発生するものであり、黒点数の多さとは磁場活動の強さ、ひいては太陽活動そのものの活発さを現す。黒点数が増える時期には、黒点周辺でフレアとよばれる太陽表面の爆発も多発する（図5－1）。両者を相殺すると光球面で黒点の出る箇所の温度の低下よりもフレアの増加による温度の上昇が大きく、太陽から地球に届く放射量も増加するのだ。

ところが1645年から1715年にかけて、太陽の表面から黒点がほとんど観測されていないのだ。この期間をロンドンのグリニッジ王立天文台の太陽部監督官であったエドワード・W・マウンダー（1851年〜1928年）の名前に因み、マウンダー極小期とよんでいる。太陽黒点が現れないということは、太陽活動が長期にわたって静穏であった

図5-1　フレア発生頻度と太陽黒点数（1991年〜2001年）

①「ようこう」衛星で観測された月別フレア発生頻度

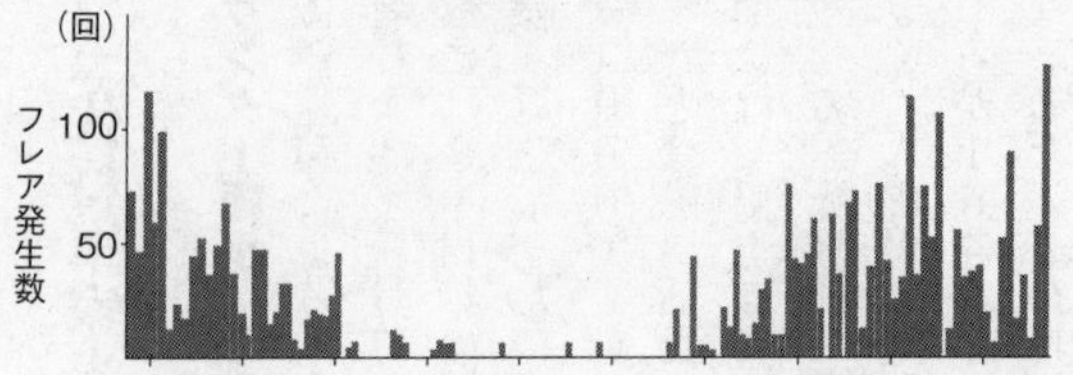

出典：柴田一成（2010）：太陽の科学. p.16（提供：JAXA宇宙科学研究本部）

② 太陽黒点相対数（全面）

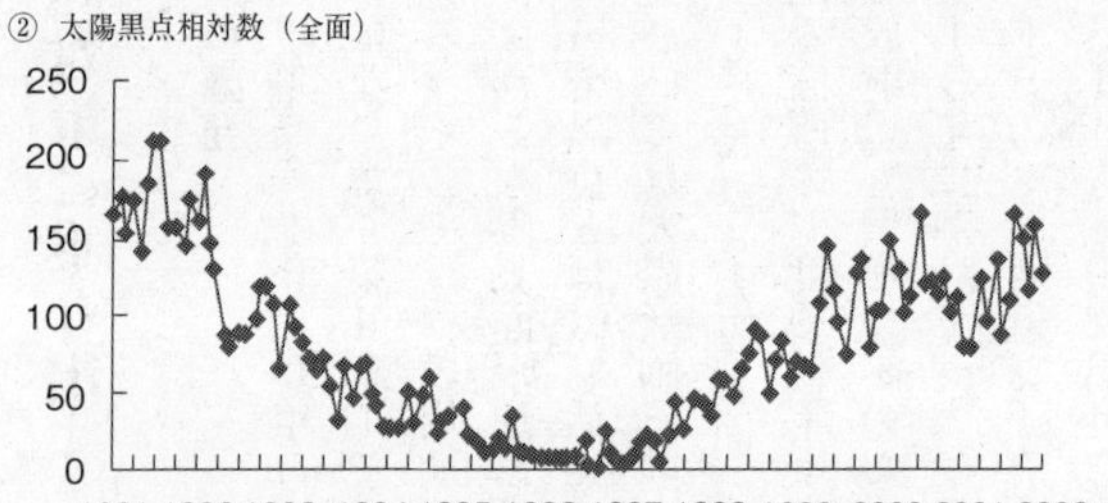

データ出所：岐阜天文台

ことを示している。小氷期の500年の中でも、マウンダー極小期は太陽活動がもっとも低下した期間とされる。全太陽放射照度（TSI）をみると、20世紀以降の太陽定数と比較して0・2％減少した期間が50年以上続いたとの推定がある。現在の11年周期での極大・極小における振れの2倍の幅の低下が半世紀以上にわたって継続したのだ。また、太陽活動は黒点が消えた1645年からいきなり低下したわけではない。宇宙線飛来量から推定

図5-2 17世紀以降の全太陽放射照度（TSI）

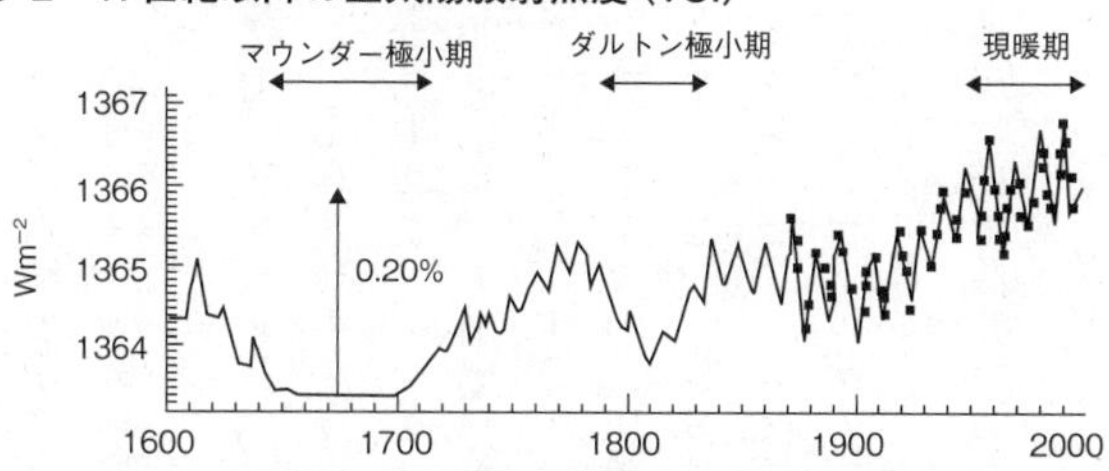

出典：Lean et al (2000)：Evolution of the Sun's Spectral Irradiance Since the Maunder Minimum. *Geophysical Research Letters* **27** (16) pp.2425-2428

する太陽活動の強弱をみると、１６２０年頃を過ぎてから17世紀全般にわたって低下傾向であったことがみてとれる（図５－２、図０－１）[6][7]。

太陽活動が低下傾向にあっただけでなく、１６３０年代から世界各地で火山噴火が活発化した。１６３０年９月３日にポルトガルのフルナ火山（ＶＥＩ＝５）、１６３１年12月16日にイタリアのベスビオ火山（ＶＥＩ＝５）が噴火した。続いて１６４０年７月31日に蝦夷駒ケ岳が噴出量29億立方メートルでＶＥＩ＝５に相当する噴火、さらに同年暮れのフィリピン・ミンダナオ島のパーカー火山の噴火もＶＥＩ＝５と見込まれる。この他、火山爆発指数が４以下の噴火も頻発している[8]。

第Ⅲ章でも述べたように、火山噴火により硫酸エアロゾルが成層圏に漂って太陽放射を大気圏外に反射する日傘効果が生じる場合、火山爆発指数６以上のひとつの超巨大噴火だけが影響するのではない。複数の火山の断続的な噴火によって、数十年にわたって日傘効果が継続することもある。

マウンダー極小期の直前に始まる地球全体での火山噴火の頻発は、1650年頃（±10年）のカムチャッカ半島のシベルチ火山（VEI＝5）、1660年頃（±20年）のパプアニューギニアのロングアイランド火山（VEI＝6）、1663年8月16日の北海道の有珠山（VEI＝5）、1667年9月26日の同じく北海道の支笏湖（VEI＝5）と続いた。1630年から1667年までの約40年間で、火山爆発指数が5以上の大噴火が8回発生している。

20世紀中、火山爆発指数5以上の噴火は1902年のグアテマラのサンタマリア火山（VEI＝6）、1912年のアラスカのノバルプタ火山（VEI＝6）、1916年のチリのアズール火山（16年間合計でVEI＝5）、1963年のインドネシアのアグン火山（VEI＝5）、1980年のアメリカのセント・ヘレンズ火山（VEI＝5）、1982年のメキシコのエル・チチョン火山（VEI＝5）、そして1991年のフィリピン・ルソン島のピナトゥボ火山（VEI＝6）と、100年間で7回しかない。21世紀に入って最初の10年間では、火山爆発指数が5以上の噴火はひとつもない。17世紀半ばの火山活動が地球規模で活発であったことがわかる。

●17世紀半ばの世界各地での異常気象

太陽活動の低下と火山噴火の多発化が始まった1630年代から1640年代にかけて、世界各地で異常気象の発生が記録されている。

まず欧州に目を向けると、フランスで1637年から1643年にかけて夏に低温・湿潤が続いたことで穀物生産は破壊的となり、イングランドでは1620年から1650年にかけて「過去もっともひどい年」と記録された。ロシアとウクライナでは1637年から3年連続で夏の干ばつと冬の厳しい寒波が訪れた。この地域の干ばつはその後も続き、1640年から1659年の20年間に11回発生した。ギリシャの半島部とクレタ島でも1639年春から干ばつが始まり、1643年から1644年にかけて厳しいものとなった。アルプス氷河も1600年から1610年にかけて低地に前進した後、1640年代に入ってから再び急激な前進を開始し17世紀末まで続いた[9]。

北米大陸東岸では、イングランドからの移住者が異常気象に悩まされた。ヴァージニア州の年輪分析によると、1630年代から1640年代初期にかけて、気温および降水量の変動が大きかった。ニューイングランドでは、1638年夏から秋に干ばつ傾向の中で厳しい暴風雨が到来し、1641年には冷夏・湿潤に続いて厳冬が訪れた。マサチューセッツ湾植民地の首長であったジョン・ウィンスロップは、先住民もこの40年来なかった寒さだと話しており、1642年1月28日から3月3日にかけてマサチューセッツ湾が凍結し、荷揚げに際しては南部の港まで行かねばならなかったと記録に残した。

中国でも1638年から華北で干ばつが発生し、翌年に山東省・山西省・陝西省・江西省で深刻な飢饉によって「人民相食む」との状況となった。1640年も干ばつは続き、淮河の北では樹皮を食べ尽くし、この年も食人の記録がある。さらに1641年になると干ばつは湖広（湖北省・湖南省）と長江流域まで広がり、北京と杭州を結ぶ京杭大運河は山東省臨清市で涸れ果て、物資の補給も滞った。1640年と1641年は華北で1500年から1699年の200年の中でもっとも乾燥した期間であった[10][11]。

明は15世紀半ばの危機を乗り切り、16世紀に再び隆盛を極めたものの、17世紀に入ると統治能力の衰えが明らかになる。西安の李自成の率いる農民反乱や万里の長城の北側でヌルハチが創始した後金（後の清）との軍事衝突において、劣勢に立たされていった。1641年の干ばつと飢饉に乗じて李自成は北京に攻め入り、第十七代皇帝の崇禎帝は自殺に追い込まれ、276年間続いた明は滅亡する。

●寛永の飢饉をもたらした天候

日本においても、1636年（寛永十三）から干ばつによる凶作の記録が出てくる。美作で干ばつに対して仏教寺竜王祠に祈雨の願いがなされ、江戸にて斎藤月岑が書いた『武江年表』にも諸国で「五月六月の間、雨降らず」とある。豊前ではこの年に「春、餓死多し」と飢饉の様相も呈していた。翌年十月に始まる島原の乱は、同藩の圧政とキリスト教弾圧が相まって発生したものであるが、その原因のひとつに前年からの飢饉もあったとみられている[12]。

1638年から1641年にかけて、畿内から西日本にかけて、牛疫病が発生し家畜牛の大量死となった。定量的な記録として津藩伊賀奉行のものがあり、1641年九月末日の数字として、牛の総数6511頭のうち2231頭が死亡、967頭が罹患、無事な牛は3313頭であった。およそ5割弱が牛疫病に冒されたことになる。西日本各地での牛の大量死は、耕作の遅れや耕作地の放棄に直結した[13]。

また、前述したように1640年7月31日（寛永十七年六月十三日）に蝦夷駒ケ岳が噴火している。噴火の直接的な影響として、津軽では降灰によって大凶作に見舞われる。秋田藩でも八月に霜、加賀藩で長雨・寒冷と影響が出た。もっとも、会津藩で六月に大雨と雹が降り、弘前藩で通常春に開花する梨が夏の土用（8月上旬）になってようやく咲いたとあることから、蝦夷駒ケ岳噴火以前からの寒冷傾向があったようだ[14]。

1641年（寛永十八）になると、西日本まで含めた長雨・寒冷傾向となる。九州の肥後、肥前、豊後や中国地方の美作で水害が発生し、備後で餓死者多数と飢饉の様相となる。京都での桜の満開日をみると、1641年は4月27日であり、1642年と1643年は4月24日となっている。寛永十年代半ばが4月8日から15日であったのに対して、一週間ほど遅くなった。[13]

古気候学では年輪に含まれる酸素同位体の比率から、各時代の相対湿度を推定する手法がある。樹木は根から土壌水を吸収し、その水を光合成に用いつつ、葉の気孔からの蒸発により排出している。この時、水蒸気圧の関係で軽い^{16}Oを含む水が優先的に蒸発するため、一般的に年輪内の水の^{18}O比率は大気よりも高い。そして、気孔からの水の蒸発は大気の湿度と関係し、相対的に乾燥していれば蒸発は多く（年輪内の^{18}O比率は高く）なり、湿潤であれば蒸発が少なく（年輪内の^{18}O比率は低く）なる。この関係を利用して、年輪の各年代の^{18}O比率からその年の相対湿度の変化を推定するのだ。図5－3をみると、室生寺杉年輪に含まれる^{18}O比率は、1640年前後に低い数値を示している。この時代に畿内で長雨が続いたことの証拠といえる。[15]

東日本ではさらに状況は悪化した。関東では年初めから低温傾向が現れた。武蔵川越の商人榎本弥左衛門は、正月一日から大雪となり鍋釜が割れるほどの凍てつく寒波が到来した。田畑は深さ一尺ばかり凍結したといい、こうした大雪が春のうち7回もあったと記録に残した。関東では七月下旬から長雨が続き、時に大雨、また霜も降りた。常陸では種麦の確保も困難になり、農民の逃散や身売りが横行し、「巳午（みんま）の餓死」と語り継がれる事態となる。

東北地方では一般に夏の冷害というと太平洋側でのヤマセによる被害が大きいのに対し、

図5-3 奈良県室生寺杉の年輪に含まれる酸素同位体（^{18}O）

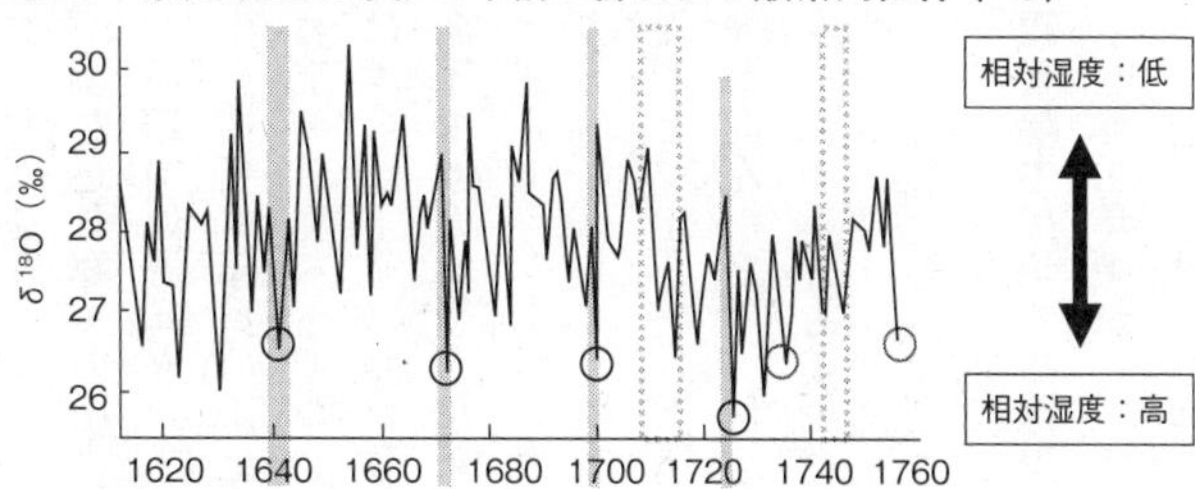

注：影の期間は寒冷な時代
出典：Yamaguchi et al.（2010）：Synchronized Northern Hemisphere climate change and solar magnetic cycles during the Maunder Minimum. *PNAS* **107**（48）

1642年の春から夏にかけては日本海側で影響が大きかった。越後の村上藩で百姓の食料が尽きて葛や蕨を食べたとあり、「是（村上）より奥筋米沢・庄内・秋田・津軽などは飢饉」となる。加賀藩の記録に「江戸より京洛に至り、北国筋の街道は、人馬の餓死、路に間もなく伏したり」とある。

東北地方の冷害とは、オホーツク海高気圧からの寒冷な北東気流によるヤマセに由来する第1種型冷夏によるものと、シベリア気団の寒気が北西風によって流入する第2種型冷夏の2つがある。いずれも太平洋高気圧の勢力が弱いことには変わりはないが、偏西風の強弱が異なる。第1種冷夏をもたらす北東気流の場合、偏西風が弱く蛇行することでブロッキング現象が生じて同じ気圧配置が長期間続き、オホーツク海高気圧が強化される。このオホーツク海高気圧から時計回りに南西方向に流れる寒気がヤマセとなる。

一方の第2種冷夏では偏西風が強く本州南部から九

州にかけて温帯低気圧が何度も通過することで、シベリアからの冷たい北西風が強まるのだ。流れ込む寒気の由来が異なり、前者では太平洋側で気温が下がり、後者では日本海側や北海道で低温傾向が大きくなる。1641年は第2種型冷夏であったと想定される。[16][17]
山形藩では年貢の未納・免除が増加し、上納率でみて1641年が72・7%、1642年に55・8%へと悪化した。東北地方では「二年飢饉」「三年飢饉」とよばれた。盛岡藩では1641年に餓死を免れるため、藩倉から4000俵を放出している。
会津でも大飢饉となり、農民は農耕地や住居を捨て家族とともに隣国に「大水流」のごとく逃散し、その数は2万人以上に及んだ。7歳未満の男女を川や沼に投げ捨てて逃げた事例もみられる。黒谷組十八村で144軒が男女とも越後に欠落し、水田374石が荒地となった。出羽の米沢藩において、中津川の農民が大量に欠落している。徳川前期に新田開発が進んだため、各地で農耕を行う労働力が不足しており、他の領国に逃散した農民は農業の担い手として受け入れられた。逃散した飢民が、必ずしも諸国を流浪したわけではなかった。[18][13]

●黒書院で指示する徳川家光

1641年頃から、江戸幕府は国廻りの巡見使や諸大名の報告から飢饉の発生に気がついていた。1642年（寛永十九）二月、『徳川実紀』に「すべてこの月より五月に至るまで、天下大に飢饉。餓莩、道路に相望む」とあり、同月七日に飢民が江戸に流入し身元がわかる者は人返しを行い、残りについて馬喰町の御救小屋に収容している。同月十二日に飢饉の全国的な広がりを踏まえ、「人売買一円停止」「男女抱置年季拾ヶ年を限るべし」と発し、飢饉時の無分別な身売りを禁止する幕令を発した。[19]

とはいえ、家光にとって四月に実施する家康二十七回神忌の日光社参こそが、まずもってこなさねばならない行事であった。全国各地から飢饉の報告を受けており、「農民今年は困窮すれば、荷物かろく持たしむ」との配慮はあるものの、家光自身を将軍に推した祖父家康への法事が最優先された。

家光は日光社参を終えて四月二十二日に江戸城に戻ると、ようやく飢饉対策に着手した。まず四月三十日から五月二日にかけて、参勤交代で江戸に滞在していた毛利秀就ら西国大名を含む46名に対して帰国を許し、所領で作毛損亡にある農民を「分限に応じ、撫民の計を廻らすべき事」と命じた。同じく五月二日に大番頭以下の地方知行の旗本に対し、そして九日に小笠原忠真をはじめとする35名の譜代大名に向けて、交替でそれぞれ帰国するよう同様の指示を出した。ちょうど田植えの時期にあたっており、領主の直接的な指示を期待したものだ。

この間の八日、家光は黒書院に出向いて老中と面談した後、山城淀城主の永井尚政、相模甘縄城主の松平正綱、江戸町奉行ら7名を召し出した。そして前年の凶作の理由を訊ね、今年も同様であれば飢饉が大きくなるとの懸念を示した。飢饉対策の会議は、大坂町奉行らを加えて十三日にも黒書院で開催された。重臣は家光から「御仕置の儀、仰付けられ」と何らかの指示を受けており、家光の指導力が目に浮かぶ。酒井忠勝は「か様の飢饉は五十年百年の内にもまれな儀にて、是程上様も御苦労になされ候儀はこれなく候」と翌年二月になって回想している。家光は撫民政策の策定を指示し、評定衆での「式日寄合」「大寄合」は五月に6回、六月に10回、七月に7回と頻繁に開催された。こうした議論を経て、具体的な飢饉対策が打ち出されていった[20][21]。

五月十四日、老中より旗本に対して高札の案文が通知された。田畑が荒地とならないための出精耕作と、不正に年貢を納めないことの厳禁を命じるものであり、平静を保てという意味であろう。米沢藩と熊本藩にも同じ内容の老中奉書が残っている。続いて、二十三日に美濃・遠江・伊勢・駿河・上総・下総・伊豆・武蔵・信濃の全9カ国の代官に対して、前年の作柄および当年の作柄見込みを老中に報告するよう命じた。凶作の実態と今後の見込みの把握である。

五月下旬から具体的な対策を打ち出すことになるが、家光の頭の中には常に質素倹約があった。1615年（慶長二十）の武家諸法度（元和令）の第12条に「諸国諸侍は倹約を用いられるべき事」とあり、家光の親政が始まる1630年代以降、倹約令は徹底され華麗は戒められていた。大規模な改易がなくなり、功があった旗本や大名に対して簡単に加増できなくなった事情もあったろう。また、1634年（寛永十一）夏の「御代替の御上洛」において、家光は太政大臣推任の内命を固辞しており、その後に武士の位階を低く抑えられるきっかけになった。家光にはもともと、派手な生き方を否定する信条があったに違いない。

●寛永十九年に始まる政策転換

五月二十四日付の畿内およびその周辺の幕府領への「覚」や同月二十六日付の東国の幕府領の代官に宛てた「覚」になると、具体的な飢饉対策が盛り込まれた。

二十四日付の「覚」は、祭礼仏事・衣類・家作・嫁取・荷鞍での贅沢禁止、煙草の作付制限、植林の推進の7カ条であった。衣類については、庄屋は絹・紬・麻・木綿、脇百姓は麻・木綿という取り決めを遵守し、襟や帯も同じ扱いとすると明記し、煙草も本田では耕作しないとした。

続いて発せられた二十六日付の「覚」11カ条は、さらに具体的だ。酒造・麺類・豆腐等の売買や製造の制限、耕作出精、米食の制限、百姓使役の抑制、年貢米の品質管理と運搬経費の削減といったものだ。米価対策が新たに盛り込まれている。

後者にある農村での酒造禁止令と粉食品禁止令は七月二十五日、八月十日にも改めて発令され、江戸から大坂・京都・堺・奈良に至るまで徹底された。酒造禁止については大都市でも前年の半分と数値目標を設定している。米麦の生産高が減少すれば、江戸や大坂での価格が上昇する。幕府の酒造禁止令や粉食品禁止令は、倹約と称して需要を絞ることで価格の上昇を抑える効果も狙うものであった。

これらの具体策は幕府領に対してのものだが、一方で六月二十九日に「天下之御仕置」として諸大名に受け止められる全国法令も発している。西日本に向けては上方八人衆、関東・奥方・北国へは東国六人衆が連著したものだ。「諸国人民草臥（くたびれ）」が日本全土の喫緊の課題であるとし、ここでも倹約をうたい、農民の米食・年貢未進・使役・煙草栽培を禁止し、饂飩等の加工食品を中心に五穀消費の抑制を指示した。さらに閏九月十四日令には諸国大名に対して、農民はこれ以上くたびれ果てないようにするのが所領経営だとし、不正への厳罰と倹約の徹底を促した。[19][22][23]

かくして、江戸幕府の基本政策は大きく変更された。大坂夏の陣以降、幕府と大名の間での武力抗争はなかったものの、福島正則をはじめとする改易が続き軍事的緊張感は続いていた。加えて1637年に始まる島原の乱でキリスト教徒の蜂起があり、12万人が軍事動員された。1630年代までの江戸幕府は戦国時代から続く軍事体制にあったといえる。

この軍事体制から撫民という平時の民政へと移行したきっかけが、寛永の飢饉であった。飢饉対策について、幕府は各大名に逐一指示を発した。本来、所領の施政は藩法によって各大名に委任されている建前になっている。しかし、1635年（寛永十二）の武家諸法度（寛永令）第14条に各大名は「国郡衰弊せしむべからず事」とあり、危機管理の視点から幕府が高札を掲げて幕領令を発すると「天下の御仕置」と認識され、各藩は追従したのだ。

寛永の飢饉に際して、幕府は情報把握を徹底した上で農村での混乱回避を第一に考えた。大名に対して農民の使役を抑制し安定した農業を営むよう促した。軍事動員や普請での農民の使役は、寛永の飢饉以後激減する。そして飢饉に際しては、武士から町人・農民に至るまで倹約と農村での相互扶助によって乗り切ろうとしたのだ。江戸時代前期の生産力の発展の中、町人や農民の生活水準が向上していた。室町時代に朝鮮から伝わった木綿は急速に普及し、庶民の衣料として確立している。こうした豊かな経済事情ゆえ、倹約令がより効果を発揮した面があったであろう[24]。

寛永の飢饉での具体的な被害者数はよくわかっていない。5万人から10万人という数字もあり、江戸時代のその後の飢饉と比較すると必ずしも大きいものではない。天下泰平とされる世になって最初の飢饉ゆえ、酒井忠勝が述懐する「人の身に一代に一度有るかなきかの天下の飢饉」とは誇大な表現かもしれない[20]。

しかし、江戸幕府の統治思想という意味で、寛永の飢饉は転換点であったのだ。酒造禁止令や粉食品禁止令のように、飢饉が過ぎた1641年に直ちに解除されたものもある。

一方で、零細農民が所有農地を豪農に売却する動きを封じるための田畑永代売買禁止令は、江戸時代を通して230年間効力を持ち続けた。小規模農民を没落から守るため、「生かさぬよう殺さぬよう」と象徴的に語られる撫民政策は、寛永の飢饉への対策の中で固まったものといえる。[25][26]

(3) シャクシャインが導いた先住民の一斉蜂起

●撫民政策の外側にいた民族

時代を遡る1454年（享徳三）、津軽十三湊を拠点としていた安東氏第四代当主の政季は南部氏との抗争に敗れ、武田信広とともに北海道に渡り、渡島半島南端に道南十二館といわれる居住地を築いた。時を経ずして、コシャマインの戦いとよばれる安東氏と先住民であるアイヌ民族との間で武力衝突が起きる。松前藩の歴史書である『新羅之記録』には、1456年（康正二）に志濃里（シノリ）の鍛冶屋とアイヌ少年の小刀をめぐる諍いが示され、翌年五月にコシャマインの下で一斉蜂起したという。アイヌ民族の軍勢は函館や志濃里を含む道南十二館の多くを落としたものの、辺境の天河・松前を拠点とする武田信広が反撃した。そして、「狄の酋長コシャマイン父子二人を射殺し、侑多利（ウタリ）多数を惨殺す。之に依て凶賊悉く敗北す」との結果となった。以後、武田信広の子孫となる蠣崎氏（松前氏）が渡島半島の南端を支配し、天然の良港たる函館ではなく大館（松前）が政治的な拠点となる[27][28]。

コシャマインの戦い以後のおよそ100年間、蠣崎氏は1515年にショヤコウジ、1529年にタナサカシ、1536年にタリコナといったアイヌの酋長を和議とみせかけて謀殺し、あるいは酒宴の際に酔わせて惨殺するといった形で先住民の勢力を殺いでいった。アイヌの叙事詩である『ユーカラ』には他人を騙すという行為はなく、先住民は簡単に松前氏の言葉を信じたためとされる[29][30]。

16世紀半ばになると、蠣崎氏とアイヌ民族との間では渡島半島の南北で棲み分けされ、1640年代まで関係は平静を保ったかにみえた。しかし、前述したように1640年から1667年にかけてのおよそ四半世紀の間に、北海道西部で3つの大きな火山が噴火した。1640年の蝦夷駒ケ岳、1663年の有珠山、1667年の支笏湖である。ともに火山爆発指数が5という巨大噴火であった。

1640年7月の蝦夷駒ケ岳噴火では、火山灰により3日間暗闇が続き、内浦湾の津波により松前藩の商船やアイヌ船合わせて100隻以上が沈没し、700人以上が溺死した。この3年後、渡島半島北西の日本海に面した島牧村の首長ヘナウケが蜂起している（図5－4①）[31]。

時を経ずして、有珠山および支笏湖と火山噴火が続発した。自然環境の悪化は、アイヌ

図5-4　アイヌ民族の蜂起

① ヘナウケの蜂起（1643年）

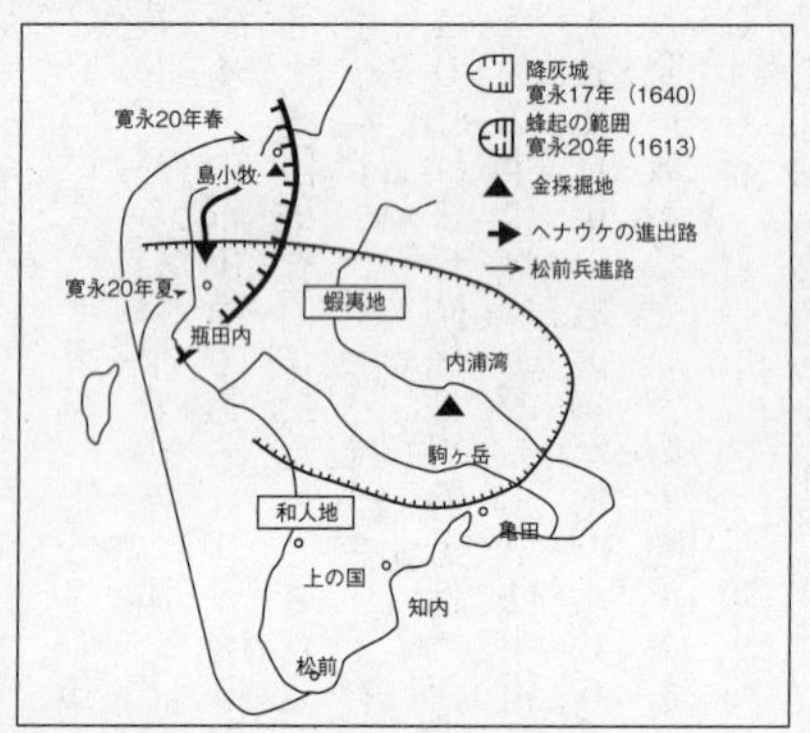

② シャクシャインの戦い（1669年）

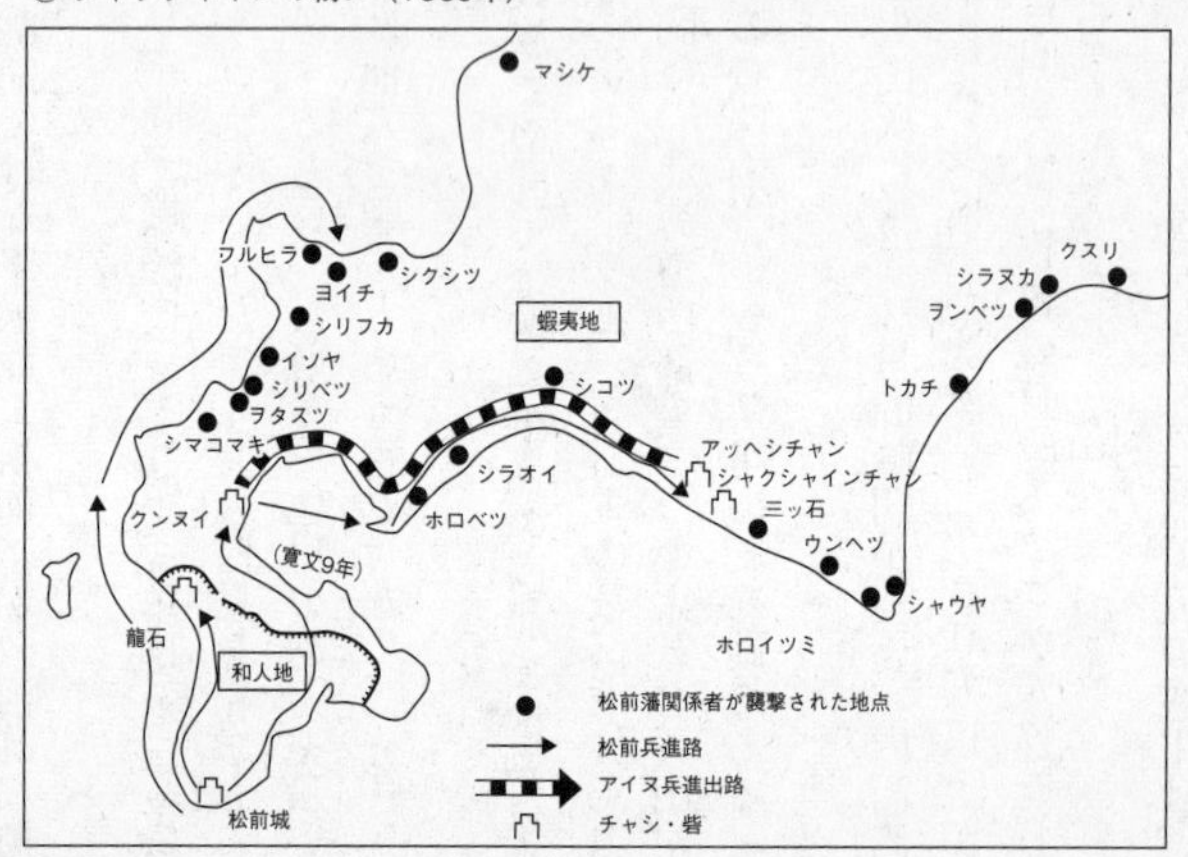

出典：海保嶺夫（1974）：日本北方史の論理．pp. 52,62

の各部族にとっても松前藩にとっても厳しいものであった。狩猟の支配地をめぐり、アイヌ部族間で抗争が激化した。一方、一連の火山噴火による降灰と津波被害によって財政が悪化した松前藩は、アイヌ民族への高圧的な姿勢を取るようになり、両者の緊張が高まっていった。[32][33]

●アイヌ民族の怒りを買った松前藩の交換条件

1648年、メナシクリの首長カモクタインの配下にあったシャクシャインがシュムクルの首長オニビシの部下を殺してしまう。これを契機に日高地方から東の部族であるメナシクリと西側の門別一帯を支配するシュムクルの間でシベチャリ川（静内川）周辺の土地をめぐる長い抗争が起きた。1653年、オニビシの手でカモクタインが戦死すると、後を継いだシャクシャインはオニビシへの復讐の機会を窺い続けた。そして1668年四月、シャクシャインがシベチャリの砦から出たオニビシを囲み、彼を討ちとった。

両部族の背後に松前藩の動きがあった。松前藩は両陣営の言い分を訊ねて両者の調停に努力する姿勢を見せつつ、抗争が続くことでアイヌ民族の勢力を殺ぐことを目論んでいた。オニビシの後継者であるウトマサは松前まで出向き、シャクシャインに対抗するため食料と武器の貸与を懇願している。ところがウトマサが松前からの帰路に死亡する。松前藩の記録では疱瘡（天然痘）とあるがこの時期に疫病流行の形跡はなく、アイヌ民族の間で松前藩による毒殺の噂が広がった。1669年六月、シャクシャインは移動の自由などを松前藩から勝ち取ることを標榜してクスリ（釧路）からマシケ（増毛）までの各部族に決起をよびかけ、北海道の先住民約2万人が結集するというかつてない大規模な叛乱へと発展した。シャクシャインの戦いの始まりである（図5－4②）[34][35][36]。

1640年代以降、松前藩も天候不順に悩まされていた。当時、北海道では米を収穫できず、領国内の財政はアイヌからの交易品、砂金発掘、諸大名が鷹狩りに用いる鷹の雛に頼り、これらを本州に持ち込んで食料品、日用品、武器を購入していたのだ。このため本州での凶作による食料価格の上昇は、松前藩の財政を逼迫させた。松前藩は解決策として、アイヌ交易での交換比率を一方的に変更した。松前公広が藩主であった1641年まで、サケ5束（1束20本）を米二斗で交換していたのに対し、家老の蠣崎蔵人は七升へと変えたのだ。アイヌにとって物価が3倍に上昇したことに相当する。寛永の飢饉以降の米価上昇の負担をアイヌに押し付けた形だ。さらに1束でも欠けたならアイヌの子供を質に差し出すよう取引の厳格化を行った。交換比率の変更や砂金発掘などでの横暴によって、アイヌの松前藩への怒りが蓄積していた[37]。

●鎮圧された先住民の戦い

日高から積丹半島に至るアイヌの各部族のほとんどが、シャクシャインの下で団結した。

まず、アイヌの支配する地で砂金や鷹打ちを行っていた者240人余りを殺害し、交易に訪れていた商船を襲撃した。そして、シャクシャイン配下の大将シチリヤマエンが2000~3000人の兵力でクンヌイ（国縫）に軍を進めた。松前藩もこの地に防衛線を引いた。本州の農民一揆において鉄砲の不使用は武士と農民双方の暗黙の了解であったが、アイヌに対してはそうした遠慮はなかった。松前藩は300人の武士に金掘人夫を加えた1000人と寡勢とはいえ、クンヌイ川の戦いで鉄砲を撃ちまくることでアイヌを撃退した。

大きな戦闘はクンヌイ川だけであり、シャクシャインは居城のあるシベチャリに戻って、松前藩の動きを見定める対応をとった。松前藩の佐藤権左衛門は冬に入ると追撃が困難になると考え、シャクシャインに助命を含む和議を提案した。シャクシャインは武装を解除してピポクにある佐藤権左衛門の陣屋を訪れ、佐藤も脇差を外して対面に応じる。しかし閏十月二十三日夜、松前藩は月明かりを利用し、酒宴が行われている小屋を二重三重に取り囲んだ。そして、シャクシャインを含むアイヌの指導者16人に襲いかかり、14人を斬殺し2人を生け捕りにした。シャクシャインは討たれる間際、「権左衛門、我を謀り汚き仕方せり」と大声で叫んだという[38]。

松前藩は一気呵成にシベチャリを攻略し、シャクシャインが築いた砦をすべて焼き払い、武器の没収を徹底した。そして、アイヌの各部族に松前藩への忠誠と同藩の砂金発掘・鷹打ち・商船への安全保障を誓わせる内容の7カ条の起請文を提出させた。起請文には米一俵（実際は7～8升）につき、皮5枚、干鮭5束（100本）と交換比率も明記された。違反した場合、「神々の罰を蒙り子孫まで絶え果て申すべく候」と念押しされたものであった。[39]

(4) 元禄の飢饉と綱吉の失政

●東北地方の脆弱な新田開発

今日、東北地方は「米どころ」のひとつとされ、2010年において全国の水稲収穫量847万8000トンのうち、東北6県計で189万3000トンと22・3％を占めている。とはいえ、もともと米は熱帯産の穀物であり、戦国時代まで水田耕作は関東以西が中心であった。江戸時代に入ってから、東北地方での新田開発が進み水田面積が急拡大したのだ。

まず、庄内藩が17世紀前半に新田開発を推し進めた。最上氏の改易によって酒井氏が庄内藩に入封した1622年（元和八）、同藩の表高は13万8000石とされていた。1645年（正保元）には本田高14万石（2000石は加増分）と変わらないものの、新田開発と検地による改めでの増分が6万9000石あり、合わせて21万石弱と23年間で増加分は5割弱であった。

新田開発による石高の増加は他藩でも同様で、仙台藩では表高60万石のところ1644年（寛永二十一）までに新田約30万石が開拓され、総石高は1・5倍になった。秋田藩の総石高も1625年（寛永二）の24万8000石に対して1705年（宝永二）に39万1000石へと増大した。東北北部でも新田開発は進み、盛岡藩の総石高は表高10万石とあるものの1683年（天和三）に24万7000石、弘前藩の総石高も1645年（正保二）の10万2000石が1684年（貞享元）に24万4000石余りと増加している。

各藩とも、大河川の下流域の低湿地帯での流路変更や広大な灌漑設備という大規模工事を進めた結果である。加増が見込めない中で藩財政を安定させるには、新田開発に注力するのがもっとも賢明な方策であった。東北地方の各藩の石高増加は、本章(1)で触れた全国平均の1・3倍をはるかに上回る。

さらに17世紀前半の気候はシュペーラー極小期とマウンダー極小期の狭間にあたり、温暖な傾向を示していた。自然環境の好転が、東北地方の新田開発を後押ししたに違いない。そして冷害対策への配慮が薄くなり、天候が良ければ収穫量が多い上に美味である晩稲種の植え付けに傾いていった。

津軽には、「岩川（岩が稲）」とよばれる晩稲種があった。「上作の年ハ作徳多」というものの、「不作の年ハ勝て悪作、損耗過分」という、晩稲種の一般的な傾向を持っていた。

この地方には冷害に強い「四十早稲」「きんちゃく早稲」「おちこ早稲」といった早稲種もあり、「津軽米は赤米に候よし、然らば御国の風土は早稲が大切」との言い伝えもあった。この赤米とは14世紀に中国から輸入されたインディカ型の占城米ではなく、日本古来のジャポニカ型のもので、低温発芽性にすぐれ耐寒性が大きかった。しかし赤米は「米甚味悪しく候」とされ、農民は自然条件が良ければ豊作が期待できる「岩川」の作付けを選んだ。[40][41]

領主にとっても、晩稲種を優先する農民の行動を抑制できない事情があった。17世紀半ば以降、東北各藩において、米は江戸や大坂に販売する商品となったのだ。仙台藩では1650年代に藩の蔵米と商人米など合わせて15万〜16万石が大都市市場に輸送された。盛岡藩や弘前藩でも江戸への回米が17世紀前半から行われ、前者は1682年（天和二）に4万7000俵、後者は1670年代に2万5000俵といった規模になっていた。秋田藩でも北廻船によって海路で敦賀から大津を経て京都や大坂に送られた。東北各藩にとって、米は領内で消費する食料ではなく、金に変える主力商品となっていたのだ。このことから、不味いとされ市場に出荷できないジャポニカ系赤米の早稲米は疎んじられていった。[42]

新田を開発しても熟田になるまでに時間がかかり、その間の収穫は安定しない。一方で収穫増を狙って作付けは晩稲種に偏重する。気候が温暖であれば多くの収入を得られるやり方は、1690年代半ばに崩れることになる。

●17世紀末の極寒の時代

マウンダー極小期の中でも1690年代、北半球の各地で極めて寒い年が続いた。イングランドでは、17世紀最後の10年間の年間平均気温は20世紀前半と比較して1・5℃低かった。1695年の冬、アイスランドは島全体が流氷に囲まれ、数カ月にわたって船の往来ができなくなった。アルプス氷河も低地まで前進し、スイスのウンターグリンデルバルド氷河の先端は1600年に標高1600メートルの地点であったところ、1700年には標高1000メートルまで降りている。氷河の前進は、北米大陸のワシントン州レーニア山やロッキー山脈でもみられた[43][44][45]。

中国でも、1690年からの10年間は厳冬と夏の長雨の記録が残っている。1690年の暮れ、長江下流域の江蘇省や安徽省は厳しい寒波が到来し大雪に見舞われた。長江は凍結し翌年の3月まで船の往来ができなくなった。寒さによりマンダリンオレンジなどの樹木は枯死し、人間も家畜も凍死した。翌年の冬も寒さが厳しく、湖北省で「人多く凍死す」とある。1695年以降、夏の長雨が顕著になる。1695年に江蘇省や上海付近で大雨になり、山西省、重慶では霜によって穀物が枯れた。1696年には甘粛省、山西省、湖北省、江蘇省、山東省と長江の北側の広い範囲で大雨となった。夏の多雨傾向は

図5-5　北京近郊石花洞の石筍の酸素同位体から推定する夏（5月～8月）の平均気温：1600年～1850年

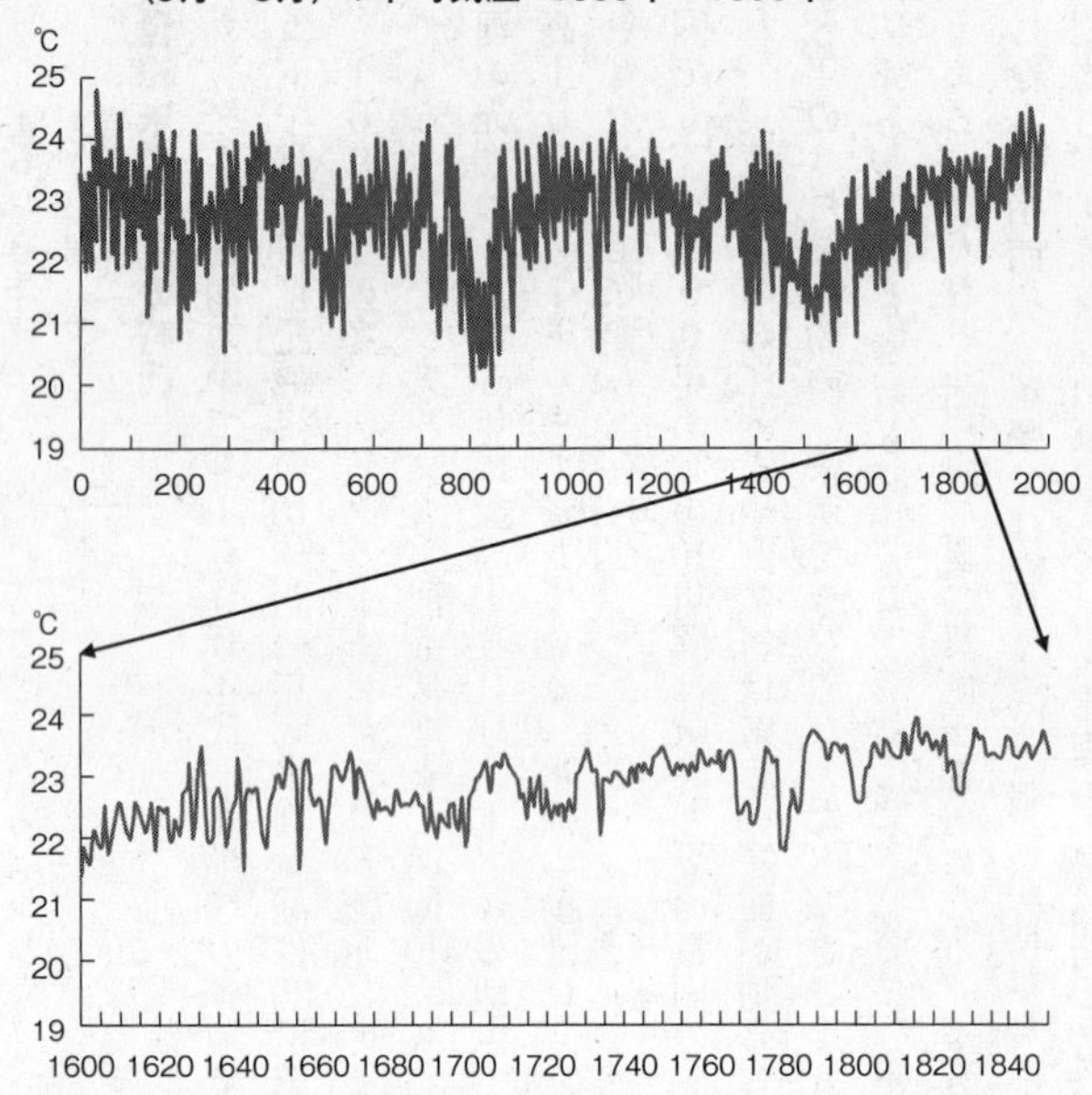

出典：Tan et al. (2003)：Cyclic rapid warming on centennial-scale revealed by a 2650-year stalagmite record of warm season temperature. *Geophysical Research Letters*, **30** (12)

１６９９年まで続いた。北京近郊の石花洞洞窟の石筍から得られた酸素同位体による夏の気温推定をみると、１６９０年代は17世紀半ばからの気温低下期の極にあたる（図５－５）。[46]

この時代の火山噴火の動向をみると、火山爆発指数が５以上の巨大噴火は、１６８０年のインドネシア・北スラウェシ州のタンココ火山の後、１７０７年（宝永四）十一月二十三日の富士山の宝永大噴火まで27年間起きていない。北半球での17世紀末の寒冷化は、太陽活動の低下がもっとも大きな要因として関わっているだろう。

また、1687年に強いエルニーニョ現象が発生した後、1692年、1695年、1697年、1701年とエルニーニョ現象が頻発した。エルニーニョ現象が、北半球中緯度の各地に異常気象をもたらした可能性も否定できない。[47]

●東北北部を襲った元禄の飢饉

1690年代、北半球の多くの地域でみられた異常低温は、日本でも記録が残っている。京都での桜の満開日をみると、17世紀後半から遅くなった。1695年（元禄八）の満開日は『妙法院日次記』にあるグレゴリオ暦での4月30日であり、過去1200年以上のデータの中で1323年（元亨三）の5月4日、1540年（天文九）の5月1日に次いで3番目に遅い。1697年（元禄十）八月、京都で低温のため厚着したとの記録もある。

夏の風水害も目立つようになる。1695年六月に京都と伊勢で洪水が発生し、伊勢亀山藩で2万石が水損、1698年六月に長岡藩で3万2000石が水損し堤防の決壊で家の流出や溺死者多数、1699年には肥後・豊後で洪水が起き6万5000石が水損とある。梅雨前線が北上せず、活発なままそれぞれの地域に停滞していたことが想定される。この傾向は続き、1701年に因幡・伯耆・伊勢・三河・陸奥・山形と広い範囲で洪水の記録がある。室生寺杉の年輪の酸素同位体比率をみても、1690年代末から1700年にかけて相対湿度が高く、畿内で湿潤な天候であった（図5－3）[48]。

畿内や西日本が水害に悩まされたとはいえ、マウンダー極小期を背景とした顕著な気象災害といえば、東北地方北部での冷害による元禄の飢饉であろう。

弘前藩に残る『耳目心通記』の中の「天気相の覚」に、1695年の天候の経緯が残されている。年明けから雪が毎日降り寒さが続き、二月になると東から冷風が吹き寒気が残ったため、種籾を水につける作業が遅れた。四月になっても草木の新芽の出る時期が遅く、五月上旬は毎日ヤマセが吹き、中旬になると雨が降り六月まで多雨傾向となった。ヤマセはオホーツク海高気圧から流れてくる北東風で、オホーツク海の寒冷な下層大気を東北地方から関東地方まで運んでくる。この寒冷な大気が、東北地方の太平洋側沿岸部から北上川流域を中心に低温と日照不足をもたらし、農作物の発育不全による凶作を起こす。七月三日（8月3日）に霜が降りて稲穂が打撃を受け、ヤマセは吹き止まず稲が実ることはなかった。岩木山の残雪は例年六月から夏の土用までには消え去るのに対し、七月中旬（8月中旬）まで残り、八月に初雪となり、九月には里でも雪が降った[49]。

『弘前藩庁日記』は、1661年から1867年にかけて、欠落はあるものの天候記事を連続で記録に残している貴重な史料だ。東京都立大学（現首都大学東京）の前島郁雄名誉教授らは、この記事から四季や各月の降水頻度を分析している。この研究によれば、弘前

図5-6　弘前藩での季節別の降水頻度

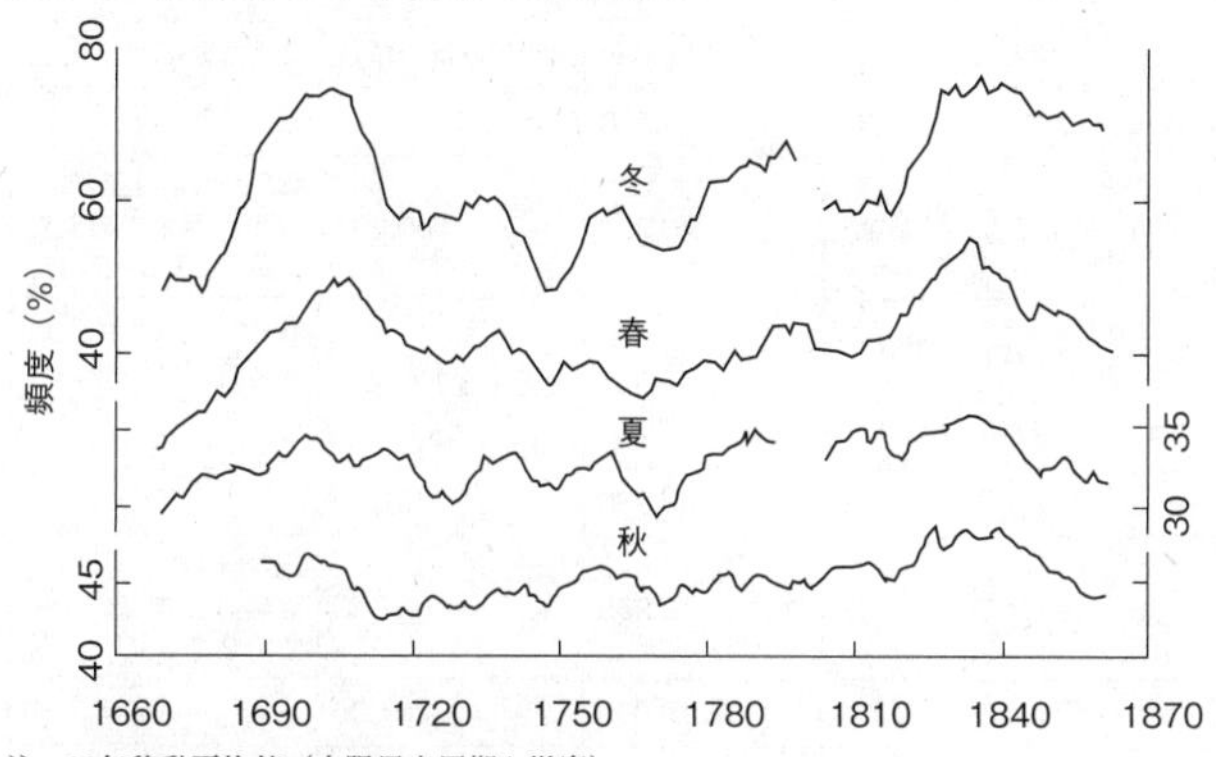

注：11年移動平均値（太陽黒点周期を勘案）
出典：前島郁雄・田上善夫（1983）：日本の小氷期の気候について．*気象研究ノート*　**147**

藩では1690年代から1710年代にかけて、冬から春の雨天や降雪が極めて多かったことがわかる（図5－6）。東北地方太平洋側において、春の多雨は冷涼な気温と直結する[50]。

1695年、弘前藩では総石高24万石とされるのに対し、米と雑穀がそれぞれ4万石と例年の三分の一しか収穫できなかった。ヤマセが吹いていたことで、四月から凶作になるのではと話題にのぼっていた。しかし、前年の御蔵米のほとんどは、例年通り五月初めから七月上旬までに他国へ売却されてしまった。人々は米穀の他国に出るのを止めるべきと思ったものの、「売人どもは利欲にふけりて日々夜々出し」、鰺ヶ沢の港から御蔵米だけでなく町米13万石も船積みされた。

表5-1　盛岡藩での元禄の飢饉時の収穫推移

西暦	年号	作況	年貢収納高（俵）	年貢不足高（俵）	異常気象等
1694	元禄七	凶作	140,000		霖雨、早冷
1695	元禄八	飢饉	40,000	100,000	霖雨、早冷、止雨祈祷、翌年六月までの飢民救済 34,000 人
1696	元禄九	耕作良	12 万～13 万	2 万～3 万の余剰	1694 年、95 年の飢民救済 49,487 人
1697	元禄十	-			
1698	元禄十一	-	123,980	16,020	
1699	元禄十二	大凶作	73,980	66,020	霖雨・早冷、洪水、翌年 3 月までの飢民救済 20,786 人
1700	元禄十三	不作	120,000	20,000	
1701	元禄十四	凶作	90,320	49,680	米他領出禁止、翌年 3 月までの飢民救済 3,958 人
1702	元禄十五	飢饉	59,070	80,930	霖雨、大風、止雨祈祷、洪水。米の占売占買禁止。餓死者 20,500 人

出典：細井計（1997）：盛岡藩領における元禄十五年の飢饉．*岩手大学教育学部研究年報* **57** (1)

　五所川原の農民の話として、七月八月までは木の葉を朝食、草の根を夕食にして飢えをしのいだが、九月十月になって雪が降り、水を飲むより他はなくなったとある。翌年二月に公儀のまとめでは、領内の餓死者・病死者を合わせた犠牲者数は5万人とされ、市中ではその2倍の10万人と噂された[51][52]。

　元禄の飢饉は1695年の冷害による凶作が最大とされるものの、寒冷な天候は1702年まで続いた。盛岡藩では1701年と1702年にも収穫が不足し、2万人以上の餓死者が出た（表5－1）。盛岡藩の支藩である八戸藩はもともと2万石と小規模であったが、損害高をみると1699年に1万2000石、1702年に1万7800石と減少し大打撃を受けた。1702年正月、各村々では騒乱を起こした飢民や無頼の者を追放している。三月十四日付で八戸藩が幕府に報告した内容には、餓死者数1万3660人、他国への逃亡1万6745人、牛馬の斃死1万2300頭とあった。[53]

●大名による仕置の限界

元禄の飢饉に際し、東北地方の各藩は幕府から国郡衰弊の責任を問われることを恐れた。自領での仕置がうまくないと大目付や目付から報告された藩には、改易の危険があったからだ。

シャクシャインの戦いの際、松前藩はその実態をひた隠しにしようとした。彼らが幕府に提出した報告文書『渋舎利蝦夷蜂起ニ付出陣書』には戦闘の結果が示されているだけで、アイヌとの物々交換比率を一方的に変更した事実などは記されていない。シャクシャインの蜂起を知ると幕府は南部・津軽・秋田の三藩に援軍するよう指示したが、松前藩は情報が伝わるのを恐れて援軍を松前に留め置き、自らの手勢だけでアイヌ民族の居住地に足を踏み入れた。前述したシャクシャインの戦いの背景を今日知ることができるのは、援軍に参加した津軽藩士の報告と翌年に同藩の隠密が漂流をよそおってアイヌの居留地まで忍び込んだ際の記録を『津軽一統志』にまとめているからだ。[54]

元禄の飢饉での盛岡藩も同様で、1695年時に餓死者5万人と推定されていたにもかかわらず、翌年二月に老中阿部正武に提出した公式報告には餓死は一人もいないとした。また、各藩は自領の安定を第一に考え、穀留として他の領国へ穀物が輸送されるのを禁止し、街道や港での取り締まりを強化した。客観的にみれば食料備蓄に余裕がある藩もあったが、彼らは幕府から仕置が悪いとされるのを恐れ、領内の食料を抱え込んだ。弘前藩では秋田藩から米1万石を買い付けたものの、穀留にあって領内へ輸送することはできなかった。[55]

幕府の飢饉対策とは寛永の飢饉と同様に、各藩への撫民の指示の徹底と倹約令を中心とした全国令として発するものであった。元禄の飢饉でも1699年（元禄十二）に米穀不足に対して酒造を前年の五分の一とする指示や江戸での買占め禁止、1701年（元禄十四）に飲酒制限令等を発し、需要の抑制を図っている。とはいえ、幕府が被害の大きい藩への具体的な救援策に直接に乗り出すことはなかった。盛岡藩の参勤交代や八戸藩と出羽松山藩の江戸城での門番役の免除にみられるように、負担の軽減を図る程度である。東北各藩が被害を否定する中、弘前藩だけは強がる状況になく3万石の御救米（おすくいまい）を幕府に要請した。これに対し、幕府は冬船による現物の輸送が困難とし、8000両を貸し出し、これ

で周辺諸国から米を買うように指示するだけであった。[56][57][58]

一方、徳川綱吉は１６８７年（貞享四）に生類憐みの令を発して以降、殺生禁止の徹底を図っていた。八戸藩では、江戸近辺で飢饉の際に猪・鹿を食べた人間が遠島となった事例を気に留め、１６９５年（元禄八）十一月十九日に猪・鹿・猿など畜類の殺生および肉食の禁止を含む７カ条法令を出した。飢饉の最中で、家畜や野獣を食料とする行為が禁止されたことで、惨状がいっそう酷いものになったことは想像に難くない。同じ年、江戸では生類憐みの令の施策として、野犬保護のために中野犬小屋が16万坪の敷地に銀２３１４貫と米５５００石の費用で建設されている。４万２０００匹から多い時には８万２０００匹の犬に対して１匹毎に一日米三合、味噌五十匁、イワシ一合が与えられた。一日の費用は銀16貫、１年で金９万８０００両に及んだ。[59][60]

こうしてみると、幕藩体制下において領国経営は各藩に任せることが基本とはいえ、綱吉の政権は東北北部の惨状を他人事のように扱っている節がある。各藩それぞれで対応すればいいとし、救援物資の補給もなく金銭も無償供与ではなく貸し出しの形である。実施したことといえば、酒造抑制等の全国令を発し、各藩の仕置を監視する程度であった。しかし、天明の飢饉になると、幕府の統治そのものに火の粉がかかり、悠長な対応ではすまなくなる。

(5) 幕藩体制を揺るがした天明の飢饉

●明暗を分けた享保の飢饉と宝暦の飢饉

江戸時代の六大飢饉というと、享保の飢饉（1732〜1733年）、宝暦の飢饉（1753〜1757年）と続いた。享保の飢饉は、九州を中心に西日本にセジロウンカ・トビイロウンカが大量発生した蝗害（こうがい）による特異なものだ。筑前の博多で「其虫水に浮て川に流れ出るに、水の色も変る程なり」と大発生し、四国・中国・近畿にまで及んだ[61]。

蝗害対策としては、水田に菜種油や鯨油を注いだ上で茎からウンカをたたき落として窒息死させる方法が有効であったものの、まだ十分に普及されていなかった。このため、藁人形を用いて虫送りの行事を行う程度であり、西日本全域で被害が甚大になった。九州では筑紫・豊前・豊後・肥前と北部の諸藩、四国では伊予の松山藩、中国地方では石見の津和野藩などで、年貢収納石高が平年の1割程度になっている。

『徳川実紀』には死者96万9946人という数字はあるが、これは飢民を餓死者と取り違えた誤認であり、幕府に報告された餓死者は1万2172人である。ただし、前述した通り改易を恐れて各藩とも被害を小さく報告する動機もあった。実際に伊予松山藩の松平定英は藩内に餓死者が多かったため、仕置不足として出仕を止められるとの咎めを受けている。[62][63]

　将軍吉宗の下で、幕府は迅速に動いた。蝗害発生直後の1732年（享保十七）七月に幕府領での夫食米の貸与を開始し、公儀として各大名の諸国への救済対策にも乗り出した。年貢収入が半減以下にあった大名や旗本への拝借金の貸し出しと、大坂からの回米が2つの柱であった。和歌山藩・熊本藩など45の大名と旗本や寺社に最大で2万両が貸し出され、返済期間は5カ年で無利息との条件であった。そして、蝗害にあった地域に大坂御蔵囲米3万石、江戸買米3万石、幕府年貢米10万石、諸国城詰米9万5525石、合計で27万5525石の放出が決定され、実際に25万6525石が回米となり、うち半分が翌年一月までに西日本に届けられた。江戸から関西への回米は極めて異例のことであり、前年秋の関東の米が豊作であったことが幸いした。もっとも、回米といっても幕府による無償給付ではなく諸大名が購入する形であり、資金が不足した際に拝借金を五年間貸し出すという形であった。幕府としては救済資金を直接支出していないという意味で財政上の負担はなかった。一方、諸大名にとってみれば、大坂から運ばれる回米を飢饉で急騰した価格で借金しながら買い取ったことになる。こうしたからくりゆえ、甘藷が豊作であった島津藩は拝借金の借入を辞退している。[64][65]

　ともあれ、幕府が迅速に対応したことや冬麦が豊作だったことから、1733年（享保十八）五月には飢饉状態から回復する。大坂の米相場は米1石が1731年（享保十六）

三月に銀26匁、1732年八月に53匁、1733年正月に120匁と急騰した後、同年八月には45～46匁へと下落した[66]。

享保の飢饉から22年後の1755年（宝暦五）、東北地方を中心に飢饉が起きる。第九代将軍の徳川家重の下での幕府の対応は、享保の飢饉とまったく異なった。

宝暦の飢饉は、元禄の飢饉と同様にヤマセによる夏の天候不順と冷害によるものであり、弘前藩・盛岡藩・八戸藩と太平洋側の各藩で被害が大きかった。弘前藩では本田・新田合わせて24万3353石とされているところ9万5410石が損毛となり、被害率は4割近くであった。盛岡藩では本田・新田合わせて24万8000石のうち水害も加わって18万6623石が損毛となり、被害率は75％に達した。

飢饉に際して、各藩の対応は異なった。弘前藩では、「一円の救合（すくいあい）」との方針の下で、前年の豊作により町中に残っていた米を買い上げて藩外への流出を阻止し、酒・菓子・餅・飴類の製造を禁止した。一方、隣国の八戸藩では種籾は地域同士の相互扶助で確保するよう指示するだけで、夏場に穀物価格が上昇すると売り時とみて余剰米は売却された。前年まで5年間豊作が続いたため、危機感が欠如していたのだ。盛岡藩や仙台藩でも江戸や大坂という巨大消費地への回米を優先させた。そして、幕府は弘前藩に1万石の拝借金を貸し出す程度で、ほとんど何もしていない。

八戸藩の人口推移をみると、他藩への逃散もあり、1754年二月の6万5621人が宝暦六年十二月に4万5367人と2万人減少した。盛岡藩の犠牲者は1756年時点のまとめで4万9594人、仙台藩の犠牲者はおよそ3万人であった。[67][68]

注目されるのが、陸奥・一関藩の御典医であった建部清庵が『民間備荒録』を発刊していることだ。建部清庵は冷害による大凶作とそれに続く飢饉の様を見て、飢饉の備えとして農民ができることを同書に記している。冒頭に「今歳霖雨稼を破り米粟登らず農夫菜食あり、予これを見るに忍びず、民間備荒の術を録し、邑長保正にあたへて彼の天恩を報いんとほっするのみ」とあり、庄屋や村役人（邑長保正）に向けたサバイバル指南書だ。飢饉対策として、棗・栗・柿・桑・油菜の栽培の奨励や、飢饉に際して食用可能な自生の草木を列挙している。[69][70]

●天明三年春に始まる天候不順

八戸藩士の上野伊右衛門が書いた『天明卯辰簗』は、天明の飢饉の惨状を知る上で一級の史料である。題名は「天明うたて（嘆かわしい）やな」をもじったものだ。宝暦の飢饉から筆を起こし、安永年間や天明への改元以降の異常気象を簡記した後、1783年（天明三）正月からの天候異変を詳述している。

年初は南風が吹き、藩内では吉事ではないかと話題になった。江戸でも前年暮れから雪がまったく降らず、暖冬の様相であった。ところが八戸では、三月から西風による寒波が何度も到来するようになる。四月になると上旬に大雨が降り、中旬に早くもヤマセの東風が吹き、霧が発生している。五月になってもヤマセは止まず大雨も降り、寒い日が続き、海上は時化(しけ)た。六月も同様で「三日大雨降、大冷冬の如し」との状態で、悪天により大豆・豆・胡瓜・夕貌(ゆうがお)・茄子・瓜といった野菜はほとんど枯れてしまう。七月に入っても北東海上からヤマセは続いて長雨となり、月中で雨が降らなかった日はわずか5日しかなかった。八月も上旬に雨が続き、十八日に藩全域で大凶作との判断が下された[71]。

弘前での記録だけでなく、『泰平年表』六月十七日（7月16日）の記述に、「関東及諸国洪水」とあり、大井川をはじめとして水位上昇によって渡河不能となり、京都では大雨により四条での納涼が中止されたとある。続けて関東では、「気候冬の如く」と肌寒い中で、米価の急騰を記している[72]。

江戸時代中期になると、諸藩の藩日記に毎日の天気状況が記載されるようになる。もっとも古くからの連続した記録は前述した『弘前藩庁国日記』だが、1700年代に入ると全国各地の記録が集まり充実してくる。首都大学東京の三上岳彦名誉教授は、弘前から宮崎に至る全国6地点の天気分布を各藩の記録から時系列的にまとめている[73]。

図5－7①が1783年の5月から10月までの各地の天気の推移を示したものだ（日付は太陽暦に換算）。弘前では梅雨明けしていない。関東でも梅雨明け後の夏の到来を示す

図5-7 天明の飢饉時の各地の天気

①1783年（天明三）5月～9月

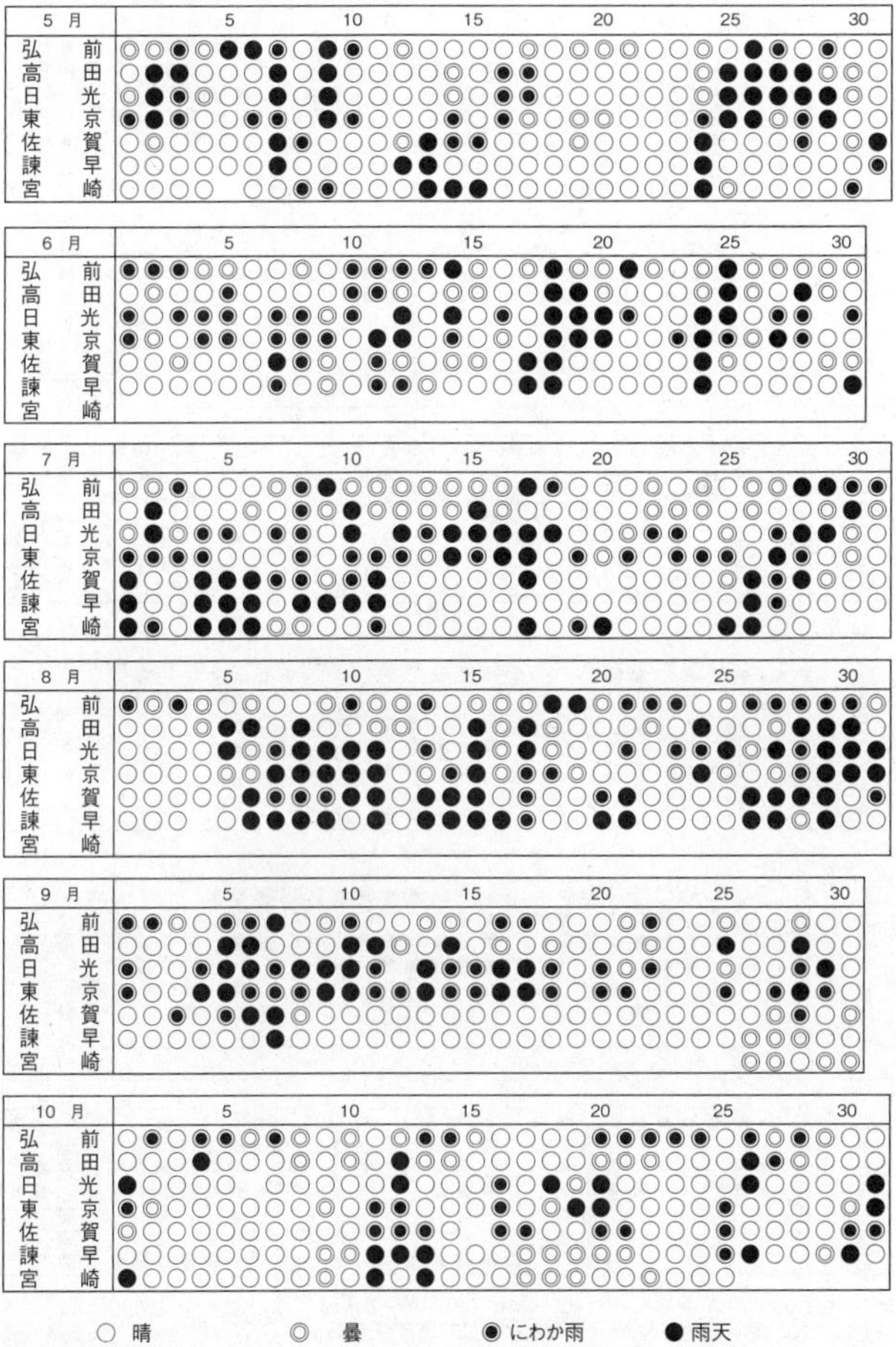

②1785年（天明五）5月～9月

5月					5					10					15					20					25					30	
弘前	◎	◎	○	◉	●	○	○	◎	◎	○	○	◎	○	○	◎	●	○	○	○	○	○	○	◉	●	○	◉	○	◉	○	◉	○
高田	●	●	○	◎	●	○	○	◎	◎	○	○	◎	○	○	◎	●	○	○	○	○	○	○	◉	●	◎	◎	○	○	○	○	○
日光	○		○	○	●	○	○	◎	○	●	○	●	◎	◎		○	○	○	○	○	○	○	◉	●	●	○		●	◉	◉	◎
東京	◎	○	◉	●	○	○	○	●	○	○	○	●	◉	●	●	◎	○	○	◎	◎	○	○	◉	●	●	◎	◎	●	◉	●	○
佐賀	◎	○	◉	◉	○	◉	◎		○	◉	○	○	●	◎	○	○	○	○	●	○	○	◉	●	●	◎	○	◉	◉	○	○	○
諫早	○	○	●	○	○	○	○	●	○	○	◎	○	●	◎	○	○	○	○	●	○	○	●	●	●	○	◎	●	○	○	○	○
宮崎	◎	◎	●	◎	◎	○	◎	◎	○	○	●	○	●	●	○	○	○	○	◎	○	○	◉	◎	●	○	◎			●	◎	○

6月					5					10					15					20					25					30
弘前	○	○	◉	○	○	◉	◉	○	◉	◉	◎	○	●	○	◎	◎	○	○	◎	●	◉	○	◉	●	◉	○	○	○	◉	○
高田	○	○	●	●	◎	◎	○	○	◎	●	○	◎	○	●	○	◎	○	○	○	○	○	○	○	●	◎	◉	◎	◎	●	○
日光	○	○	●	●	●	○		●	◉	○	○	○	◉	○	◉	●	◉	○	◎	○	◉	◉		●	○	○	○	◉	●	○
東京	○	○	◎	●	●	◉	○	○	◉	●	◎	◎	○	◎	◎	●	◉	○	○	○	○	○	◎	◉	○	◎	○	○	●	○
佐賀	○	○	●	●	○	◎	○	◉	◎	○	◎	◎	○	◎	●	○	○	○	◉	◉	○	◎	○	○	○	●	○	○	◉	◉
諫早	○	◉	●	●	○	○	○	○	●	◎	○	○	◉	○	◎	◎	○	○	○	○	○	◉	○	○	○	●	○	○	○	●
宮崎	○	○		●	●	●	◎	●	●	◎	◎	◎	◎	◎	●	●	◎	◎	◎	◎	○	○	◎	○	○	◎	◎	◎	◎	●

7月					5					10					15					20					25					30	
弘前	◉	◉	◉	◉	◉	◎	○	○	○	◉	◉	○	○	○	◉	◉	◎	◎	○	○	○	○	○	◉	○	●	◉	◎	◎	◉	●
高田	○	◉	○	○	○	○	○	○	○	◉	○	○	○	○	○	●	◉	○	○	○	○	○	○	○	○	●	◉	●	●	◎	◎
日光	○	○	○	◉	○	○	○	○	○	◉	◉	○	○	◉	◉	◉	○	○	○	○	○	○	○	◉	○		◉	○	●	○	○
東京	○	○	○	○	○	○	○	○	○	◉	◉	◉	○	○	○	◎	○	○	○	○	○	○	○	○	○	○	○	○	◉	◉	◉
佐賀	○	◉	○	○	○	○	○	◉	○	○	○	○	○	○	○	○	○	○	○	○	○	◉	○	○	◎	◎	○	○	◉	○	●
諫早	○	●	○	○	○	○	○	○	○	○	○	○	○	○	○	○	○	◎	○	○	○	○	○	○	◉	◉	○	○	◉	○	●
宮崎	◎	○	○	○	○	○	○	○	○	○	○	○	○	○	○	○		◉	○	○	◎	◎	○	○	○	○	○	○	○	○	◉

8月					5					10					15					20					25					30	
弘前	○	●	◎	●	◎	◉	●	○	○	○	○	◉	○	◉	◎	◎	◎	◎	◎	◉	◉	◉	◉	◎	○	◉	○	○	○	○	○
高田	◎	○	◎	●	◎	○	○	○	○	○	○	○	○	◎	◎	◎	◎	◎	◎	○	◎	●	●	◎	◉	○	◎	○	○	○	◎
日光	○	◉	◎	◉	○	●	◎	○	○	○	○	○	○	◎	◉	●	○	◉	●	○	◎	◉	●	◎	○	○	◎	○	○	○	○
東京	◉	◉	◎	◉	○	◎	◉	○	◎	○	○	◉	○	◉	●	◎	○	○	○	○	◎	◉	◉	○	◎	◉	○	○	◉	○	○
佐賀	○	○	◉	○	●	●	○	○	○	○	○	○	◉	○	●	◉	○	○	◎	○	○	○	○	○	◉	○	○	○	◉	○	○
諫早	○	◎	◎	○	●	●	○	○	○	○	○	○	○	○	○	○	○	○	○	○	○	○	○	○	○	○	○	○	○	○	○
宮崎	◎	○	○	○	●	◎	○	○	○	○	○	○	◎	◉	●	●	○	◉	◉	○	○	○	○	○	○	○	○	○	○	○	○

9月					5					10					15					20					25					30
弘前	○	○	○	◎	○	◎	○	◉	◉	◉	○	○	◎	○	◉	◉	◉	◉	○	○	◉	●	◉	○	◎	○	●	◉	○	○
高田	○	○	◎	●	◉	◎	○	○	●	●	◎	◉	●	◎	◎	◎	◎	○	○	○	○	●	○	○	●	○	●	○	◎	○
日光	○	◎	◉	●	●	●	◉	●	●	○	◎	●	●	◉	●	●	●	◉	◉	○	◉	●	○	◉	●	●	●	○	◉	◎
東京	○	○	○	●	●	◉	○	◎	◎	○	○	◉	●	●	●	◉	○	◉	○	○	○	◉	○	●	●	●	●	○	○	◎
佐賀	○	○	◉	○	○	○	◉	●	○	◉	◎	○	○	◉	○	◉	○	○	○	○	●	●	○	●	○	○	○	○	○	○
諫早	○	○	◉	○	○	●	○	○	○	○	○	○	○	○	○	○	○	○	○	○	●	●	○	●	○	○	○	○	●	○
宮崎	○	○	○																											

10月					5					10					15					20					25					30	
弘前	○	◉	◉	◉	◉	●	○	◎	●	◉	○	◉	◉	○	○	○	◉	○	◎	○	◉	◉	○	○	●	○	○	○	○	○	◉
高田	○	○	◎	○	○	○	○	●	◉	◎	○	●	◎	◎	○	○	○	◉	○	○	◎	●	◎	◎	◎	●	◎	○	◎	○	○
日光	◉	●	◎	○	○	○	●	◉	◉	○	○	◎	●	◉	○	○	◉	○	○	○	○	◎	●	●	●	●	●	○	○	●	○
東京	◉	◉	◎	○	◎	◉	◉	●	◉	○	◎	◉	◉	●	○	○	◉	◉	○	○	◉	◉	●	●	●	◉	●	○	○	◉	◉
佐賀	●	○	○	○	○	○	○	●	◉	○	○	○	◎	○	○	○	○	○	○	○	◎	●	○	○	◉	○	○	○	●	○	○
諫早	○	○	○	○	○	○	○	●	●	○	○	○	○	○	○	○	○	○	○	○	○	●	○	○	○	○	○	○	●	○	○
宮崎	○	○	○	○	○	○	●	●	◎	○	●	●	●	◎	●	○	◎	○	◎	◎	○	◎	●	●	○	●	●	◉	●	◎	◎

弘前（青森県）：弘前藩庁国日記、高田（新潟県）：榊原藩政日記・歳日記、日光（栃木県）：社家御番所日記、江戸（東京都）：弘前藩庁江戸日記、佐賀（佐賀県）：佐賀藩鍋島日記、諫早（長崎県）：諫早藩日記、宮崎（宮崎県）：佐土原藩島津家日記、

③1786年（天明六）5月～9月

5 月					5					10					15					20					25					30	
弘前	◎	◎	○	○	◉	○	○	○	◉	●	◎	○	◉	◎	○	◉	●	◎	◉	○	○	○	○	◉	◎	○	○	○	○	○	○
高田	○	◎	◎	○	○	○	○	○	●	◉	◎	○	○	○	◎	●	○	○	○	◎	◉	○	○	○	○	○	○	○	○	○	○
日光	●	◉	◎	○	◉	○	○	○	◉	○	○	○	◉	◉	●	●	○	○	○	○	●	●	○	◎	○	○	○	○	○	○	○
東京	◎	◉	◎	○	○	○	○	○	◎	○	○	○	◉	◉	●	○	○	○	○	◎	◎	◎	◉	◎	○	○	○	○	○	○	○
佐賀	○	◎	○	○	○	○	○	◉	○	○	○	◉	○	○	●	○	○	○	○	○	●	○	◎	○	○	○	○	○	○	○	○
諫早	○	○	○	○	○	○	○	◉	○	○	○	◉	◎	○	●	◉	○	○	○	◉	●	◎	◉	○	○	○	○	○	○	○	○
宮崎	○	○	○	○	○	○	○	◉	○	○	○	●	●	○	○	○	○	○	○	○	●	◎	○	○	○	◎	○	○	○	◎	●

6 月					5					10					15					20					25					30
弘前	○	◉	○	◎	○	○	◉	◉	○	○	○	○	◉	◎	◎	●	◎	○	○	◎	◎	◎	○	◉	○	○	○	○	◎	●
高田	○	●	◎	●	○	○	○	○	○	○	○	◎	○	○	◎	◎	●	○	◎	◎	●	◉	○	○	○	○	○	◎	●	◎
日光	◉	●	○	◎	○	◉	◉	○	○	○	●	○	●	○	○	◉	○	◎	●	●	●	○	●	○	○	○	●	●	●	●
東京	◉	●	◎	◎	◎	◉	◉	◎	○	◉	◉	◉	◉	○	○	◉	○	◎	●	●	●	◎	◉	○	○	○	◉	◉	●	●
佐賀	○	●	◉	○	○	◎	○	◎	○	○	○	◎	○	○	○	●	○	◉	◉	○	○	○	○	○	○	◉	●	◎	●	○
諫早	○	◎	◎	○	○	◎	○	◎	○	◎	◎	●	○	○	○	●	○	◎	●	○	○	○	○	○	○	◉	●	◎	◎	○
宮崎	●	◎	●	○	◎	◉	◎	●	◉	◎	●	◎	○	○	◎	◎	○	●	●	○	○	○	◎	○	○	●	●	○	●	◎

7 月					5					10					15					20					25					30	
弘前	◉	◉	◎	◎	○	○	○	○	●	●	○	◉	●	◎	○	○	○	○	○	○	○	○	○	○	○	○	◎	◎	◎	◎	◎
高田	◎	◎	●	◎	◎	●	◎	◎	○	◎	○	●	◎	◎	○	●	◎	◎	○	○	○	●	◎	◎	○	◎	○	●	●	◎	◎
日光	●	●	○	○	●	●	●	◉	●	◎	○	○	○	●	◉	●	●	●	○	●	○	◎	◎	●	○	○	○	○	●	●	◉
東京	◎	◉	◉	◉	●	●	◎	◉	●	◎	●	○	○	◉	◉	●	◉	●	●	◎	◎	◉	◎	●	○	○	◉	○	◎	◉	◉
佐賀	◎	●	●	●	●	●	○	●	◉	○	●	◉	◉	●	◉	◎	●	●	○	◉	○	●	◎	●	◉	●	◎	○	●	○	○
諫早	○	●	●	●	●	●	◎	●	◎	○	●	●	◎	◎	●	◎	●	●	○	◉	○	●	◎	●	○	●	◉	○	○	◎	◎
宮崎	●	○	●	●	●	●	●	●	◎	○	◎	○	○	○	◉	◉	●	●	○	◉	○	◉	◎	◉	◉	●	●	◎	○	◉	○

8 月					5					10					15					20					25					30	
弘前	◎	◉	◉	○	○	○	○	○	○	○	○	◉	◉	◉	◉	○	○	○	○	○	◉	◎	○	○	◎	○	◉	○	◉	◉	○
高田	◎	○	○	○	◉	◎	◉	●	●	○	◎	○	◎	○	○	○	○	○	○	●	●	●	○	●	○	●	○	○	○	○	○
日光	●	◉	◉	◎	○	◉	●	●	●	●	●	○	●	◉	◉	○	○	○	○	◉	●	○	●	○	●	◎	○	○	○	●	○
東京	◎	○	○	○	○	●	●	●	●	◉	◉	○	○	○	○	○	○	○	◉	●	●	○	◉	◉	●	◎	○	○	○	◉	○
佐賀	○	○	○	○	○	○	○	○	○	○	○	○	○	○	○	○	○	○	○	○	○	○	○	◉	●	◉	●	○	●	●	○
諫早	○	○	○	○	○	○	○	○	○	○	○	○	○	○	○	○	○	○	○	○	○	○	○	◎	●	○	◎	○	●	○	○
宮崎	○	○	○	○	○	○	○	○	○	○	●	●	○	○	○	○	○	○	◉	●	○	○	○	○	○	○	○	○	○	○	○

9 月					5					10					15					20					25					30
弘前	◉	◉	○	◎	◎	◉	◎	○	○	◉	○	○	○	◉	○	○	◉	○	○	◉	●	○	○	◉	◎	○	○	●	◉	○
高田	●	◎	○	◎	○	○	○	○	◎	○	○	●	○	○	○	●	●	●	●	●	○	○	○	●	●	◎	◉	●	◎	○
日光	●	●	●	●	◉	◎	○	○	○	◎	○	◉	●	●	○	○	◉	◉	○	○	○	○	○	●	●	○	●	●	○	○
東京	◉	◉	◎	●	◎	◎	○	○	○	○	○	●	●	○	○	○	●	○	◉	○	●	○	◉	●	●	◎	●	●	○	○
佐賀	●	○	◎	◉	◎	○	○	○	○	○	○	○	○	○	○	●	●	○	○	◎	○	○	◉	●	○	○	●	○	◎	◎
諫早	●	○	◎	◎	○	○	○	○	○	○	○	○	○	○	○	●	●	○	○	◉	◎	○	○	●	○	○	●	○	○	○
宮崎	○	○	○	○	○	○	○	○	○	○	○	○	○	○	○	○	○	○	○	○	○	●	●	●	◎	●	●	◎	◎	●

10 月					5					10					15					20					25					30	
弘前	○	○	◉	◎	○	○	○	○	◎	○	○	○	○	○	○	○	○	○	◉	◉	◉	◎	◉	◉	○	●	○	○	○	◎	◎
高田	◎	○	◎	◎	○	○	○	◉	○	○	○	○	○	○	○	○	○	◉	●	●	●	○	○	○	◎	●	●	○	◎	◉	◎
日光	○	◉	◉	○	◎	○	○	○	○	◎	◎	◎	◎	◎	◎	○	◎	○	○	○	●	○	○	○	●	●	◉	○	◉	◉	◎
東京	◎	◉	◉	○	○	◎	◎	◎	○	○	●	○	○	◉	◎	◎	◎	○	◉	◎	◎	○	◉	◎	●	●	○	◎	●	◉	○
佐賀	○	●	◎	○	○	○	○	○	◎	◎	○	○	◉	○	◎	●	○	●	◎	○	○	○	◎	○	○	○	○	○	○	◎	○
諫早	○	●	○	○	○	○	○	○	○	○	○	○	○	○	○	●	◎	●	◎	○	○	○	◎	○	○	○	○	○	○	◎	○
宮崎	◎	◎	●	◎	○	◎	○	◎	◎	●	◎	◎	◎	◎	◎	◎	◉	◎	○	◎	○	◎	○	○	○	○	○	◎	○	○	○

出典：三上岳彦（1983）：日本における1780年代暖候期の天候推移と自然季節区分.
　地学雑誌　92（2）

のは7月終わりから8月初旬の5日間だけで、8月5日からの浅間山噴火の影響からか江戸と日光で数日間雨が続いた。その後は早くも秋雨前線が停滞しているようだ。8月6日以降、九州でも天気がぐずつき、典型的な冷夏であったことがわかる。凶作となったのは東北地方ばかりではない。佐賀県でも1783年に「大不作、飢人村々にこれあり」と記録されている。

比較する上で図5-7②は2年後の1785年のものだ。この年は全国的にカラ梅雨であり、九州では梅雨らしい天気がなく、関東以北でも7月中旬に梅雨が明けている様子がうかがえる。この年の佐賀県の作柄は「上上作」である。

天明の飢饉の原因となる明確な天候不順は、1783年(天明三)だけでなく1786年(天明六)にも発生している。図5-7③は1786年の天気推移だが、弘前では梅雨明けせず、高田(新潟県)や日光では夏の天気は八月中旬のわずか1週間程度しかなかった。関東以南の地域でも梅雨明けは8月に入ってからと遅れ、7月の日照不足で稲は生育不良であったろう。佐賀県の作柄は「大不作」であった[74]。

●天明の飢饉のきっかけは火山噴火か

天明の飢饉の原因というと、浅間山の噴火との関係が語られることが多い。確かに浅間山の噴火は噴出量7・3億立方メートル(VEI=4)と小さくはないものの、17世紀の蝦夷駒ケ岳や有珠山の三分の一程度でしかない。さらに噴火開始は1783年の七月八日（8月5日）ゆえ、近隣地域こそ火山噴火による降灰で農作物が壊滅的被害を受けているものの、より広い地域でみると春先以降の東北地方太平洋側でのヤマセによる冷害や関東以西での水害の多発と時間的に合わない。

浅間山とともに語られる火山噴火が、アイスランド島南部のラキ火山とグリムスヴォトン火山だ。ラキ火山の場合、大きなひとつの火山噴火ではなく、27キロに及ぶ地割れ箇所が火口となり、1783年6月から1784年2月までの8カ月間に14・7立方キロメートルの玄武岩性溶岩を噴出した。この噴火は火山爆発指数という定義で規模を示すことが難しいが、大気に広がった硫酸エアロゾルは1億2200万トンに及び、その量は1815年のタンボラ火山を凌ぐ。特に地下で水蒸気爆発を起こした後で地表を破壊することなく大気圏に噴出したため、エネルギーが殺がれずに噴出物の三分の二が勢いよく成層圏まで達し、地球全体の成層圏に広がった。一方、グリムスヴォトン火山は1783年5月から1785年5月までの2年間に8回の爆発を含め噴火を続け、火山爆発指数は4とされている[75][76][77]。

とはいえ、アイスランドでの噴火開始が5月から6月とすると、地球の裏側にあたる日本の天候にいきなり影響を与えるというのは無理がある。北米大陸東岸、イングランド中央部、欧州大陸を含め北半球の気温に影響が生じるのは噴火後3カ月から6カ月を経てからである（図5－8）。ラキ火山と浅間山という2つの大噴火による影響は、1783年秋以降に現れているであろうが、同年前半の冷夏と結びつけるには時期が合わない。

次に太陽活動に目を向けると、小氷期の期間中の低下期としてシュペーラー極小期、マウンダー極小期に続いてダルトン極小期があり、その期間は1790年頃から1830年頃の間とされる。天明の飢饉が起きた時代、1784年夏に黒点数が極小になっており、太陽黒点サイクルの第2期と第3期から移り変わる時期にあたる。太陽黒点サイクルからみて、1784年前後の全太陽放射照度（TSI）は低下傾向にあっただろう（図5－9）。

とはいえ、ダルトン極小期の場合、シュペーラー極小期やマウンダー極小期といった時代と比較して太陽放射の減少は半分程度でしかない（図5－2）。天明の飢饉で日本を襲った冷夏の主因を太陽活動に求めるわけにはいかない。

むしろ注目すべきは、東北地方の凶作の前年にあたる1782年にエジプトのナイル川で水位が低く、また南太平洋のタヒチとダーウィンの気圧の相関を示す南方振動指数から、1782年から1783年にかけてエルニーニョ現象が発生していた可能性が極めて高いことだ。『天明卯辰簗』には1782年（天明二）暮れから1783年（天明三）正月まで暖冬で、春以降に長雨と冷夏と記している。日本列島における暖冬と冷夏の組み合わせは、エルニーニョ現象発生時に典型的なものだ。第Ⅱ章⑵で述べた寛喜の飢饉（1230

図5-8 ラキ火山噴火後の欧州および合衆国東部の気温推移

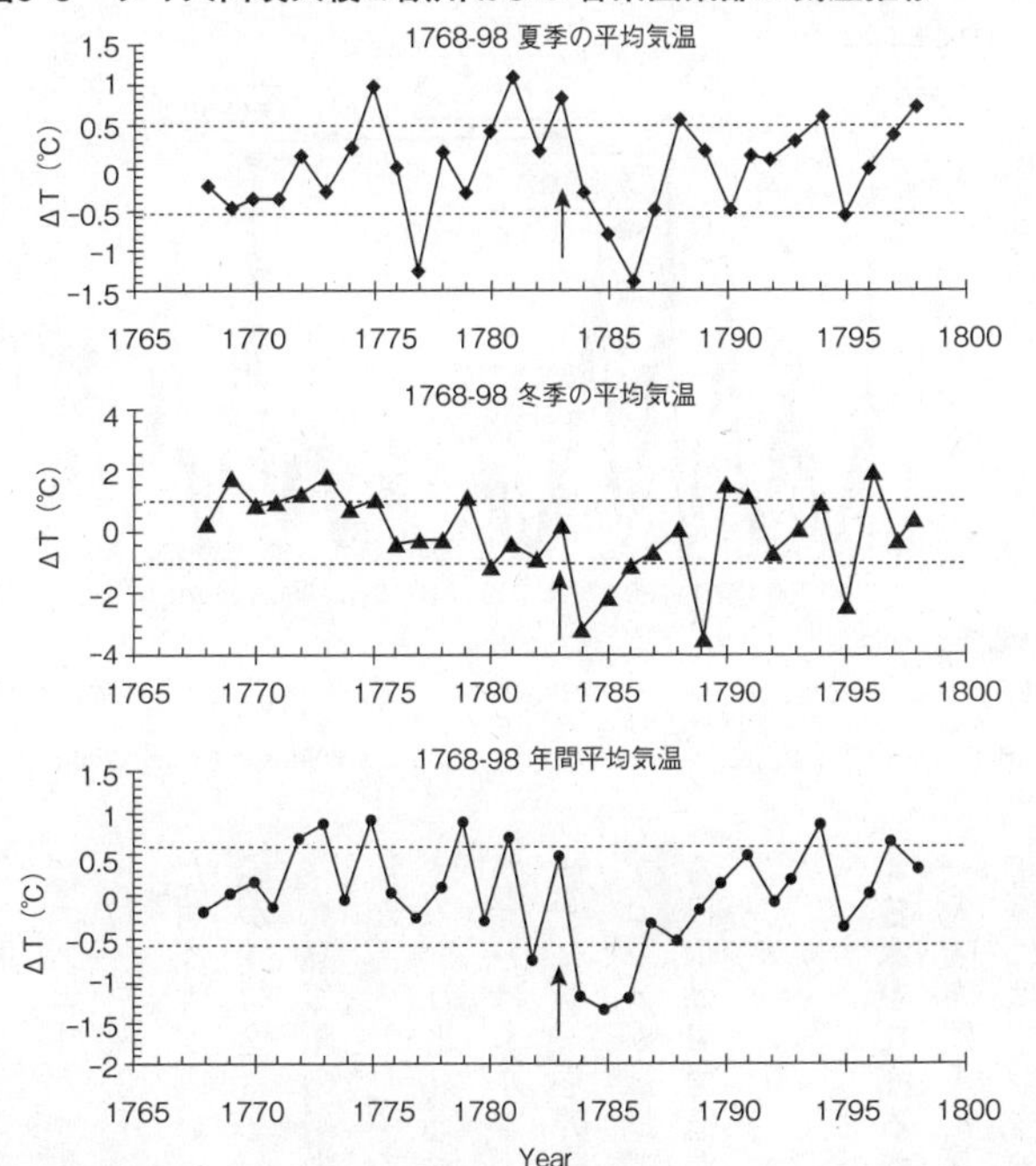

注1：↑は噴火時点
　2：平均値は図示した31年間の平均
　3：観測値地点は、欧州および合衆国東部の29箇所

出典：Thordarson and Self (2003)：Atmospheric and environmental effects of the 1783-1784 Laki eruption: A review and reassessment. *Journal of Geophysical Research* **108**.

図5-9　江戸時代後期の太陽黒点サイクル

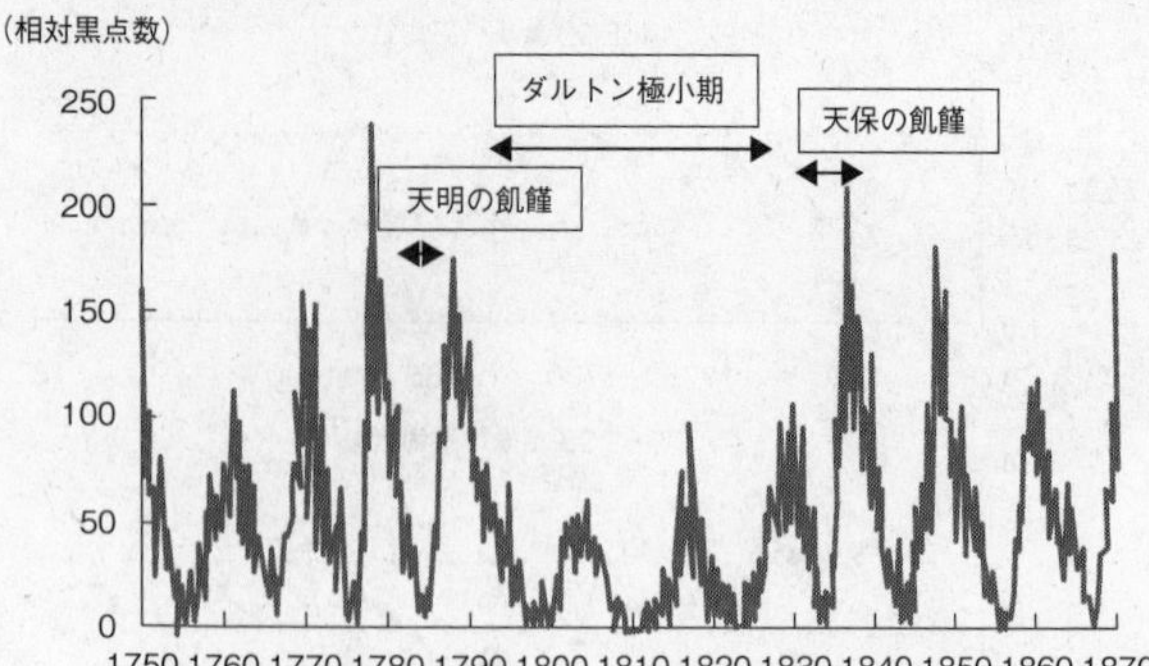

注：相対黒点数とは、黒点群ひとつを10、個々の黒点ひとつを1として、太陽表面の黒点群と黒点の数を集計したもの。
出典：NASA HPより。http://solarscience.msfc.nasa.gov/SunspotCycle.shtml

年）と同じく、1783年前半の天候不順はエルニーニョ現象が発生した夏にみられる太平洋高気圧の張り出しの弱さに由来した可能性が高い。太平洋高気圧が弱く偏西風が蛇行すると、北側に位置するオホーツク海高気圧の勢力が相対的に高まり北東気流が流入し易くなる。本州北部太平洋側では、この北東気流がヤマセとなる。天明の飢饉とはエルニーニョ現象による冷夏が発端となり、その後に火山噴火による硫酸エアロゾルが成層圏に広がったことに由来する日傘効果で低温傾向が長期化したのではないか。[78]

●日本中を揺るがした大飢饉

大凶作による食料危機について、1783年夏には米や麦の価格上昇の中で各藩の領主も農民も認識するようになった。同年七月に弘前藩の青森・鯵ヶ沢・深浦といった回米積み出し港で、３０００人が暴徒となり出荷反対の打ちこわしを起こしている。盛岡藩でも八月二十二日に米屋新助が売り惜しみしたとして打ちこわしの対象になり、仙台藩でも九月十九日に回米政策を推進していた阿部清右衛門の屋敷が襲撃された。

夏を過ぎると、浅間山噴火の影響から上野、下野、信濃でも米騒動が発生した。一方で、冷夏による凶作が発生した東北諸藩では秋以後は目立った打ちこわしは発生しなくなる。飢餓状態が悪化すると、組織的な暴動を行う力もエネルギーも無くなってしまうようだ。

１７８３年に東北諸藩が幕府に届け出た被害規模は、弘前藩で皆無作、八戸藩で表高２万石に対して損毛が１万９２３６石と81％、盛岡藩が表高・新田高合わせて24万８０００石中で損毛18万２２９０石と76％、仙台藩では表高59万石で損毛が56万５２００石と95％に及んだ。各藩とも平年の１割から２割以下しか収穫できなかった。[79]

『天明卯辰簗』には、九月末から八戸藩の市中で飢民を多くみるようになったと記している。そして秋から冬にかけて、殺人・強盗・追剥・食人の伝聞が続くのだ。ひもじさゆえ自らの指を食べる幼児、墓地を掘り起こして死骸を食べる者、わが子を打殺して食用にする母親、等々。著者は「この度の大凶作に相成り、世の中の人々の有様を見るに、更に人間界にあらず。皆餓鬼道と相成る事こそ不思議也」と感慨を述べている。[80]

天明の飢饉における餓死者の大量発生は、1783年秋から翌年春にかけてがピークであった。弘前藩でこの期間に餓死者等が10万2000人、八戸藩では1784年五月に宗門改を行ったところ3万105人の餓死・病死であった。盛岡藩で餓死者9万2100人、仙台藩で20万人とあるが、この数字の多くが弘前藩や八戸藩と同じ時期のものであろう。1756年（宝暦六）から1786年（天明六）にかけて、日本全国の人口は3128万人から3010万人へと3・8％に相当する118万人の減少となった。関東以北で146万人減少しており、特に東北地方太平洋側と関東で人口減少率は1割を超えている。宝暦の飢饉の影響も残っていたであろうが、主因は天明の飢饉に違いない。まさに江戸時代最大の飢饉であった。[79][81]

●飢饉対策と幕府の衝撃

大凶作に見舞われた東北各藩の初期対応は、けっして遅くはなかった。八戸藩では1783年七月二十四日に沿岸部の漁村に対して「濁酒屋停止（ちょうじ）」と酒造禁止令を発し、翌月二日に対象範囲を藩全域に広げた。酒造は「穀潰し」とされた。同時に他領への米の移出を禁止する穀留も実施している。米だけでなく、九月九日には贅沢品とされる鯛・鱒などを除く魚産物の出荷も止めている。酒造禁止と他領への食料移出の禁止の2つの政策は寛永の飢饉以降、常に行われてきたものだ。

他領からの食料購入も模索された。とはいえ、秋田藩や越後の新発田藩からの米積み出しの計画も進められたものの、冬場で航路が荒れ、雪が積もった陸路での運輸も困難となり、飢餓地域に米が届くのは翌年春になってからと遅れた。

天明の飢饉の際、幕府の老中は田沼意次だった。幕府は1783年の十二月から1年間、凶作が甚大な弘前藩・会津藩・三春藩・相馬藩に拝借金を貸し与えているものの、関心事はもっぱら江戸や大坂での米価格の上昇であった。田沼意次は1767年（明和四）に側用人に登用されて以来、蝦夷地開発、印旛沼干拓、株仲間への関与と重商主義的な政策を打ち出していた。彼は江戸での米の供給不足についても市場経済で解消しようと試みた。1784年の一月から九月にかけて米穀売買勝手令を発し、米問屋でなくとも江戸への米の搬入と販売を扱えるよう自由化したのだ。自由市場をいっそう整備すれば、購買力がある地域に商品は流れる。回米政策により江戸への米の流入量を確保することで、打ちこわしの暴動の広がりを抑えようとした[82]。

田沼意次の主導した自由市場により1783年に始まった危機的状況は終息したかにみえたが、1786年になると再び天候不順となった。杉田玄白の『後見草』によれば、四月中旬から五月、六月と長雨が続き、秋の収穫への懸念が広がった。江戸では七月十二日（8月7日）から台風によると思われる豪雨が数日間続き、利根川の堰が決壊し大洪水となる。1783年の浅間山噴火による降灰で川底が浅くなっていたことが大事態を招いたのだ。洪水は同月十八日まで続き「昔より聞きも及ばぬ水害」となった。この洪水によって印旛沼・手賀沼干拓は頓挫し、翌月二十五日に徳川家治が死去すると田沼意次は老中辞任に追い込まれ、2万石を減じた上に屋敷の立退きまで命じられた[83]。

1783年以降も、東北地方では飢饉の影響が残っていた。種籾の費消と労働力の減少により米の生産量は1785年になっても回復せず、そのまま1786年の冷夏の影響を受けたのだ。表高2万石の八戸藩の被害額をみると、1783年に1万9236石、1785年に1万5030石、1786年に1万5797石であった。こうした状況から、大都市の食料価格は、1786年秋から再び上昇を始めた。このため幕府は、1784年と同様に米穀売買勝手令を1786年の九月から十一月に再び発し、江戸への回米を促進した[53]。

1787年になると、食料価格の上昇は勢いを増した。江戸への回米を優先させる政策により、大坂では投機的な買米もあって食料価格が急騰し、供給量の不足と相まって庶民の不満が高まった（図5－10）。そして五月十日夜、大坂で木津村米屋が襲撃された。大坂の打ちこわしは、九州から関東にかけて全国に伝播していった。

都市部の打ちこわしは天明年間（1781～1789年）に107件起きたが、うち50件が1787年のもので、特に五月に36件と集中している。江戸でも五月上旬に銭百文につき白米が四合から四合五勺であったのに対して、中旬から下旬に三合と5割以上の白米

図5-10　大坂での主要食料の商品相場推移

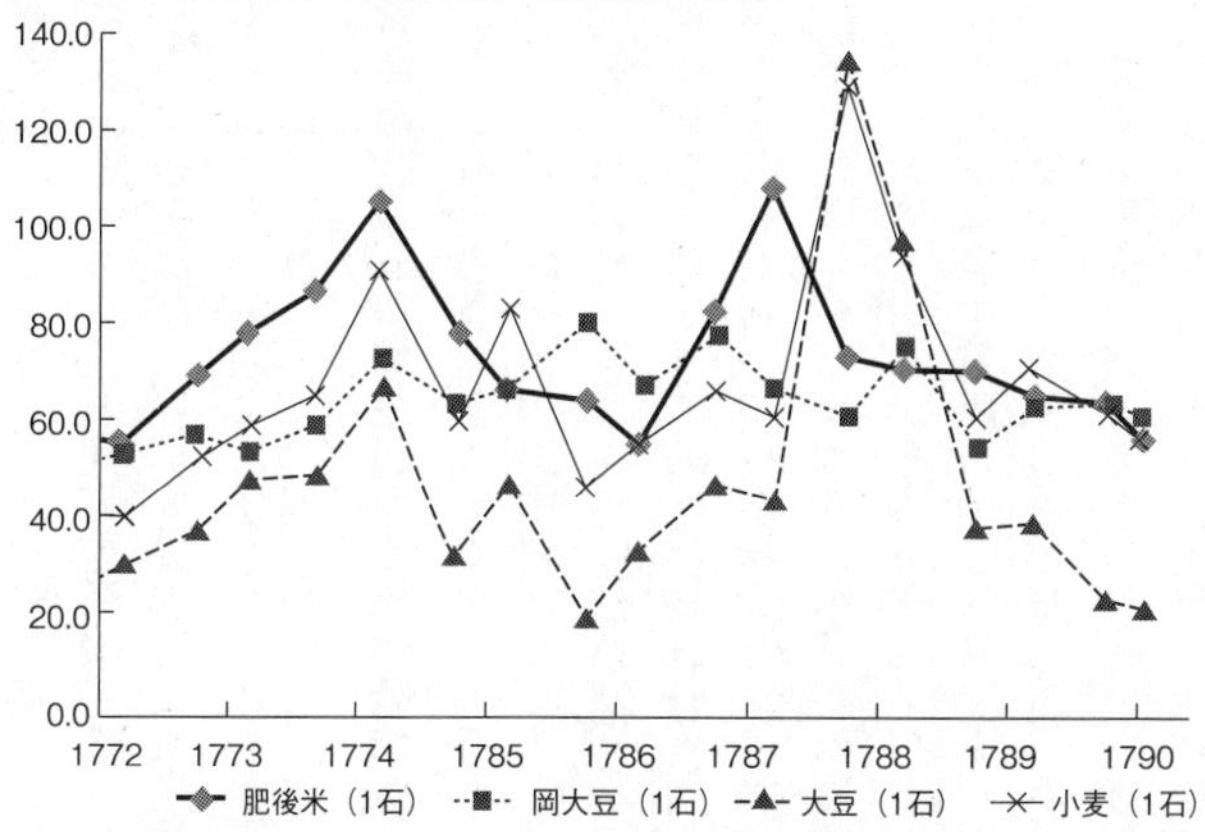

出典：三井文庫編（1989）：近世後期における主要物価の動態〔増補改訂〕，東京大学出版会 pp. 92, 94

価格の上昇となった。これを背景に、江戸でも同月二十日の深川森下町を皮切りに打ちこわしが発生した。暴動を起こしたのは農村からの流入飢民ではなく、小職人・棒手売（天秤を担いだ小商人）・日雇といった都市下層民が中心であった。[84][85]

江戸幕府は、都市部での打ちこわしの多発に衝撃を受けた。もはや遠い東北地方の凶作は、他人事ではなくなったのだ。市場経済で結び付いた社会では、ある地域での天候不順が全国各地の社会不安へと広がっていく。前年八月に田沼意次が老中職を辞した後も幕僚には田沼派は引き続き残っていたものの、グループの力は江戸での打ちこわしを契機に完全に失墜した。

幕府は江戸での打ちこわしを深刻に受け止め、20万両を対策費にあてた。伊奈半左衛門を御救方として、芝・麹町・深川・浅草で窮民に米6万俵と金2万両を与えることで暴動の鎮静化を図った。そして抜本的な飢饉対策は、田沼グループとの権力闘争に打ち勝ち六月十九日に老中筆頭に就任した30歳の松平定信に委ねられることになる。[86][87][88]

●寛政の改革：市場主義から統制経済へ

松平定信が脚光を浴びたのは、天明の飢饉に際して白河藩主としての対応に評価が集まったからだ。隣国の相馬中村藩では1783年の半年で農民の9％が餓死・病死し、4％が逃散したのに対し、松平定信が藩主であった白河領では一人の餓死者も出さなかった。相馬中村藩の飢民は、白河に行けば食料を得られると大挙して阿武隈山地を越えている。もっとも、6万石の相馬中村藩では財政事情から他領の米が購入できなかったのに対し、白河藩の松平定信は徳川吉宗の孫であり将軍候補にもなった人物ゆえ、幕府からの支援を容易に受けることができた面もある。[89]

松平定信は老中首座の地位に就くと、直ちに寛政の改革に着手する。彼は祖父である徳川吉宗の享保の改革を理想とし、倹約の励行、財政の緊縮、思想統制を進めた。この改革は、天明の飢饉を踏まえての今後の飢饉対策という面も大きかった。

定信は田沼意次の重商主義政策を完全に否定した。意次は飢饉に際して米穀売買勝手令で流通を促進して市場主義によって商品を行き渡らせようとしたものの、価格の高騰や乱高下を放置した。定信は「(米価を) 平準せんはかりごともなく」と批判している。実際、大きな米問屋が利鞘稼ぎを狙って投機的に米を買い占める行動もあった。定信は大商人による私的な囲米を摘発し、市場主義によらない飢饉対策を打ち出していった[90]。

まず高騰した米価への緊急対策として、1787年から1788年にかけて米問屋の売買や在庫を徹底して調査し、米価を2割下げるようにとの御触書を出した。そして、米価の長期的な安定のため、三谷三九郎ら10人の米問屋でない江戸の町人を勘定所御用達に任命し、米価低迷時に買い支え、価格上昇時に売り崩しを行うとの価格安定制度を設けた[91]。

次に食料備蓄について、幕府の囲米・城詰米だけでなく各藩の都市や農村にある社倉の充実を図った。寛永時代から備荒貯蓄としての社倉制度は存在していたものの、藩財政の悪化によって形骸化していたのだ。定信は南宋の社倉法をモデルとして、この制度を浸透させていった。1789年 (寛政元) 九月、幕府は大名に向けて領邑囲穀令を発し、備蓄とは飢饉に対しての「天下の御備」と国家的なものと位置づけ、幕府への上納もありえると定めた[92]。

さらに「農は国の本」との発想に立ち、飢饉で荒廃した農村を復興すべく、1790年 (寛政二) に旧里帰農奨励令を発し、膨れ上がるばかりの都市人口を農村に戻そうとの施策も試みている[93]。

松平定信については、朱子学偏重、将軍への道を阻んだ田沼意次への私怨といったマイナス評価もある。しかし、極端な異常気象が招いた全国的な飢饉とその後の社会不安について、田沼意次の進めた市場主義が食料価格を暴走させたのに対し、統制経済により物価の鎮静化を図った点は一定の評価が得られるだろう。寛政の改革で打ち出した各地での社倉の充実や御救小屋の設置を主眼とする飢饉対策は、幕末まで続けられた。

⑹ 江戸幕府を追い詰めた2度の天候不順

●1815年のタンボラ火山噴火の影響は軽微

第Ⅲ章⑴や第Ⅳ章⑶でグリーンランドや南極の氷床コアに残された火山灰から巨大火山噴火の可能性を探る時、その規模を比較する上で引き合いに出した火山がインドネシアのスンバワ島にあるタンボラ火山だ。タンボラ火山は噴火時期とその爆発規模が明確なものとしては過去2000年間でもっとも大きく、火山爆発指数は7とされている。

1815年4月5日に噴火を開始し、翌年にはイングランド中央部や北米大陸東岸で記録的な冷夏となり、「夏がなかった年」をもたらしたとされる。中国でも1816年に河北省・河南省・浙江省・湖南省で干ばつ等、1817年に河北省で夏に霜害といった自然災害が起きている。[94][95]

ところが日本の場合、タンボラ火山噴火の影響はほとんど見られない。栃木県両郷村での米の平均収穫量をみると、1反あたり1810〜1820年の平均が1・61石であるのに対し、1815年が1・45石、1816年が1・54石、1817年が1・52石とほとんど変わらない。佐賀の作況には、1815年「上中作」、1816年「中下作」、1817年「上作」と1816年の不出来をうかがわせるものの、京都の白米小売価格は1石あたり銀80匁前後でほとんど変動していない。巨大火山噴火といっても、地球のすべての地域に均等に影響を及ぼすわけではないという事例のひとつといえる。日本においては、タンボラ火山の噴火の17年後に始まる天候不順の影響が大きかった[74]。

●7年続いた天保の飢饉

1832年（天保三）に始まる天保の飢饉は、「七年飢渇（ケカチ）」とよばれたように長期に渡った点に特徴がある。1755年（宝暦五）や1783年（天明三）のような破局的な大凶作ではなく、だらだらと冷夏による飢饉が続いた印象を持つ。天保の飢饉での各地の天候不順やそれに伴う不作を眺めると各年で様相が異なっており、複数の要因により東北地方を中心に冷夏・長雨の年が続いていたと考えられる。また、危機的な飢饉年となると食料備蓄が払底し、農村での労働力も不足するため、食料不足は翌年にも及ぶ。作況が回復したからといっても飢饉の困窮は続くのだ。

表5-2　天保の飢饉時の各地の作況

		青森県	岩手県	秋田県	山形県	栃木県	佐賀県
		弘前藩「永宝日記」	盛岡藩宮古通山口村「北館文五郎手控」	秋田藩「飢歳懐覚録」	新庄藩最上郡南山村「天保年中巳荒子孫伝」	両郷村関谷家（反当たり収量）	早川孝太郎「佐賀県稲作坪刈の研究」
1832	天保三年	-	中作	五分の凶作	不作	1.33石	中作
1833	天保四年	凶作	不作	大飢饉	大飢饉	0.88石	大不作
1834	天保五年	豊作	豊作上々	豊作	万作	1.62石	七分作
1835	天保六年	半作	不作	四分の凶作	飢饉	1.56石	凡三分作
1836	天保七年	不作	不作種無	五分の凶作	飢饉	0.35石	大凶作
1837	天保八年	-	豊作上々	六分の凶作	大不作	1.58石	上中作
1838	天保九年	飢饉	不作種無	六分の凶作	-	1.23石	中下作
1839	天保十年	-	豊作上々	四分の凶作	-	1.75石	上作

出典：青森県文化財保護協会編（1982）永宝日記．（『みちのく双書　第35集』所収）
宮古市教育委員会編（1989）宮古市史（資料集近世五）．pp.445-469
柿崎弥左衛門（1838）天保年中巳荒子孫伝．（『日本庶民生活史料』第七巻所収 pp.699-765）
小野武夫編（1987）飢歳懐覚録．（『近世地方経済史料（八）．』所収）吉川弘文館 pp.357-365
荒川秀俊（1955）気候変動論．pp. 62-64

表5－2は天保の飢饉時の青森、岩手、秋田、山形、栃木、佐賀での作況状況をまとめたものである。これをみると、天保の飢饉では1833年（天保四）と1836年（天保七）に深刻な飢饉となっており、東北地方だけでなく北関東や九州でも収穫に影響が出ていることがわかる。東北地方太平洋側の凶作といえば、オホーツク海高気圧からの北東気流によるヤマセの冷風が原因とされ、1833年においても津軽でヤマセが吹いたとの記録もある。とはいえ、凶作が九州西部に及ぶ全国規模であることから、天保の飢

饉の2つのピークの原因をヤマセばかりにするわけにはいかない。

1833年の飢饉では、東北地方太平洋側の陸奥よりも日本海側や内陸部にあたる出羽側で被害が目立ち、「巳年の飢渇(ケカチ)」として後世伝えられた。秋田藩雄勝郡では春こそ気候は良かったものの、五月に長雨・洪水、六月に霜が降り冷涼となり、八月下旬以降も曇天・霜降りとあり、同藩仙北郡でも四月から五月にかけて「大日旱(ひで)り」であったのに対して、五月二十七日から長雨となった。北東気流によるヤマセの影響は東北地方日本海側まで及ばないことから、この年の冷夏は偏西風に乗って温帯低気圧が頻繁に本州を通過することでシベリア気団からの寒気が北西風の流入によって運ばれるという第2種型であったと考えられる。北関東や九州北部でも凶作であったことから、偏西風帯は九州まで南下し日本全域にシベリア気団からの寒気が流れ込んでいたのではないだろうか。表5−2から1833年だけでなく1835年、1836年、1838年に、九州北部から本州にかけての広い範囲で第2種型冷夏となった可能性が高い[96]。

ヤマセをもたらす第1種型冷夏も温帯低気圧の通過による第2種型冷夏も、太平洋高気圧の勢力が弱いことが遠因であり、この気圧配置はエルニーニョ現象との関連が大きい。スペインから南米に渡った征服者(コンキスタドール)の記録、ナイル川の洪水、インドの干ばつ、南太平洋の南方振動指数をみると、1833年、1835年、1837年〜1839年とエルニーニョ現象が頻発していたことを示している。このことが、天保の飢饉が7年間という長期に及んだ背景であろう[78]。

１８３６年（天保七）の大凶作も全国規模であった。この年の冷夏について、１８３５年1月20日に始まる中米ニカラグアでのコセグイナ火山の噴火が影響した可能性を指摘したい。噴出量は57億立方メートルと蝦夷駒ケ岳の2倍弱、火山爆発指数は5に分類されるものだ。伊達藩家臣の日記に１８３６年四月一日（１９３５年4月28日）、「此節毎朝、日出赤く、毎朝のように霜が降り白くなる」とある。グレゴリオ暦の4月下旬になっても霜が降りる低温の中での毎日続く赤い朝焼けとは、コセグイナ火山の噴出物が大気中で硫酸エアロゾルとなり、太陽光を散乱させたためであろう。同様の現象は、20世紀で最大とされる１９９１年6月のフィリピン・ルソン島のピナトゥボ火山噴火（ＶＥＩ＝6）の際にもみられた[97]。

コセグイナ火山の噴火は、１４５３年頃のクワエ火山、１６００年のワイナプチナ火山、１８１５年のタンボラ火山と比較するとひとまわり小さいものの、北半球の平均気温を0・3℃以上下げたとされる（図5－11）。そして、噴火による気温の低下は北米東岸や欧州大陸では2～3年に及んだ。同じ中緯度帯の日本においても、同様に気候への影響があったのではないか[98]。

図5-11　火山噴火による気温低下の影響（1400年～2000年）

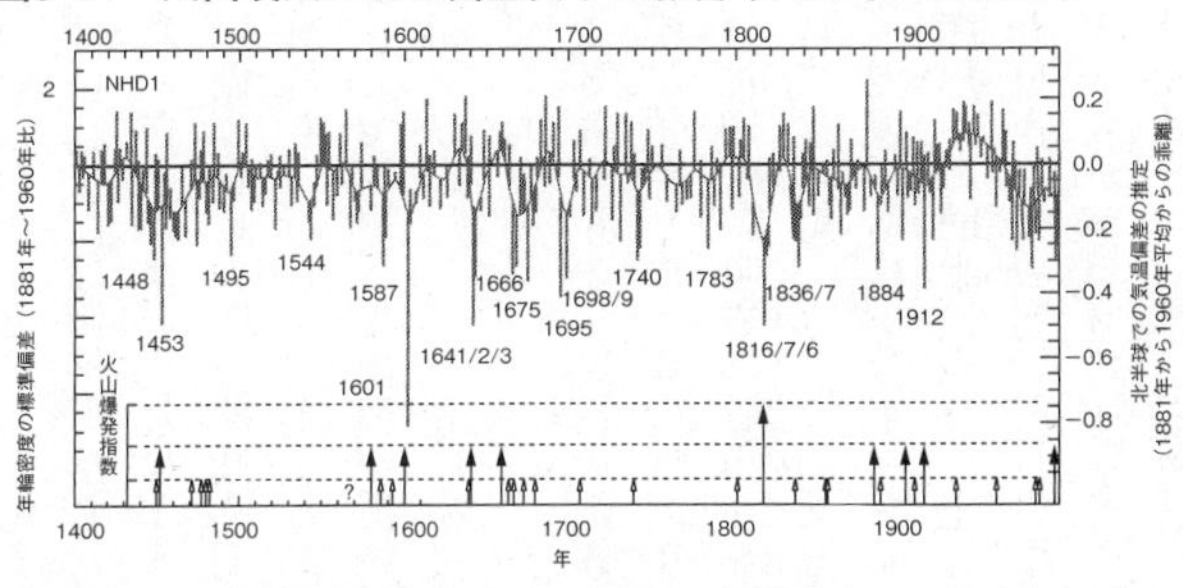

1453年＝クワエ火山、1600年＝ワイナプチナ火山、1641年＝駒ケ岳・パーカー火山、1815年＝タンボラ火山、1836年＝コセグイナ火山、1884年＝クラカタウ火山、1912年＝ノバルプタ火山

出典：Briffa et al. (1998)：Influence of volcanic eruptions on Northern Hemisphere summer temperature over the past 600 years. *Nature* **393** pp. 450-455

●飢饉対策は機能したか

天保の飢饉の死者数は、餓死者・疫病死者合わせて東北地方全体で10万人前後、全国でみて20万人から30万人と推定されている。天保の飢饉は7年間と長期にわたったものの、死者数を比較する限り天明の飢饉での1783年から1784年にかけての東北地方だけで30万人以上、あるいは宝暦の飢饉での1755年から1756年の盛岡藩・仙台藩合わせて8万人といった規模を超えるものではない。寛政の改革で松平定信が整備した飢饉対策が、一定の効果を発揮したためだと思われる。社倉制度による農村での救荒備蓄の充実である[99][100]。

しかし都市部において、天保の飢饉の影響は大きかった。京都の白米小売価格をみると1833年秋から上昇を開始し、1834年二月に米1石で銀122匁にまで急騰した。白米小売価格が銀120匁を超えたのは、1787年（天明七）以来のことだ。1835年春にはいったんは価格下落したものの秋から再び上昇し、1836年九月には188匁に達した。白米価格の高値は1839年まで続いた（図5－12①）。

米価高騰は天明の飢饉と同様に都市部の下層民を直撃した。1833年九月に江戸で早くも打ちこわしが発生する。幕府は白米の江戸への回送を第一に考え、関東諸国に囲米を禁止して江戸への出荷を奨励するとともに、天明の飢饉時と同様に米問屋だけでなく素人の売買も許した。さらに窮民対策として、同年十二月から五月まで介抱小屋を11カ所13棟に築いた。

1836年の二度目の飢饉のピークにおいても、諸国で都市部の打ちこわしや農村での一揆が頻発した。幕府は同年七月に酒造を従来の三分の一に減らすよう指示し、十月に江戸の神田佐久町に御救小屋を設置し、日雇のうち極貧者4200人を収容した。この小屋だけでは対応しきれないとなると、1837年三月から十一月にかけて、品川・板橋・千住・内藤新宿に御救小屋を新たに建設している[101][102]。

江戸への回米優先は、上方において米入荷の不安を誘った。1837年（天保八）二月十九日夜、大坂奉行所与力であった儒学者の大塩平八郎が蜂起する。その檄文には、米価高騰にもかかわらず江戸への回米を優先して天子のいる京都への米の世話をしない、大坂の役人は贅沢三昧にもかかわらず役人は堂島の相場をいじるだけ、といった内容が盛り込

図5-12　白米価格の推移と一揆発生件数

①京都の白米小売相場（1石あたり）の推移

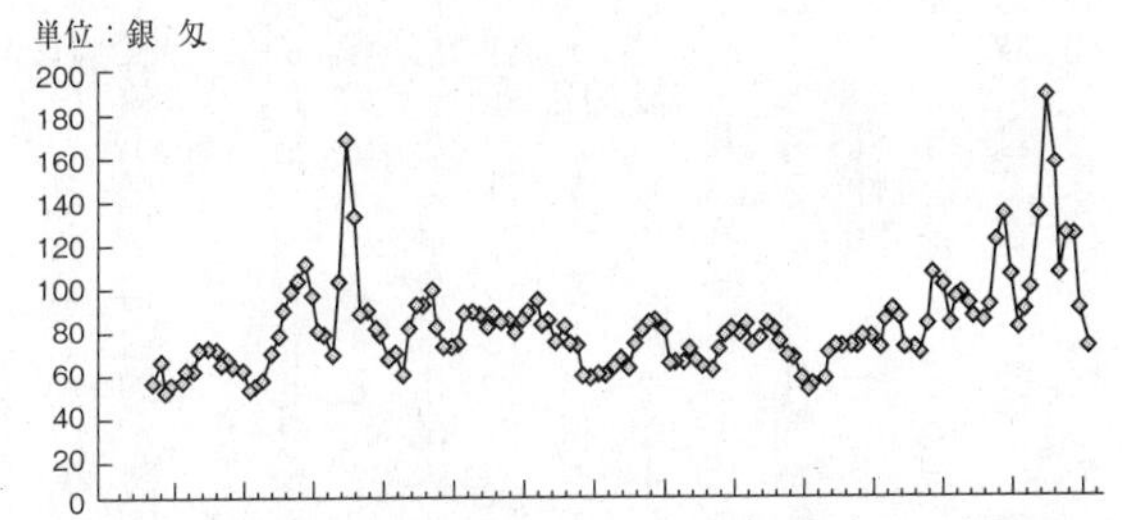

出典：荒川秀俊（1979）：飢饉．pp. 60, 61

②一揆発生件数

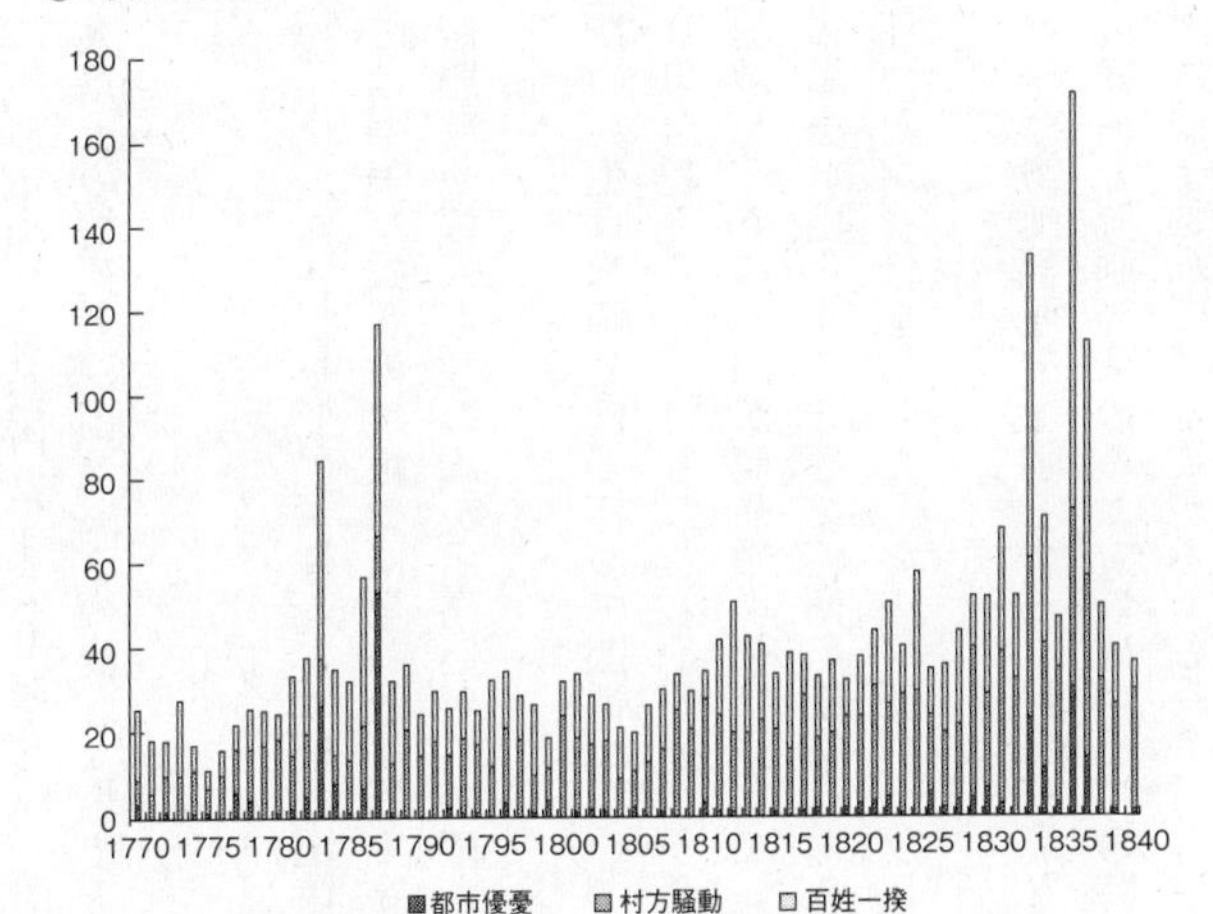

出典：青木虹二（1971）：百姓一揆総合年表．三一書房 pp. 28-32

まれていた。大塩平八郎の乱によって、大坂市内で焼失町数120町余り、軒数1万8250戸と五分の一が焼失し、270人以上の焼死者が出た。この後、大坂でも江戸と同じく御救小屋が精力的に設置された。[103][104]

天保の飢饉の3年後の1841年(天保十二)、江戸幕府を掌握した老中首座の水野忠邦は天保の改革に着手した。天保の改革では華美な衣服の禁止や風紀の取り締まりといった倹約令、あるいは都市部への流入者を帰農させる人返しの法が名高いが、米価の安定も大きな課題のひとつだった。

図5-12②をみると、打ちこわし・一揆の発生は米価動向と極めて関係が深い。飢饉が発生した後に米小売価格が1石で銀100匁を超えると、打ちこわしや一揆が多発している。水野忠邦は物価引き下げの重要性を認識し、その元凶が商品相場を操作している株仲間にあると考えた。株仲間を解散させ、市場を自由化することで、商品価格は落ち着くとみたのだ。株仲間から上納金を得ている江戸町奉行は抵抗したものの、江戸の庶民や町名主の要望にこたえる形で実現した。

この政策は、寛政の改革で松平定信の行った物価管理を主眼とする統制経済から自由市場への揺り戻しのようにみてとれる。市場経済と統制経済のあり方にはすべての時代を貫く答えは存在せず、為政者は常に試行錯誤に悩まされ続ける姿がみてとれる。[105]

●慶応二年の飢饉と明治維新

幕末の混乱の中で見過ごされがちなのが、1866年（慶応二）の飢饉である。『萬覚帳』には慶応元年以降の弘前藩の状況が記されている。同年四月二十三日（6月6日）の記事に「苗生立宜しからず毎日毎日寒く」とあり、五月十八日（6月30日）にも「毎日東風にて寒く綿入に重着致す」と例年と比べて気温が低く、西浜や弘前での米価が次第に上昇する。六月になっても「東風廻り涼」で雨天の日が多かった[106]。

1866年の東北地方の冷害による収穫量の減少は、天明の飢饉や天保の飢饉と比べると軽微なものであったかもしれない。栃木県両郷郡の関谷家に残る反収の推移をみると、1866年（慶応二）は1・35石と前年の7割程度であり、1833年（天保四）の0・88石、1836年（天保七）の0・35石とは比較にならない[74]。

しかし、日米修好通商条約により安政五年（1858年）の開国以降、外国商人が日本の物資を高値で購入したこと等から物価は上昇傾向を示していた。こうした中で、第二次長州征討が開始されたのだ。幕府や大名は兵粮を確保すべく、蔵に貯蔵された米を容易に市場で売却しなかった。東北地方の冷害の噂が流れると、投機筋の買占めにより米価上昇の勢いは増した。京都の白米小売価格は1石あたり天保の飢饉時のピークで銀187・7匁であったのに対し、1866年春に銀679匁、同年秋に1188匁へと急騰する[107]。

米価急騰により、四月の江戸での打ちこわしを皮切りに全国で打ちこわしや一揆が多発していった。1866年（慶応二）の都市・農村を合わせた騒乱件数は185件で、1833年（天保四）の133件、1836年（天保七）の171件を凌ぐ。幕府は清から米87万俵を緊急輸入する事態に陥った。[108]

第二次長州征討の戦況は幕府軍にとって芳しくなく、兵站に不安が出たことで厭戦気分が広がり、九月二日に朝廷の働きかけにより停戦となる。かくして江戸幕府の権威は失墜し、王政復古から明治維新へと時代は転換していく。天候不順による凶作、飢饉の発生、食料価格の高騰、これらの問題解決も明治政府に引き継がれることになる。

エピローグ

(1) 気候変動に立ち向かう鍵は何か

今日、気候変動というと人為的温室効果ガス排出による地球温暖化ばかりに関心が向く。あたかも母なる自然は安定した環境を人類に与えているにもかかわらず、われわれは自らの業によって自ら破滅の道を歩んでいるかもしれないという発想もある。しかし、古気候学の研究成果から、気候は自然要因によって常に大きく変動してきたことがわかってきた。本書でみたように7世紀後半から現代に至る日本の歴史をみても、太陽活動の数百年単位での強弱や突発的な巨大火山噴火によって、気候変動は起きてきた。

そして、気候の変動は自然災害だけでなく凶作による飢饉を招き、そのつど餓死者が路上に放置され、飢民は食料を求めて在地を離れてさまよった。気温が高くなれば干ばつ、低くなれば冷害に由来する飢饉に、世界中の人々と同じく日本人も常にさらされてきたのだ。望ましいのは気候が安定し続けることだが、それが自然要因の中でも適わないことを過去の歴史は示している。気候変動に対していかに食料を確保し生き延びるかという問題こそが、人類の永遠のテーマといえる。

奈良時代以降、日本人が気候変動と格闘してきた歴史をみる時、着実に対処してきたものもあれば危機的な状況に陥いる局面もあった。事例の中から、現在にも通じる課題をみることができる。これらの点を考えてみたい。

●技術の発達による克服

万葉の時代と今日を比較してまず違うのは、農業を中心に技術の発達によって格段に気候変動への対応力が増した点である。

象徴的な事例が灌漑設備の充実による干ばつの克服だ。奈良時代には灌漑設備といっても谷間の河川を堰き止める谷池ばかりであり、降水量が減少すると平地の水田は直ちに干上がった。佐賀平野において、当時の国府が山系から扇状地となってすぐの場所にあったということは、当時の人々の拠点が平野のただ中ではなく水利を導くのに容易な山間近くにあったことを示している。行基による狭山下池、空海による満濃池といった平地の皿池が修復された記録があるが、あくまで限られたものでしかなかった。

灌漑設備は鎌倉時代後期以降の水車の普及をきっかけに大幅に向上し、平野での田園風景という日本人の原初的な農村像が生まれた。そして、江戸時代の各藩領主は大規模土木工事に着手し、大河川の流れまで変えて水利の安定した農地を飛躍的に増加させていった。

江戸時代半ば以降、日本では干ばつに由来する広汎な飢饉はほとんどみられなくなる。これは技術の発達がもたらした気候変動への大きな勝利といえるだろう。

灌漑設備だけではない。鉄製農具の普及や農耕家畜の利用により、単位あたりの農業生産性は大幅に向上し、気候が変動する中での収穫量の変動を抑制した。さらに、品種改良によって冷害に強い作物の模索も常に行われてきた。

技術が発達するスピードは必ずしも速くはない。激変する天候に接する時、即効性のある対策にはみえないかもしれない。新しい技術の開発が全国隅々まで普及するとなると、水車の例では数百年の時間を要した。とはいえ、ゆっくりとしたスピードではあったとしても、着実な技術の発達こそが気候変動を克服する真の原動力となる。

●統治の安定と的確な対策

技術の発達とともに両輪をなすのは、為政者による統治の安定だ。シュペーラー極小期とマウンダー極小期の2つの寒冷期において、日本と中国は対照的な道を歩んだ。

シュペーラー極小期の15世紀半ば、明は永楽帝時の繁栄により国家が安定し財源も潤沢であったからこそ、一時的な混乱があったものの16世紀初頭の弘治帝の時代に再び興隆し150年間命脈を保った。一方、日本では足利幕府の財源は枯渇し、全国統治が完全に崩れた。天候不順で生まれた飢民は鎌倉時代までは山野に向かったのに対し、室町時代になると備蓄された食料を狙って都市へとなだれ込んだ。彼らは武装化して土一揆を起こし、その後は足軽の身分を形成し「分捕り」という自力救済の道を選んでいった。気候変動により生じる飢饉への戦国大名の解決策も、外征によって隣国の人々を犠牲にして生き延びようとするものであった。戦争における敗者は人身売買の対象となり、はるか南米まで売られた。この暴力的な行動原理を抑えるために豊臣秀吉は刀狩りを実施し、徳川家康は元和偃武という平和を志向したものの、全国で鎮静化が浸透するまで島原の乱に至る50年以上の月日を要した。

17世紀半ばに始まるマウンダー極小期の場合、国力の衰微した明は持ちこたえられず、李自成率いる農民反乱や後金（清）の侵入によって滅亡する。これに対し、日本では江戸幕府が盤石な時期であり、機敏な政策転換によって曲がりなりにも19世紀半ばまで社会が無秩序に陥いることはなかった。天明の飢饉にみられるように、東北地方の凶作から打ちこわしの多発といった混乱が広がると、幕府は惜しげもなく大金を投入した。

このように統治が安定し財源が潤沢でなければ、気候変動に立ち向かうことはできない。もっとも、統治の安定は必要条件ではあるもののそれだけでは十分ではない。奈良時代から平安時代の朝廷は、当時としてはやむを得ないとはいえ、飢饉対策の第一の柱は『金光明最勝王経』などの読経という祈祷中心のものであった。賑給という救済策や租庸調の軽減も実施されたものの、その範囲は限定的でしかない。むしろ首都造営の普請や東北侵攻を優先させた。朝廷や貴族らは飢饉対策に無力感が出ると、全国統治への関心を失い内向きの世界に閉じこもった。

朝廷に代わって具体的な飢饉対策を打ち出し、全国に広めていったのが北条泰時だ。彼は寛喜二年夏の初めからの天候不順を軽視することなく飢饉発生を予想し、公家社会が花鳥風月に興じるのを横目に、武士社会での食料消費の抑制を開始する指示を出した。種籾の供給が必要となると、泰時自身が保証さえして貸し渋りを阻止した。政策の徹底が痛感されたことが、御成敗式目を制定する由来となった。さらに泰時は、奴隷制さえも期限を区切って認めるという非常手段に訴えてでも、危機からの脱出を模索した。

江戸幕府においても対策の違いをみてとれる。寛永の飢饉に際して、徳川家光はまず全国での状況把握に努め、黒書院で陣頭指揮を取って老中らにたて続けに指示を出した。家光の撫民政策は戦時体制からの転換を意味し、江戸時代を通して飢饉に対する基本的な考え方となる。一方、徳川綱吉は元禄の飢饉の最中にあっても生類憐みの令の徹底を図り、違反した者を厳罰に処した。幕府の処置を知った東北地方では野生動物を食料にすることをためらい、飢民の困窮の度は増した。

統治の安定があれば気候変動に立ち向かえるわけではない。気候変動による災難が大きい場合、過去の経緯にとらわれない実効性ある方針も求められてきた。そして対策が功を奏した時、為政者の統治はさらに堅固になった。

また、飢饉発生時の危機管理だけが政府の役割ではない。技術の発達を支援する政策も必要だ。江戸時代前期、各藩の領主は大規模な新田開発を主導していった。そして、政府の役割とは財政資金を使って自ら事業を手掛けることばかりではない。ここでは新しい技術への為政者の対応に着目したい。鉄製農具を製造する職能集団たる鋳物師(いもじ)は六波羅探題から自由通行権を認められ、彼らが全国を渡り歩くことで農村に鉄製農具が広まった。また、鎌倉幕府による田麦課税禁止令は飢饉対策が目的であったものの、意図せざる形ながら農業生産におけるイノベーションとでもいうべき水田二毛作の導入を促進するポイントとなった。いつの時代でも、新技術への優遇政策がその普及に際しての起爆剤となる。

●市場経済：気候変動の影響を増幅する新たな要因

ここまでみてきたように、日本史を通じて技術の発達と安定した政府による的確な政策が、気候変動に対抗するための車の両輪であった。ところが、江戸時代中期以降、市場原理という気候変動の被害を広げる新たな要素が登場する。

奈良時代から室町時代までの気候変動がもたらす天候不順あるいは異常気象において、その対象地域とその周辺だけが被害を受けた。為政者による救済も被害を受けた地域を対象としたものであった。しかし、商品経済が網の目のように広がると気候変動による影響はその地域にとどまらなくなる。貨幣経済や市の発達という要素だけであれば、経済単位の拡大も周辺地域に限られたものであったろう。ところが、江戸時代に入り西廻り航路と東廻り航路が開通すると、商品経済圏は日本全国という単位になったのだ。

かくして、東北地方北部の凶作が大坂の米相場を急騰させることになる。流通面での技術の革新が、市場経済という要素を経て飢饉の被害をはるか遠方まで広げる結果を招いたのだ。一方、東北地方では食料不足が予想できる状況であっても、高く売れるとなれば鰺ヶ沢や青森から出荷されていった。市場経済は飢饉にあった地域をいっそう深刻なものとした。

市場主義とは人々の私利私欲を利用して効率的な資源配分を促すものだ。このメカニズムが機能しない状況を市場の失敗とよぶが、飢饉を原因とする過小供給や投機的売買によって生じる価格の乱高下は市場の失敗のひとつといえる。こうした状況では、市場主義に一定の制限を加える必要が出てくる。ところが、人間は経済社会にあって平時と非常時を判別するのは容易ではない。常日頃から私利私欲をベースに考えていると、非常時の対応を忘れてしまう。天明の飢饉の後に社倉制度で農村での食料備蓄を行ったが、秋田藩ではこの備蓄米を利子稼ぎのために貸し出してしまい、天保の飢饉の際に貸し倒れにあったという事例もある。30年も経てば市場の失敗の教訓は人々の頭から忘れ去られてしまう[1]。

このように、為政者は市場経済の拡大により、広汎な気象災害が発生した際には国家的規模で対策を講じなければならなくなっていった。この状況は、明治時代から現代に至るまで続いている。

(2) 明治凶作群と昭和凶作群

●明治時代以降の2度の大凶作

明治時代に入ってからも気候は数十年単位で変動してきた。特に江戸時代同様に干ばつによる気象災害はなくなったものの、冷害には悩まされ続けた。特に1902年（明治三十五）、1905年（明治三十八）を中心に明治時代の終わりは寒冷傾向が顕著になり、東北地方は冷夏が続いて米の収穫が激減した。この時代は明治凶作群とよばれ、冷夏の年は1913年（大正二）まで続いた。次に昭和に入ってから二度目の寒冷な期間が訪れる。1931年（昭和六）、1934年（昭和九）、1941年（昭和十六）そして1945年（昭和二十）と東北地方で冷夏が頻繁に発生し、昭和凶作群とよばれている。図6－1は東北の三都市および東京、佐賀、宮崎の年平均気温を示したものだ。1900年前後の10年間と1930年代の初めから1940年代の半ばにかけて、長期的な気温の推移として直前の期間と比較しておよそ1℃から2℃低下していることがみてとれる。

明治20年代は比較的温暖で米の自給率は100％を超え輸出に向けられることさえあったのに対し、明治30年代半ば以降の明治凶作群に入ると国全体での米の自給率95％を割り

図6-1　日本各地の年平均気温の推移

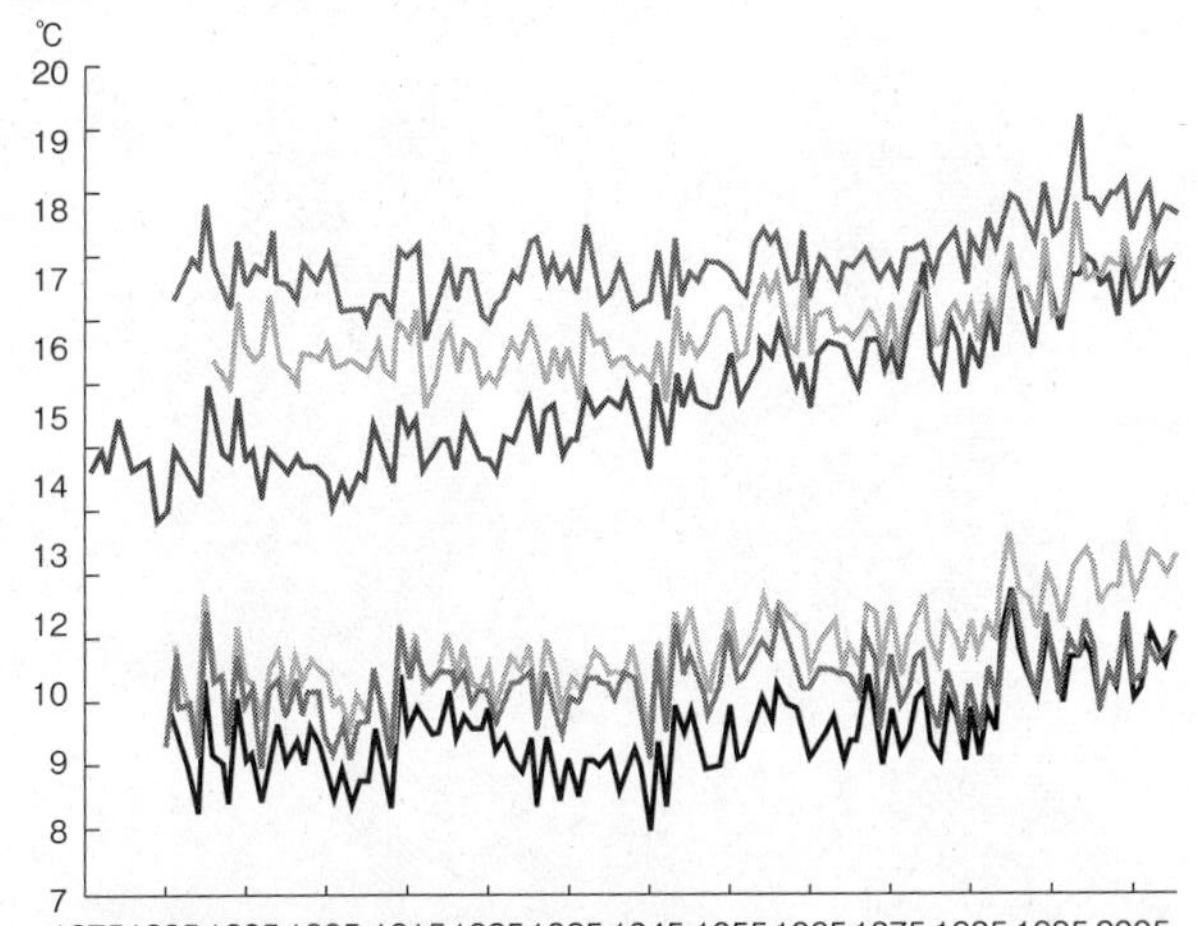

出典：気象庁HPより

込み、米を輸入する事態となった。とりわけ東北各県の米の作況指数をみると1割から3割程度に激減する年もあり、凶作の厳しさは天保の飢饉以来であった[2]。

図6－2をみると1905年は岩手・宮城・福島といった太平洋側各県での被害が大きくヤマセによる第1種型冷夏の影響が強かったのに対し、1913年では山形県の被害が目立っており第2種型冷夏の様相がうかがえる。明治凶作群での天候不順は複合的な要因で続いたものであった（第1種型冷夏ならびに第2種冷夏について、第V章(1)参照）[3]。

生活に困窮した小自作農は、所

図6-2　東北地方各県の明治凶作群での作況指数

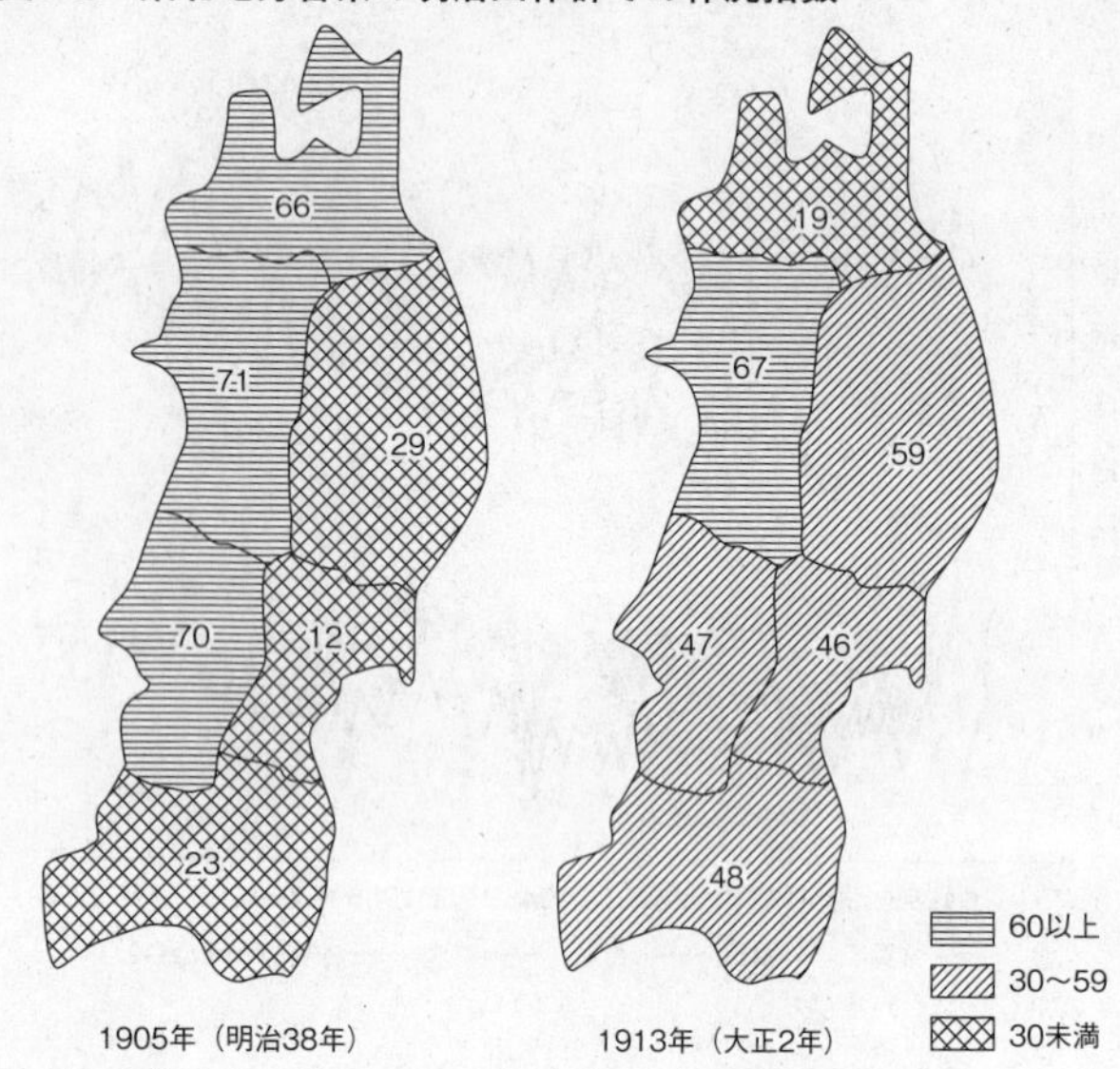

注：作況指数：平均収量を100として、当該年度の収穫量を指数化したもの
出典：近藤純正（1987）：身近な気象の科学．東京大学出版会 p.173

有する農地を売り払って糊口をしのいだ。江戸時代の元禄の飢饉を契機に制定された田畑永代売買禁止令が1872年（明治五）に廃止され、田畑の売買が活発に行われるようになっていたからだ。江戸時代から維持されてきた小規模自作農は明治凶作群の時代に没落し、小作農が大幅に増加することになる。[4][5]

二度目の寒冷な期間となる昭和凶作群は1931年（昭和六）に始まる。この年の北海道と東北各県の米

表6-1　昭和凶作群での米（水稲・陸稲）の収穫量

単位：トン

	1929年	1930年	2年間平均	1931年（昭和6年）		1934年（昭和9年）	
	（昭和4年）	（昭和5年）	（A）	（B）	（B）/（A）	（C）	（C）/（A）
北海道	362,573	432,082	397,327	162,684	40.9%	266,234	67.0%
青森県	173,510	195,815	184,662	99,658	54.0%	89,762	48.6%
岩手県	156,606	178,809	167,708	148,380	88.5%	77,228	46.0%
宮城県	263,631	275,615	269,623	252,644	93.7%	171,438	63.6%
秋田県	307,012	346,902	326,957	265,486	81.2%	228,425	69.9%
山形県	309,819	327,025	318,422	282,592	88.7%	169,386	53.2%
福島県	264,455	291,707	278,081	256,178	92.1%	189,208	68.0%
北海道・東北計	1,837,605	2,047,954	1,942,780	1,467,623	75.5%	1,191,681	61.3%
全国計	8,933,647	10,031,330	9,482,489	8,282,289	87.3%	7,776,027	82.0%

出典：山下文男（2001）昭和東北大凶作．pp. 64,155（1石を150キログラムに換算）

の収穫量をみると、その前の2年間（1929年と1930年）の平均と比較して、北海道で40・7％、青森県で54・0％、岩手県で88・5％、宮城県で93・7％、秋田県で81・2％、山形県で88・7％、福島県で92・1％であった（表6－1）。北海道および本州日本海側で比較的被害が大きいことから第2種型冷夏であったろう。

翌年の1932年（昭和七）、宮澤賢治が童話『グスコーブドリの伝記』を発表している。東北地方の惨状を目の当たりにした宮澤賢治は、人工的に火山噴火を起こし二酸化炭素が大気中で増加すれば、温室効果によって冷害が解消するのではとの話題を載せた。

東北地方の小学児童での栄養不良児の増大が社会問題となり、欠食児童について文部省は1932年（昭和七）に調査し、北海道・青森県・岩手県・秋田県の合計で2万1500名あまり、長野県・新潟県・群馬県などを含めて20万人以上と発表した。同年9月に学校給食臨時施設方法が定められ、公的な学校給食が開始されるきっかけとなる。[6]

1933年（昭和八）は全国的にみれば米は豊作となるが、3月3日に昭和三陸大地震が発生し、岩手県南部を中心に大津波に襲われ犠牲者1500人以上、家屋全壊・流出1万2000戸以上という災害になった。

そして1934年（昭和九）はオホーツク海からのヤマセが吹く第1種型冷夏となる。この年の北海道および東北各県の収穫量は1929年と1930年の平均と比較して、北海道で67・0％、青森県で48・6％、岩手県で46・0％、宮城県で63・6％、秋田県で69・9％、山形県で53・2％、福島県で68・0％であった。

昭和凶作群では冷夏による収穫量の激減だけでなく、昭和恐慌による農業所得の低下も東北地方を中心に小作農の生活を困窮させた。小作争議も1933年から1938年にかけて全国で3000件以上にのぼった。農村の疲弊に対して政府主導で農村経済厚生運動も展開されたものの、この運動は農民精神の更生を柱とし冗費の節約や勤労主義を唱えるという精神的なものであった。また、全国で義捐金が集められ総額500万円以上にのぼり、東北地方の自治体に送金されたものの、土木事業に使われることも少なくなかった。[7][8]

明治凶作群を経て小作農に転落した農民階層は、もはや金を得ようにも売却する農地すら持っていなかった。借金の返済、小作料の支払い、食料購入のため、娘や息子を身売りしていった。青森では「食うだけに事欠かないもののように思われていた農民が、一番食うことに脅かされるということは何という皮肉か」という嘆きの声が聞かれた。娘一人を身売りする際の前借りはおよそ100円であり、親たちからみても大金であった。娘たちの中には、「白粉をつけ赤い蹴出しを見せヒラヒラした衣服を着る」ことは村から出なければ叶うことはないため、嫁入前の不安と同程度で喜んで売られたという記録もある。彼女らのその後の境遇を思うと痛みが増す。身売りされた若い女性は必ずしも遊興の地に向かったわけではない。1931年末時点での秋田県の9郡での記録として、13歳以上25歳未満の女子の離村者9473人のうち、子守女中4271人、女工2682人、醜業婦1383人、その他とある。醜業婦とは芸妓・酌婦などを意味する官公庁用語だ。身売り対象になったのは女性だけではなかった。少年もまた富農のもとへと一人35円から40円で売られた。若い男一人なら自力で生きていくことも可能であったものの、彼らは親の借金返済のために実質的な奴隷生活を覚悟したのだ。毎朝3時に起こされ、休日が与えられることはなかったという[5][9][10]。

●農業生産性の向上をもたらした品種改良

享保年間以降、江戸時代の日本の人口がおよそ3000万人で横這いであったのに対し、明治時代に入ってから人口は急増した。日本列島の人口は1940年代には7200万人

図6-3　水稲の作付面積推移と10aあたり収量

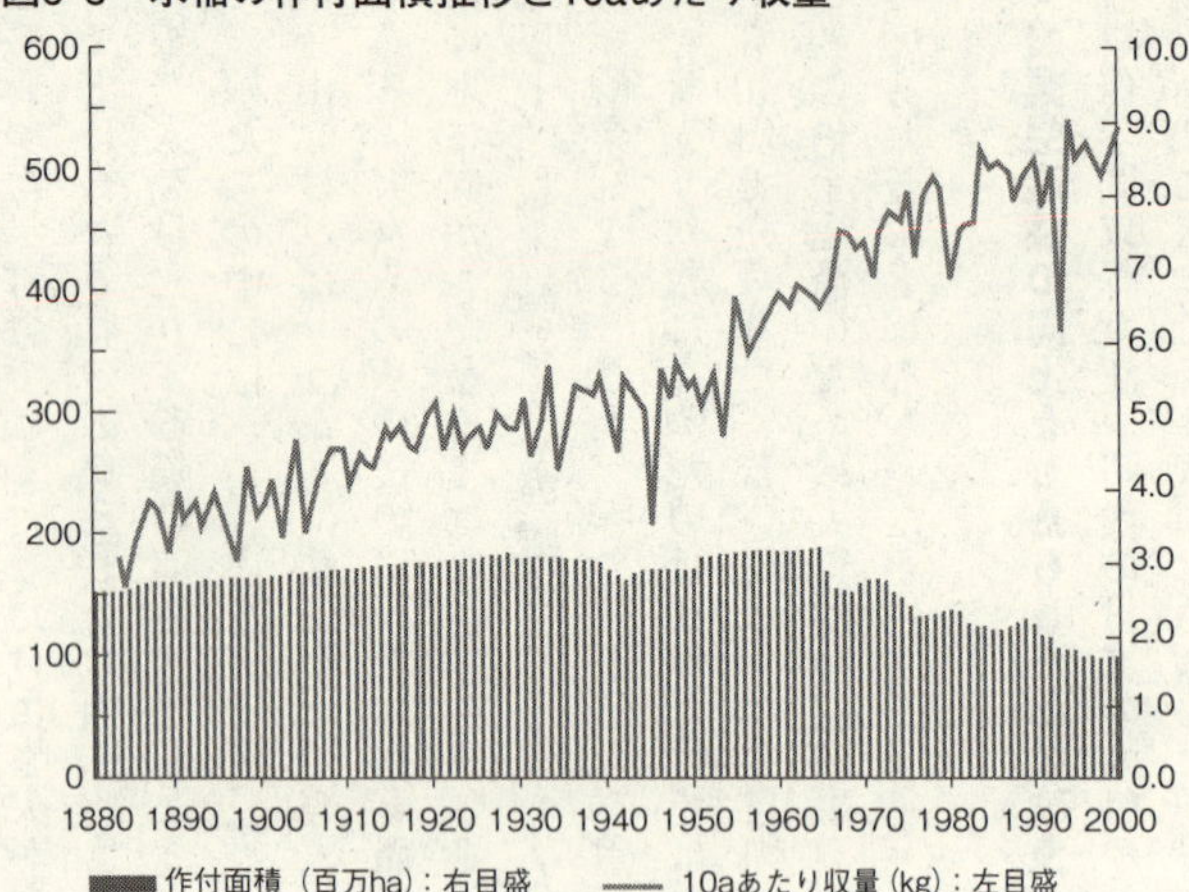

出典：農林水産省（大臣官房統計部生産流通消費統計課）HPより

以上と2倍以上に膨れ上がったことになる。

この間、水稲の作付面積をみると1883年の256万ヘクタールから1932年の310万ヘクタールと1・2倍程度しか増加していない。人口増加を可能にしたのは、大陸からの食料輸入もあるが、農業生産性の向上が大きかった。稲作10アールあたりの平均収量をみると、明治初期におよそ150キログラムであったのに対し、昭和初期には300キログラムを超えており米の生産性は2倍弱に上昇したことがわかる（図6－3）。

この生産性の上昇は政府が積極的に行った近代農業の普及によるものだ。明治政府は西洋農業を直接に導入することへの反発から、１８８１年（明治十四）に全国の老農を集めて全国農談会を開催し、伝統的農業を踏まえた農業技術の合理的な体系化を進めていった。明治農法とよばれるもので、肥料の大量投入、土地改良、区画整理、そして品種改良が骨子であった。[11]

中でも品種改良が大きな柱であった。平均収量のグラフをみると、明治凶作群や昭和凶作群の期間では平均収量が低下しており冷害の影響が出ている。冷害に強い品種こそが日本の農業にとって喫緊の課題であった。江戸時代までの品種改良といえば優れた株を選別する分離育種法であったのに対し、明治凶作群の最中の１８９０年代から優れた特性を持つ株を人工交配する交配育種法が試されるようになる。

水稲では１９２１年（大正十）に秋田県の国立農事試験場で寒さに強い陸羽１３２号が開発され、１９３１年（昭和六）に新潟県農事試験場で陸羽１３２号を片親とする農林１号が誕生する。農林1号は耐冷性と多収性を併せ持つ画期的な品種で、昭和凶作群を経て太平洋戦争中から作付けが拡大し、特に昭和20年以降の食料難の時代に多大な威力を発揮した。コシヒカリはこの農林1号といもち病への耐性が強く米質が良い農林21号を人工交配したものだ。

●戦後の凶作と食生活の変化

戦後になっても凶作は20世紀の間、５年から10年に一度発生してきた。１９４５年の全国の米収穫量は前年比の三分の二と昭和凶作群以上の壊滅的な状況であったが、戦後の混乱の中で話題になることは少ない。これ以降も、1953年（昭和二十八）、1971年（昭和四十六）、1976年（昭和五十一）、1980年（昭和五十五）、1993年（平成五）に冷害による凶作が発生し、全国の米の収穫量は前年比で90％以下を割り込んだ。1993年の凶作は前年比74％という大凶作であり、タイ等から260万トンの米を緊急輸入している。この年の冷夏について1991年のフィリピン・ルソン島のピナトゥボ火山の噴火（VEI＝6）と関連付ける見方もある。

とはいえ、太平洋戦争中に制定された食料管理制度は1950年代以降、米の価格維持機能を果たし農業所得を安定させた。また、1947年（昭和二十二）には異常気象などの災害等への農業者に対するセーフティネットとして農業共済制度（農業災害補償制度）が整備された。これらの施策により、昭和凶作群にみられた娘の身売りという農村の悲劇は1953年の凶作を最後に解消されていった[5]。

むしろ1960年代以降の食生活の変化から、通常年であれば米の余剰が問題となった。1976年以降になると米の生産調整が実施されるようになり、冷害による米不足が国民生活全体に深刻な影響を及ぼす事態は1993年以降起きていない。

●長期予報の技術的発展

冷夏の到来を事前に予報できれば、凶作に備えることができるのではないか。明治時代の研究者は長期予報の重要性を認識していた。明治凶作群の時代、長期予報を行う上で注目されたのが海水温であった。宮澤賢治の恩師にあたる盛岡農林高等学校の関豊太郎は、「飢饉は海から来る」との諺をヒントに1905年の冷夏は春からの寒流が強いことが元凶であると考えた。また、農事試験場の安藤広太郎は4月の気温と5月の水温およびその時点での気圧配置をみれば、6月初めには8月の気温が予測できるとした。そして1912年（明治四十五）、後に中央気象台長となる岡田武松はオホーツク海高気圧の勢力が強ければ東北地方太平洋側にヤマセが吹き冷夏の原因になるとし、第1種型冷夏をもたらす要因をモデル化している。

現在の気象の予報は、大きく分けて当日から10日先までの天気予報と1カ月以上先の長期を扱う季節予報の2つがある。1週間から10日であれば、大気の実況を解析し物理過程に基づく計算によって相応に高い的中率の天気予報が可能だ。しかし、1カ月から半年といった季節予報の場合、大気のみならず海水温の変化も大きく影響する。加えて、実況値のわずかな違いによって計算結果が大きく異なるという問題がある。カオスあるいは非線形のふるまいとよばれるものだ。この壁により、予報官の主観的判断にせよスーパーコンピューターによる力学的な計算にせよ、季節予報では現在の状況からの変化を単純に追いかけるわけにはいかない。

今日的にみれば、長期予報には短期の天気予報と異なる大きな難題があったのだ。しかし100年以上前から、気象官署では1カ月を超える気候の予報をすべく努力が続けられてきた。昭和凶作群が発生した時代、中央気象台に長期予報のための研究室が設立され、畠山久尚、荒川秀俊といった人材が投入された。

スーパーコンピューターのない時代、長期予報は統計的手法に頼った。気圧や海水温等の過去のデータから各現象間の因果関係を統計的に導きだし、その関係を用いて予測するというものである。この手法により、1942年（昭和十七）8月に中央気象台で1カ月予報が発表され、9月には3カ月予報、翌年4月には6カ月予報（暖・寒候期予報）と続いた。予報期間の取り方は今日の季節予報でも採用されている。

ところが、統計的手法は過去の状況が常に何らかの形で繰り返されるという前提に立つ。図6－1にあるように10年から20年の間隔で平均気温の水準が変わる。1948年（昭和二十三）から1960年代初めにかけて、東北地方を中心に年平均気温が1℃程度高くなった。このように気象の大きな傾向が変化すると、統計的手法による予報の的中率は低くなる。1949年（昭和二十四）から1952年（昭和二十八）の4年間、長期予報の公式の発表が中断されることもあった。

季節予報が飛躍的な前進をみるのは、1990年3月の力学的手法の導入からだ。力学的手法とは大気の流れや水と水蒸気の相変化といった物理過程を時間積分していく手法である。1950年代から研究は進められていたものの膨大な計算を必要とするため、スーパーコンピューターによってようやく実用化された。とくに長期の予報では大気のみならず海洋の動きも重要な要素となるため、大気と海洋の双方を統一的にモデル化する必要があった。さらに、カオスの壁への対処策として、初期値だけでなく人工的にずらした20以上のメンバーをモデルに入力することで複数の計算結果を算出し、確率的予報という手法を開発した。このアンサンブル予報は、2003年3月までに1カ月予報、3カ月予報、暖・寒候期予報と出揃うこととなる。これらの予報に加え、2008年3月から異常天候早期警戒情報として2週間先までを対象期間とする異常高温・異常低温についても発表をしており、その的中率はおよそ60％程度の成績になっている。[12][13][14]

(3) おわりに

● 気候変動の行方

1990年代から、人為的温室効果ガス排出による地球温暖化が21世紀末には人類に大きな被害をもたらすとの警鐘が鳴らされ、研究者から為政者、さらに一般人にまで認識されるようになった。

最新のシミュレーションによれば、地球温暖化は北半球高緯度で気温上昇が大きく、熱帯地域では熱帯性低気圧の発生数は減少するものの強い熱帯性低気圧は増えるとの結果が出ている。温帯に属する日本列島の場合、2100年までに世界の平均気温と同様に4℃程度上昇し、降水量は19％増加するとの計算結果がある。真夏日の日数は約70日増加する一方、100ミリ以上の豪雨日も増加するという。果たして奈良時代の近畿地方のように水不足が顕在化する中で、数年に一度豪雨による洪水に見舞われる事態もあるかもしれない。[15][16]

植生も変化し、ブナ原生林は2100年までに本州では消滅し、北海道ではゆっくりと増加する。二酸化炭素の増加は植物の生長を促進するものの、一般的には米や麦などの収穫量は生育期間が短縮するため成長量不足や稔実の低下により減少すると予測されている。日本での米の収穫量見込みでは2050年までに近畿・四国で5％の減収となっている。ただし、北海道と東北では気温上昇によるプラス要因が大きく、同じ期間の収穫量はそれぞれ26％、13％の増収と予想されている。[17][18]

一方で、人為的地球温暖化と異なる見方もある。太陽物理学者は21世紀に入ってからの太陽活動の低下に注目し、マウンダー極小期のような低迷期が訪れるのか、黒点減少期の動向について固唾をのんで見守っている。

また、火山の大規模噴火の動向をみると、1991年のピナトゥボ火山（VEI＝6）

以降、20年以上にわたって巨大火山の噴火はない。2010年3月から5月にかけてアイスランドのエイヤフィヤトラヨークトル火山が噴火し、欧州の多くの空港を数週間にわたって運航休止をもたらしたが、この時の火山爆発指数（VEI）は4だ。20世紀の100年間にVEIが5以上の噴火が7回あったことからみても、巨大火山噴火という観点では平穏な日々が長期間続いている。

科学的アプローチとはいえないが、これまで見てきたように江戸時代以降の寛永の飢饉から1993年の凶作に至るまで、日本を襲った大飢饉は概ね40年から50年の周期で起きていることを歴史は示している。近年の凶作は日本人の食生活の変化と輸入食料の増大により社会の混乱が長く続くことはなかった。歴史的なサイクルからみれば、次の凶作あるいは飢饉は2030年代から2040年代となる。もっとも、20世紀後半以降の地球温暖化といった要素もあり、想像の域を出ない。

●「日の下に新しきものなし」

来るべき気候変動が人為的要因による温暖化なのか、マウンダー極小期の再来といった太陽活動の低迷や突発的な火山噴火による寒冷化なのか、意見が分かれる面もあろう。とはいえ、気候変動に対する処し方を考える時、われわれの祖先が万葉の時代から格闘し、明治時代以降も踏襲してきた方向と基本的には何ら変わるものではない。

温暖化の防止やその影響の緩和を行うにせよ、太陽活動の低下や巨大火山噴火の寒冷化に対処するにせよ、科学技術の発達と為政者による具体的で有効な政策の2つが車の両輪であることは間違いない。これらの努力により、今や日本だけでなく世界全体に広がった市場経済の混乱にも対処していくことになる。

「日の下に新しきものなし」とは『旧約聖書』の言葉だ。気候変動にせよ自然災害にせよ、これらに対するあり方という面ではわれわれの祖先が行ってきた方向と異なることはないだろう。私たちは、先人同様に科学や技術の発展をたゆまず続けねばならない。そして為政者に対しては、安定した政治体制の下で、過去にとらわれない実効性ある対策を期待していく。過去に歩んできた道は未来へとつながっているのだ。[19]

[12] ここまで長期予報の歴史について、根本順吉，朝倉正（1980）気候変化・長期予報．朝倉書店，pp.126,127
[13] 同じく、古川武彦，酒井重典（2004）：アンサンブル予報．東京堂出版 pp.260-264
[14] 異常天候早期警戒情報について、気象庁 HP による。http://www.jma.go.jp/jma/kishou/know/kurashi/soukei.html
（3）
[15] 江守正多編（2012）：地球温暖化はどれくらい「怖い」か？ 技術評論社， pp.36-38
[16] 独立行政法人国立環境研究所（2005）：地球温暖化が日本に与える影響について．http://www.env.go.jp/earth/nies_press/effect/index.html
[17] 環境省（2008）：地球温暖化「日本への影響」―最新の科学的知見．http://www.nies.go.jp/s4_impact/pdf/20080815report.pdf
[18] 江守正多編（2012）：地球温暖化はどれくらい「怖い」か？ pp.166-168
[19] 旧約聖書．コレヘトの言葉1．9

[97] 近藤純正（1987）：身近な気象の科学．東京大学出版会，p.71
[98] Angell and Korshover（1985）：Surface Temperature Changes Following the Six Major Volcanic Episodes between 1780 and 1980. *Journal of Climate and Applied Meteorology* 24 pp.937-951
[99] 菊池勇夫（1997）：近世の飢饉．pp.205，206
[100] 井上勝生（2002）：開国と幕末変革．講談社，p.58
[101] 遠藤元男（1989）：近世生活史年表．pp.297-299
[102] 菊池勇夫（1997）：近世の飢饉．pp.233，234
[103] 平川新（2008）：開国への道．小学館，pp.232，233，257
[104] 遠藤元男（1989）：近世生活史年表．p.300
[105] 天保年間の物価変動の理由には、幕府が財政難から改鋳益金を狙って貨幣改鋳を行ったこともある。
[106] 青森県文化財保護協会編（1982）：萬覚帳．（『みちのく叢書　第35集』所収）青森県文化財保護協会，pp.259-264
[107] 荒川秀俊（1979）：飢饉．pp.60，61
[108] 青木虹二（1979）：百姓一揆総合年表．三一書房，pp.28-32

エピローグ

（1）
[1] 菊池勇夫（1997）：近世の飢饉．pp.208，209
（2）
[2] 米の自給率について、木村重光（2010）：日本農業史．吉川弘文館，p.293
[3] 坪井八十二（1986）：気象と農業生産．養賢堂，pp.162，163
[4] 近藤純正（1987）：身近な気象の科学．東京大学出版会，pp.175，176
[5] ト蔵建治（1998）：東北地方における水稲の冷害対策の進展．*農業気象* 54（3）pp.267-274
[6] 山下文男（2001）：昭和東北大凶作．無明舎出版，pp.94-96
[7] 木村重光（2010）：日本農業史．pp.301,314,315
[8] 山下文男（2001）：昭和東北大凶作．pp,165-168
[9] 青森の状況について、猪俣津南雄（1982）：調査報告・窮乏の農村．岩波文庫，岩波書店，pp.99-101
[10] 秋田の状況について、山下文男（2001）：昭和東北大凶作．p.84
[11] 木村重光（2010）：日本農業史．pp.284-288

[77] Brayshay, Mark, John Grattan (1999) : Environmental and social responses in Europe to the 1783 eruption of the Laki fissure volcano in Iceland: a consideration of contemporary documentary evidence. *Volcanoes in the Quaternary* 161 pp.173-187
[78] 1782年〜83年のエルニーニョ現象発生について、Allan, Robert J., Rosanne D. D'Arrigo (1999) : 'Persistent' ENSO sequence: how unusual was the 1990-1995 El Niño? *The Holocene* 9 pp.101-118
[79] ここまで、菊池勇夫 (1997) : 近世の飢饉. pp.159 - 162, 168-173
[80] 新編青森県叢書刊行会編 (1973) : 天明卯辰簗. pp.31, 34, 35, 59
[81] 鬼頭宏 (2000) : 人口から読む日本の歴史. pp.17, 18
[82] ここまで、菊池勇夫 (1997) : 近世の飢饉. pp.163-165. 173, 174
[83] 森嘉兵衛編 (1970) : 後見草. (日本庶民生活史料集成第7巻所収) 三一書房, pp.78, 79
[84] 山田忠雄 (1984) : 一揆打毀しの運動構造. 校倉書房, pp.238-245, 261
[85] 岩田浩太郎 (1995) : 打ちこわしと都市社会. (『岩波講座日本通史第14巻』所収) 岩波書店, pp.138-139
[86] 20万両に支出について、藤田覚 (1993) : 松平定信. 中公新書1142, 中央公論社, p.47
[87] 伊奈半左衛門について、荒川秀俊 (1979) : 飢饉. pp.155, 156
[88] 6万俵および2万両について、遠藤元男 (1989) : 近世生活史年表. p.250
[89] 荒川秀俊 (1979) : 飢饉. pp.29, 30
[90] 菊池勇夫 (1997) : 近世の飢饉. p.177
[91] 荒川秀俊 (1979) : 飢饉. pp.172, 173
[92] 菊池勇夫 (1997) : 近世の飢饉. pp.180 - 182, 186
[93] 荒川秀俊 (1979) : 飢饉. pp.162, 163
(6)
[94] 拙著 (2010) : 気候文明史. pp.238-240
[95] 佐藤武敏編 (1993) : 中国災害史年表. p.377
[96] 秋田藩の天候について、菊池勇夫 (1997) : 近世の飢饉. pp.197, 198

[54] 新谷行（1977）：アイヌ民族抵抗史. pp.87，88，94
[55] 菊池勇夫（1997）：近世の飢饉. pp.64，65，79，80
[56] 遠藤元男（1989）：近世生活史年表. pp.140，142
[57] 参勤交代と門番の免除について、徳川実紀. 元禄八年十一月二十五日
[58] 菊池勇夫（1997）：近世の飢饉. pp.70，71
[59] 前書. pp.69，70
[60] 東京百年史編纂委員会編（1969）：東京百年史（第１巻）. ぎょうせい，p.715
（5）
[61] 荒川秀俊（1979）：飢饉. pp.46-48
[62] 蝗害対策からここまで、菊池勇夫（1997）：近世の飢饉. pp.84，85，90-94
[63] 倉地克直（2008）：徳川社会のゆらぎ，小学館，pp.102，104
[64] 菊池勇夫（1997）：近世の飢饉. pp.98-102
[65] 荒川秀俊（1979）：飢饉. pp.62-65
[66] 菊池勇夫（1997）：近世の飢饉. p.113
[67] ここまで、前書. pp.126-136
[68] 宝暦五年までの5年間の豊作について、新編青森県叢書刊行会編（1973）：天明卯辰梁.（『新編青森県叢書第3巻』所収） 歴史図書社，p.14
[69] 荒川秀俊（1979）：飢饉. pp.79，80
[70] 倉地克直（2008）：徳川社会のゆらぎ. 小学館，pp.115-118
[71] 新編青森県叢書刊行会編（1973）：天明卯辰簗. pp.16-20
[72] 竹内秀雄校訂（1979）：泰平年表. 続群書類従完成会，p.141
[73] 三上岳彦（1983）：日本における1780年代暖候期の天候推移と自然季節区分. *地学雑誌* 92（2）
[74] 荒川秀俊（1955）：気候変動論. 地人書館，pp.63，64
[75] Demaree, G, R. , A. E. J. Ogilvie（2001）: Bons Baisers D'Islande: Climatic, Environmental, and Human Dimensions Impacts of the Lakagigar Eruption（1783-1784）in Iceland.（in “History and Climate: Memories of the Future?”）Kluwer Academic/Plenum Publishers, pp.219-246
[76] Stevenson, D. S. et al（2003）: Atmospheric impact of the 1783-1784 Laki eruption: Part I Chemistry modeling. *Atmospheric Chemistry and Physics* 3 pp.552-596

蜂起ニ付出陣書.（『北方史史料集成』第四巻所収） 北海道出版企画センター，p.17
[37] 海保嶺夫解説（1998）：津軽一統志. pp.209，211，212
[38] クンヌイの戦いからここまで、海保嶺夫解説（1998）：しゃむしゃゐん一揆之事.（『北方史史料集成』第四巻所収） 北海道出版企画センター，pp.48-50（なお、クンヌイの戦いでのアイヌ民族の兵士数について、『津軽一統志』では3000人とある）
[39] 海保嶺夫解説（1998）：渋舎利蝦夷蜂起ニ付出陣書.（『北方史史料集成』第四巻所収） 北海道出版企画センター，pp.21-25
（4）
[40] ここまで、菊池勇夫（1997）：近世の飢饉. pp.49-52，56-58
[41] ジャポニカ型赤米について、菊池勇夫（1993）：赤米と田稗. *宮城学院女子大学研究論文集* 77
[42] 菊池勇夫（1997）：近世の飢饉. pp.73-76
[43] イングランドおよびアイスランドについて、Lamb（1995）：Climate, History and the Modern World. pp.211，217，232
[44] ウンターグリデバルド氷河について、鈴木（2000）：気候変化と人間. 原書房， p.324
[45] 氷河前進の一致について、Fagan，Brian（2000）：The Little Ice Age ; How Climate Made history 1300-1850（paper backs）. Basic Books, pp.117-118（邦訳は、フェイガン，ブライアン（2001）：歴史を変えた気候大変動.（東郷えりか訳） 河出書房新社）
[46] 佐藤武敏編（1993）：中国災害史年表. pp.312-314
[47] Quinn（1992）：A study of Southern Oscillation-related climatic activity for A. D. 622-1900 incorporating Nile River food data.
[48] ここまで各地の災害等について、遠藤元男（1989）：近世生活史年表. 雄山閣出版, pp.132，135，137-142
[49] 森嘉兵衛編（1970）：耳目心通記.（『日本庶民生活史料集成第7巻』所収） 三一書房，p.317
[50] 前島育雄・田上善夫（1983）：日本の小氷期について一特に1661年-1867年の天候資料を中心に一. *気象研究ノート* 147 pp.647-655
[51] 弘前藩の状況について、森嘉兵衛編（1970）：耳目心通記. pp.292，297
[52] 同じく、菊池勇夫（1997）：近世の飢饉. pp.61-64，77
[53] 八戸藩について、荒川秀俊（1979）：飢饉. pp.41-45

Sho, Takeshi Nakatsuka (2010)：Synchronized Northern Hemisphere climate change and solar magnetic cycles during the Maunder Minimum. *PNAS* 107 (48) pp.20697-20702
[16] 坪井八十二（1986）：気象と農業生産．養賢堂，pp.160-163
[17] 仙台管区気象台，環境・応用気象研究部（2008）：地球温暖化による東北地方の気候変化に関する研究．*気象研究所技術報告*　52　p.27
[18] 東日本の状況からここまで、横田冬彦（2002）：天下泰平．pp.143，146
[19] 以下、幕府の対策について、藤田覚（1983）：寛永飢饉と幕政（二）．*歴史*　60
[20] 酒井忠勝の述懐について、山本博文（1996）：寛永時代．吉川弘文館，p.200
[21] 式日寄合・大寄合の開催頻度について、横田冬彦（2002）：天下泰平．pp.150，151
[22] ここまで、菊池勇夫（1997）：近世の飢饉．pp.28-35
[23] 同じく、横田冬彦（2002）：天下泰平．p.181
[24] 木綿の普及について、前書．p.182
[25] 山本博文（1996）：寛永時代　pp.203-204
[26] 横田冬彦（2002）：天下泰平．pp.153，180
（3）
[27] 北海道編（1969）：新北海道史　第七巻史料一．北海道，pp.13，14，18，19
[28] 海保嶺夫（1974）：日本北方史の論理．雄山閣，pp.180-185
[29] 北海道編（1969）：新北海道史　第七巻史料一．pp.20-25
[30] 新谷行（1977）：アイヌ民族抵抗史．三一書房，pp.80-82
[31] 海保嶺夫（1974）：日本北方史の論理．pp.51-59
[32] 氏家等（2006）：物質文化からみた北海道の中世社会．（『アイヌ文化と北海道の中世社会』所収）　北海道出版企画センター，pp.112-115
[33] 添田雄二（2008）：アイヌ蜂起、遠因は厳寒．*日本経済新聞*　2008年11月7日
[34] ここまで、海保嶺夫解説（1998）：津軽一統志．（『北方史史料集成』第四巻所収）　北海道出版企画センター，pp.156-161，165
[35] 疫病の可能性が薄いことについて、海保嶺夫（1974）：日本北方史の論理．p.71
[36] シャクシャインの標榜について、海保嶺夫解説（1998）：渋舎利蝦夷

[77] デ・サンテ（1969）：天正遣欧使節記．雄松堂出版，p.233
[78] 渡辺京二（2008）：日本近世の起源．MC 新書030，洋泉社，pp.78-80
[79] 藤木久志（2005）：新版・雑兵たちの戦場．pp.267-271
[80] 黒田基樹（2006）：百姓から見た戦国大名．pp.212-214
[81] 藤木久志（2005）：刀狩り．岩波新書965，岩波書店，pp.226-229

第Ⅴ章

（1）

[1] ここまで、横田冬彦（2002）：天下泰平．講談社，pp.30，31，64
[2] 全国の石高について、鬼頭宏（2007）：図説・人口で見る日本史．PHP 研究所，p.78
[3] 藤井譲治（1997）：徳川家光．吉川弘文館，pp.94-98
[4] 鬼頭宏（2002）：文明としての江戸システム．講談社，pp.56-59，94
[5] 江戸時代初期の人口増加について、鬼頭宏（2007）：図説・人口で見る日本史．pp.72-79

（2）

[6] 常田佐久（2012）：特異な磁場出現：活動未知の領域へ．*日経サイエンス* 42 （8） pp.33-39
[7] 柴田一成（2010）：太陽の科学．日本放送出版協会，p.125
[8] 蝦夷駒ケ岳の噴出量について、内閣府 HP　平成24年8月3日「広域的な火山防災対策に係る検討会」資料2より
[9] 氷河の前進について、ラデュリ，エマニュエル＝ル＝ロワ（2000）：気候の歴史．（稲垣文雄訳） 藤原書店，pp.225-247（原著は、Ladurie, Emmanuel Le Roy（1993）：Histoire du climat depuis l'An Mil. Flammarion.）
[10] フランスの飢饉から中国の災害まで、Atwell（2001）：Volcanism and Short-Term Climate Change in East Asia and World History, c.1200-1699. pp.64-70
[11] 佐藤武敏編（1993）：中国災害史年表．pp.283，284
[12] 遠藤元男（1989）：近世生活史年表．雄山閣，p.62
[13] 藤田覚（1983）：寛永飢饉と幕政（一）．*歴史* 59
[14] 菊池勇夫（1997）：近世の飢饉．吉川弘文館，pp.13-18
[15] Yamaguchi, Yasuhiko, Yusuke Yokoyama, Hiroko Miyahara, Kenjiro

く. pp.86-91
[56] 黒田基樹（2006）：百姓から見た戦国大名. p.27
[57] ここまで上杉謙信について、藤木久志（2005）：新版・雑兵たちの戦場. pp.35, 96-98
[58] 柴辻俊六（1990）：戦国大名の外征と在国. *戦国史研究* 19 pp.23-35
[59] Farris（2006）：Japan's Medieval Population. pp.196, 197
[60] 酒井憲一（1994）：甲陽軍鑑大成（上巻）. 汲古書院, pp.127, 128
[61] 酒井憲一（1994）：甲陽軍鑑大成（下巻）. 汲古書院, p.459
[62] 藤木久志（2005）：新版・雑兵たちの戦場. pp.28-31
[63] Atwell（2001）：Volcanism and Short-Term Climate Change in East Asia and World History, c.1200-1699. pp.56-62
[64] Lamb（1995）：Climate, History and the Modern World（second edition）. pp.217-218
[65] Linden, Eugene（2006）：The Winds of Change. Simon & Shuster Paperbacks, pp.82, 83
[66] Caviedes, César N.（2001）：History in El Niño. University of Florida p.121
[67] Lamb（1995）：Climate, History and the Modern World（second edition）. p.236
[68] 佐藤武敏編（1993）：中国災害史年表. pp.272-276
[69] Quinn（1992）：A study of Southern Oscillation-related climatic activity for A. D. 622-1900 incorporating Nile River food data.
[70] 拙著（2011）：世界史を変えた異常気象. 日本経済新聞出版社, 第三章
[71] 松田毅一、ヨリッセン, E（1983）：フロイスの日本覚書－日本とヨーロッパの風習の違い. 中公新書707, 中央公論新社, p.109
[72] 松田毅一・川崎桃太訳（2000）：完訳フロイス日本史〈7〉. 中公文庫, 中央公論新社, p.282
[73] 松田毅一・川崎桃太訳（2000）：完訳フロイス日本史〈8〉. 中公文庫, 中央公論新社, p.268
[74] 前書. p.175
[75] 岡本良和（1942）：16世紀日欧交通史の研究. 六甲書房, pp.766, 767
[76] 前書. p.765

[35] 藤木久志（2001）：飢餓と戦争の戦国を行く．pp.66, 67
[36] 神田千里（2002）：戦国乱世を生きる力（日本の中世 <11>）．中央公論新社，pp.22，23
[37] 神田千里（2001）：土一揆像の再検討．*史学雑誌* 110 pp.62-87
[38] 佐々木潤之介，他（2000）：日本中世後期・近世初期における飢饉と戦争の研究．pp.121-129
[39] ここまで、森田恭一（1993）：足利義政の研究．和泉書院，pp.73-80，95-97
[40] 同じく、藤木久志（2001）：飢餓と戦争の戦国を行く．pp.78-80
（4）
[41] Lamb（1995）：Climate, History and the Modern World（second edition）. pp.211，212
[42] Atwell.（2002）：Time, Money, and the Weather: Ming China and the "Great Depression" of the Mid-Fifteenth Century. pp.98-103
[43] ここまで、各国の人口推移について、McEvedy, Jones（1978）：Atlas of World Population. pp.49，57，105，167
[44] 藤木久志（2005）：新版・雑兵たちの戦場．朝日選書777，朝日新聞社，pp.5-7
[45] 伊勢盛時の晩年の行動について、黒田基樹（2007）：北条早雲とその一族．人物往来社， p.31
[46] 佐々木潤之介，他（2000）：日本中世後期・近世初期における飢饉と戦争の研究．pp.165，166
[47] 黒田基樹（2006）：百姓から見た戦国大名．ちくま新書618，筑摩書房，pp.21，22
[48] 佐々木潤之介，他（2000）：日本中世後期・近世初期における飢饉と戦争の研究．p.176
[49] 黒田基樹（2006）：百姓から見た戦国大名．pp.19，20
[50] 藤木久志（2006）：土一揆と城の戦国を行く．pp.73，74
[51] 黒田基樹（2006）：百姓から見た戦国大名．pp.24，25
[52] 佐々木潤之介，他（2000）：日本中世後期・近世初期における飢饉と戦争の研究．pp.184-186
[53] 黒田基樹（2006）：百姓から見た戦国大名．p.16
[54] インフルエンザ流行の可能性について、富士川游（1969）：日本疾病史．p.253
[55] 氏康の隠居からここまで、藤木久志（2006）：土一揆と城の戦国を行

[18] Miyahara et al (2009) : Influence of the Schwabe/Hale solar cycles on climate change during the Maunder Minimum. Proceedings of the IAU Symposium 264, pp.427-433

[19] 佐々木潤之介，他（2000）：日本中世後期・近世初期における飢饉と戦争の研究. pp.106, 107

[20] 富士川游（1969）：日本疾病史. pp.42, 44, 45, 210

[21] 佐々木潤之介，他（2000）：日本中世後期・近世初期における飢饉と戦争の研究. pp.107, 108

[22] 馬借について、永原慶二（1965）：下剋上の時代. 中央公論社, pp.88-90

[23] 永原慶二（1992）：内乱と民衆の世紀. 小学館, pp.68-73

[24] 藤木久志（2006）：土一揆と城の戦国を行く. 朝日選書808, 朝日新聞社, pp.16-18

[25] ここまで、佐々木潤之介，他（2000）：日本中世後期・近世初期における飢饉と戦争の研究. pp.109-113

[26] 藤木久志（2001）：飢餓と戦争の戦国を行く. pp.62-64

[27] 嘉吉三年からここまで、佐々木潤之介，他（2000）：日本中世後期・近世初期における飢饉と戦争の研究. pp.113-116

（3）

[28] Atwell（2001）: Volcanism and Short-Team Climatic Change in East Asian and World History, c.1200-1699. pp.50, 51

[29] 本書における各火山の VEI は、以下による。Siebert, Lee, Tom Simkin, Paul Kimberly（2012）: Volcanoes of the world（Third Edition）. Smithonian Institution, University of California Press

[30] Witter, J. B., S. Self（2007）: The Kuwae（Vanuatu）eruption of AD 1452: potential magnitude and volatile release. *Bulletin of Volcanology* 69 pp.301-318

[31] ここまで、Atwell（2001）: Volcanism and Short-Term Climate Change in East Asia and World History, c.1200-1699. pp.51-53

[32] ここまで、Atwell, William S.（2002）: Time, Money, and the Weather: Ming China and the “Great Depression” of the Mid-Fifteenth Century. *The Journal of Asian Studies* 61（1）pp.83-97

[33] 同じく、佐藤武敏編（1993）：中国災害史年表. pp.245-249

[34] 佐々木潤之介，他（2000）：日本中世後期・近世初期における飢饉と戦争の研究. pp.117, 118

と気候. p.306
[76] 諸曁盆地について、上田信（1995）：伝統中国. 講談社新書メチエ35, 講談社, pp.56, 57
[77] 磯貝富士男（2002）：中世の農業と気候. pp.183-184
[78] 前書. pp.113-125, 127, 143, 144

第Ⅳ章

（1）

[1] ここまで各地の気候と飢饉について、佐々木潤之介, 他（2000）：日本中世後期・近世初期における飢饉と戦争の研究. pp.60-102
[2] Farris（2006）：Japan's Medieval Population. p.103
[3] 前書. pp.106, 107
[4] Farris（2007）：Famine, Climate, and Farming in Japan, 670-1100. pp.281-283
[5] 佐々木潤之介, 他（2000）：日本中世後期・近世初期における飢饉と戦争の研究. pp.80, 81, 92, 96, 97
[6] Farris（2006）：Japan's Medieval Population. pp.142-145
[7] 看聞日記. 応永二十八年二月十八日
[8] Farris（2006）：Japan's Medieval Population. pp.137, 138
[9] 惣村について、朝尾直弘（1988）：惣村から町へ.（浅尾直弘他編『日本の社会史　第6巻社会的諸集団』所収） 岩波書店, pp.324-339
[10] 伊藤正敏（1992）：中世後期の村落. 吉川弘文館, pp.101, 102
[11] 反の面積は平安時代から江戸時代にかけて縮小されていったが、ここでは奈良時代の基準で示した。
[12] ファリスの推計について、Farris（2006）：Japan's Medieval Population. pp.13-26
[13] 承久の乱での鎌倉幕府軍について、『吾妻鏡』は合計で19万騎としているが、これは文学的に誇張された数字であろう。
[14] 奈良時代の兵士数について、Farris, William Wayne（1995）：Heavenly Warriors. Harvard University Press, p.50
[15] ここまでのファリスの推計について、Farris（2006）：Japan's Medieval Population. pp.96-100, 151
[16] 斎藤修の推計について、前書. p.99
[17] 鬼頭宏（2007）：人口で見る日本史. PHP 研究所, pp.58-65

（2）

[54] 峰岸純夫（2005）：新田義貞．吉川弘文館，pp.62-68
[55] 海岸線突破の日付について、『梅松論』では五月十八日としているが、『太平記』の記述によった。
[56] 磯貝富士男（2002）：中世の農業と気候．pp.223-225
（3）
[57] Farris（2006）：Japan's Medieval Population．p.72
[58] 古島俊雄（1975）：日本農業技術史．（『古島敏雄著作集第六巻』所収）東京大学出版会，pp.252，253
[59] 網野善彦（2008）：網野善彦著作集第七巻．岩波書店，pp.437-444，482-499
[60] 地頭の簒奪について、古島俊雄（1975）：日本農業技術史．pp.202-204
[61] Farris（2006）：Japan's Medieval Population．p.73
[62] 悪党につて、竹内理三編（1982）：鎌倉遺文（古文書編第23巻）．東京堂出版，pp.158，159
[63] 古島俊雄（1975）：日本農業技術史．pp.205-213
[64] ここまで水車について、黒岩敏郎他編（1980）：日本の水車．ダイヤモンド社，pp.151-156
[65] 同じく、今谷明（1984）：わが国中世使用揚水車の復元．*国立歴史民族博物館研究報告*　4　pp.17-56
[66] 古島俊雄（1975）：日本農業技術史．pp.243-246
[67] 大唐米について、佐々木銀弥（1993）：技術の伝播と日本．（『アジアのなかの日本史Ⅵ　文化と技術』所収）東京大学出版会，pp.35-39
[68] 小川正巳，猪谷富雄（2008）：赤米の博物誌．大学教育出版，pp.13，14
[69] 日本古来の稲の品種について、古島俊雄（1975）：日本農業技術史．p.256
[70] 古代からの早稲・中稲・晩稲からここまで、前書．pp.117，118，169-172，257-261
[71] ここまで、磯貝富士男（2002）：中世の農業と気候．pp.26-30，34，35，39
[72] 前書．pp.58-77
[73] 前書．pp.164-167
[74] 藤木久志（2001）：飢餓と戦争の戦国を行く．pp.39-42
[75] 田麦年貢三分の一徴収令について、磯貝富士男（2002）：中世の農業

and Planetary Change, 36, pp.17-29

[42] Moore et al (2000) : Little Ice Age recorded in summer temperature reconstruction from varved sediments of Donard Lake, Baffin Island, Canada. *Journal of Paleolimnology* 25 pp.503-517

[43] エルニーニョ現象の発生頻度について、Anderson, Roger Y. (1992) : Long-term changes in the frequency of occurrence of El Niño events. (in H. F. Diaz and V. Markgraf, eds. "El Niño historical and paleoclimatic aspects of the Southern Oscillation.") pp.193-200

[44] Morrill et al (2003) : A synthesis of abrupt changes in the Asian summer monsoon since the last deglaciation. *The Holocene* 13 (4) pp.465-476

[45] Tanner, William F. (1992) : 3000 Years of Sea Level Change. *Bulletin American Meteorological Society* 73 pp.297-303

[46] Sivan et al (2004) : Ancient coastal wells of Caesarea Maritima, Israel, an indicator for relative sea level changes during the last 2000 years. *Earth and Planetary Science Letters* 222 pp.315-330

[47] Korotky et al (2000) : Middle- and late-Holocene environments and vegetation history of Kunashir Island, Kurile Islands, northwestern Pacific. *The Holocene* 10 (3) pp.311-331

[48] Bazarova et al (1998) : ^{14}C dating of late pleinstocene-holocene events on Kunashir island, Kuril islands. *Radiocarbon.* 40 (2) pp.775-780

[49] Kortky et al (1995) : Holocene Marine Terraces of Kunashiri Island, Kurile Islands. *第四紀研究* 34 (5) pp.359-375

[50] Sampei et al (2005) : Paleosalinity in a brackish lake during the Holocene based on stable oxygen and carbon isotopes of shell carbonate in Nakaumi Lagoon, southwest Japan. *Paleogeograhy, Paleoclimatology, Paleoecology* 224 pp.352-366

[51] 古文献にみる海面水位の低下について、磯貝富士男 (2002)：中世の農業と気候. 吉川弘文館, pp.197-200

[52] 新田義貞の祈願と稲村ケ崎突破について、鈴木邑訳 (2007)：完訳太平記 (一). 勉誠書房, pp.376, 377

[53] 鎌倉幕府の滅亡について、矢代和夫, 加美宏校註 (1975)：梅松論. 新撰日本古典文庫3, 現代思潮社, pp.62, 63

[29] モンケの病気について、赤痢と特定する史料もある。ドーソン（1968）：モンゴル帝国史2.（佐口透訳） 東洋文庫128, 平凡社, pp.345, 346

[30] 杉山正明（1996）：モンゴル帝国の興亡（上）. pp.143-149, 151-161

[31] ドーソン（1971）：モンゴル帝国史3.（佐口透訳） 東洋文庫189, 平凡社, pp.14, 18-22

[32] Atwell（2001）: Volcanism and Short-Term Climatic Change in East Asian and World History, c.1200-1699. p.50

[33] 杉山正明（1996）：モンゴル帝国の興亡（下）. 講談社現代新書, 講談社, pp.112-117, 131-133

（2）

[34] 氷帽の拡大について、Miller et al（2012）: Abrupt onset of the Little Ice Age triggered by volcanism and sustained by sea-ice/ocean feedbacks. *Geophysical Research Letters* 39 L02708

[35] Lamb, Hubert H.（1995）: Climate, History and the Modern World（second edition）. Routledge, p.191

[36] Nunn, Patrick D.（2007）: Climate, Environment and Society in the Pacific during the last millennium. Elsevier pp.10-12, 87

[37] アイスランド高気圧について、Mayeweski et al（2004）: Holocene climate variability. *Quaternary Research* 62 pp.243-255

[38] アンデス氷河での気温分析について、Pollissar et al（2006）: Solar modulation of Little Ice Age climate in the tropical Andes. *PNAS* 103（24）pp.8937-8942

[39] ニュージーランドの平均気温について、Grant, P. J.（1994）: Late Holocene histories of climate, geomorphology and vegetation, and their effects on the first New Zealanders.（*The Origins of the First New Zealanders.* D. Sutton Eds.,）Auckland University Press, pp.166-169

[40] Ge et al（2003）: Winter half-year temperature reconstruction for the middle and lower reaches of the Yellow River and Yangtze River, China, during the past 2000 years. *The Holocene* 13（6）pp.933-940

[41] Cronin, T. M. et al（2003）: Medieval Warm Period. Little Ice Age and 20th Century Temperature from the Chesapeake Bay. *Global*

[8] タクスターの年代記からここまで、Stothers, Richard B.（2000）：Climatic and demographic consequences of the massive volcanic eruption of 1258. *Climate Change* 45 pp.361-374
[9] パリスの記録からここまで、Atwell, William S.（2001）：Volcanism and Short-Term Climatic Change in East Asian and World History, c.1200-1699. pp.46, 47
[10] 1258年から1259年のエジプトでのペスト流行について、Schamilogu, Uli（1993）：Preliminary remarks on the role of disease in the history of the Golden Horde. *Central Asian Survey* 12（4）pp.447-457
[11] 吾妻鏡. 建長八年八月六日八日、九月十九日、十一月三日。第三章で参照した『吾妻鏡』は、以下によった。永原慶二監修（2011）：全譯吾妻鏡（第五巻）. 新人物往来社
[12] 佐々木潤之介, 他（2000）：日本中世後期・近世初期における飢饉と戦争の研究. pp.54, 55
[13] 吾妻鏡. 康元二年八月二十三日
[14] 佐々木潤之介, 他（2000）：日本中世後期・近世初期における飢饉と戦争の研究. p.47
[15] 吾妻鏡. 正嘉二年六月二十四日
[16] 佐々木潤之介, 他（2000）：日本中世後期・近世初期における飢饉と戦争の研究. pp.56, 57
[17] 百錬抄. 正元元年六月一日
[18] Farris（2006）：Japan's Medieval Population. pp.53, 55
[19] 竹内理三編（1977）：鎌倉遺文（古文書編第12巻）. 東京堂出版, pp.99, 100
[20] 竹内理三編（1976）：鎌倉遺文（古文書編第11巻）. p.336
[21] 前書. p.295
[22] 吾妻鏡. 文応元年六月四日
[23] Farris（2006）：Japan's Medieval Population. pp.56, 57
[24] 網野善彦（2008）：網野善彦著作集第5巻. 岩波書店, pp.457, 458
[25] 杉山正明（1996）：モンゴル帝国の興亡（上）. 講談社現代新書, 講談社, pp.96, 99
[26] 前書. pp.100-102
[27] 佐藤武敏編（1993）：中国災害史年表. 国書刊行会, p.166
[28] 杉山正明（1996）：モンゴル帝国の興亡（上）. p.140

[74] 吾妻鏡．貞永元年十二月五日
[75] 磯貝富士男（2007）：日本中世奴隷制論．pp.224-227
[76] 前書．pp.238-241
[77] 植木真一郎（1966）：御成敗式目研究．p.306
[78] 磯貝富士男（2007）：日本中世奴隷制論．pp.114，115
[79] 前書．pp.150，151
[80] 前書．pp.248-256
[81] 追加法112条について、藤木久志（2001）：飢餓と戦争の戦国を行く．朝日選書687，朝日新聞社，pp.21-23
[82] 磯貝富士男（2007）：日本中世奴隷制論．pp.277-280

第Ⅲ章

（1）

[1] 内モンゴル自治区の氷床コアについて、Thompson et al（1993）：“Recent Warming”: ice-core evidence from tropical ice cores with emphasis on central Asia. *Global and Planetary Change* 7 pp.145-156
[2] スカンジナビアのヨーロッパアカマツについて、Briffa et al（1990）：A 1400-year tree-ring record of summer temperature in Fennoscandia. *Nature* 346 pp.434-439
[3] 米国西部のブリストルコーンパインについて、Saltzer et al（2006）：Bristlecone pine tree rings and volcanic eruptions over the last 5000 yr. *Quaternary Research* 67 pp.58-68
[4] Hammer et al（1978）：Dating of Greenland ice cores by flow models, isotopes, volcanic debris, and continental dust. *Journal of Glaciology* 20（82）
[5] 噴出物の量について、Oppenheimer（2003）：Ice core and palaeoclimatic evidence for the timing and nature of the great mid-13th century volcanic eruption. *International Journal of Climatology* 23 pp.417-426
[6] Lavigne et al（2013）：Source of the great A.D. 1257 mystery eruption unveiled, Samalas volcano, Rinjani Volcanic Complex, Indonesia. *PNAS* doi: 10.1073/pnas.1307520110
[7] 1993年の皆既月食について、国立天文台 HP，http://naojcamp.nao.ac.jp/phenomena/20101221/color.html

[52] 吾妻鏡．嘉禄三年四月十六日。第二章で参照した『吾妻鏡』については、以下による。五味文彦・本郷和人・西田友広編（2010）：現代語訳吾妻鏡 <9> 執権政治．吉川弘文館，および　同編（2011）：現代語訳吾妻鏡 <10> 御成敗式目．吉川弘文館

[53] 吾妻鏡．安貞二年十月七日

[54] Farris（2006）：Japan's Medieval Population. p.34

[55] 藤木久志（2001）：飢餓と戦争の戦国を行く．朝日選書687，朝日新聞社，p.232

[56] 明月記．寛喜三年七月十六日

[57] Farris（2006）：Japan's Medieval Population. p.40

[58] 佐々木潤之介，他（2000）：日本中世後期・近世初期における飢饉と戦争の研究．早稲田大学，p.40

[59] 民経記．寛喜三年九月二十七日

[60] 安田章生（1975）：藤原定家研究．臨川書店，pp.160-168

[61] Atwell, William S.（2001）: Volcanism and Short-Term Climate Change in East Asia and World History, c. 1200-1699. *Journal of World History* 12 pp.42-45

[62] Quinn, William H.（1992）: A study of Southern Oscillation-related climatic activity for A. D. 622-1900 incorporating Nile River food data.（in H. F. Diaz and V. Markgraf, eds. "El Niño historical and paleoclimatic aspects of the Southern Oscillation."）Cambridge University Press, pp.119-149

（3）

[63] 上杉和彦（2005）：大江広元．吉川弘文館，p.163

[64] 頼朝の泰時への期待について、吾妻鏡．建久三年五月二十六日

[65] 吾妻鏡．寛喜三年正月二十九日

[66] 吾妻鏡．寛喜三年三月十九日

[67] 吾妻鏡．寛喜四年三月九日

[68] 吾妻鏡．貞永元年十一月十三日

[69] 吾妻鏡．天福元年四月十六日

[70] 磯貝富士男（2007）：日本中世奴隷制論．校倉書房，pp.299，300

[71] 植木真一郎（1966）：御成敗式目研究．名著刊行会，p.2，3

[72] 五味文彦他編（2011）：現代語訳吾妻鏡 <10>．pp.24，25

[73] 村井章介（1994）：13-14世紀の日本―京都・鎌倉．（浅尾直弘他編『岩波講座　日本通史　第8巻中世2』所収）岩波書店，pp.8-10

びに「巻二十八　尾張守五節所語第四」
[33] 戸田芳実（1967）：日本領主制成立史の研究．p.181
[34] 日本紀略．延暦十六年八月三日
[35] 坂上康俊（2001）：律令国家の転換と「日本」．講談社，pp.257, 258
[36] 日本後紀．弘仁三年五月二日、弘仁五年七月二十四日
[37] 坂上康俊（2001）：律令国家の転換と「日本」．p.131
[38] 仁明天皇について、続日本後紀．嘉祥三年三月二十五日
[39] 死体の遺棄について、類聚国史．弘仁四年六月一日　．
（2）
[40] 関口武（1969）：京都の桜花史料の気候学的意義．*地理学研究報告* XIII　pp.175-190
[41] Aono, Yasuyuki, Keiko Kazui（2008）：Phenological date series of cherry tree flowering in Kyoto, Japan, and its application to reconstruction of springtime temperatures since the 9th century. *International Journal of Climatology* 28 pp.905-914
[42] ここから京都の3月月中平均気温の推定の各年代比較について、Aono, Yasuyuki, Shizuka Saito（2010）：Clarifying springtime temperature reconstructions of the medieval period by gap-filling the cherry blossom phonological date series at Kyoto, Japan. *International Journal of Biometeorology* 54（2）pp.211-219
[43] 磯貝富士男（2008）：長承・保延の飢饉と藤原敦光勘申について．*大東文化大学紀要*　46　pp.177-197
[44] 『明月記』の記述開始時期について、五味文彦（2000）：明月記の史料学．青史出版，pp.138, 139
[45] 各年の京都での桜の満開日については、以下の青野准教授の HP による。http://atmenv.envi.osakafu-u.ac.jp/aono/
[46] 荒川秀俊（1970）：お天気日本史．文芸春秋社，p.15
[47] 荒川秀俊（1979）：飢饉．教育社歴史新書94，教育社，pp.36-38
[48] 荒川秀俊（1970）：お天気日本史．p.16
[49] 明月記．治承四年九月（この記述については、後年の修正補筆だとする辻彦三郎の説（『藤原定家明月記の研究』）もあるが、以下によった。五味文彦（2000）：明月記の史料学．pp.140-147）
[50] 明月記．寛喜三年八月七日、同十八日
[51] 村山修一（1989）：藤原定家．吉川弘文館，pp.368-369

[5] 日本後紀. 延暦十八年四月九日
[6] 米価高騰について、日本後紀. 大同元年九月二十三日
[7] 平城天皇の詔について、日本紀略. 大同四年七月十七日
[8] 日本後紀. 弘仁三年七月一日、弘仁五年七月二十五日
[9] 日本紀略. 弘仁十年七月十八日
[10] 日本紀略. 弘仁十四年三月八日、七月二十日、八月六日
[11] 続日本後紀. 天長九年五月十八日、天長十年六月八日。『後日本後紀』の現代語訳は以下によった。森田悌（2010）：後日本後紀（上）（下）全現代語訳. 講談社学術文庫, 講談社
[12] 浅見益吉郎, 新江田絹代（1980）：六国後半に見る飢と疫と災. *食物学会誌* 35
[13] 日本後紀. 承和五年四月七日
[14] 日本後紀. 大同三年五月二十一日
[15] 続日本後紀. 承和十年正月八日
[16] 大赦の事例として、日本後紀. 延暦十八年六月二十三日、天長十年六月九日など
[17] 類聚国史. 大同元年十一月六日
[18] 食料給付について、日本後紀. 延暦十五年七月二十二日、弘仁二年五月二十日、弘仁五年八月十九日など
[19] 無利子での出挙について、日本後紀. 大同元年五月六日、弘仁十年二月二十日および三月二日
[20] 続日本後紀. 承和六年十月八日
[21] 続日本後紀. 承和七年三月十九日
[22] 田租の免除について、日本紀略. 延暦十六年六月二十八日
[23] 武器庫の移設について、日本後紀. 延暦二十四年二月十日
[24] 平安京の常駐者について、日本後紀. 延暦二十四年十二月七日
[25] 食料運搬について、日本後紀. 延暦二十三年正月十九日
[26] 日本後紀. 延暦二十四年十二月七日
[27] 朝堂院造営での動員について、日本後紀. 弘仁六年正月二十一日
[28] 文室綿麻呂について、日本後紀. 弘仁二年三月二十日、五月二十三日
[29] 疲弊の報告について、日本後紀. 十二月十一日
[30] 胆沢城、徳丹城への物資補給について、日本後紀. 弘仁六年十一月十七日
[31] 日本後紀. 弘仁十一年二月十三日
[32] 今昔物語集.「巻第二十　能登守、依直心域國得財語第四十六」なら

[72] 続日本紀．大宝三年七月十七日、慶雲三年七月二十四日
[73] 山内倭文夫（1949）：日本造林行政史概説．日本林業技術協会，pp.1，2
[74] 続日本紀．天平十六年四月十三日
[75] 日本学士院編（1980）：明治前日本林業技術発達史．p.730
[76] 森林の役割について、日本学術会議（2001）：地球環境・人間生活にかかわる農業及び森林の多面的な機能の評価について．（答申） Ⅲ-4
[77] 水源涵養機能について、村井宏，岩崎勇作（1975）：林地の水および土壌保全機能に関する研究（第一報）．*林試研報* 274 pp.23-84
[78] 土地別の年間流失土砂量について、丸山岩三（1970）：森林水文．農林出版，pp.148-158
[79] 拙著（2010）：気候文明史．pp.121-123
[80] Totman（1998）：The Green Archipelago. p.31
[81] 千葉徳爾（1991）：はげ山の研究（増補改訂）．そしえて，pp.30，31，46
[82] 日本学士院編（1980）：明治前日本林業技術発達史．p.93
[83] 千葉徳爾（1991）：はげ山の研究．pp.100，101
[84] 明月記．寛喜二年八月二十七日
[85] 欧米および中国でのマツタケ観について、有岡利幸（1997）：松茸．ものと人間の文化史84，法政大学出版局，p.92

第Ⅱ章

（1）

［1］ ジェボンズの仮説について、以下で紹介した。拙著（2011）：世界史を変えた異常気象．日本経済新聞出版社，pp.104，105
［2］ 宮原ひろ子（2012）：地球は冷えるか．*日経サイエンス* 42 （8） pp.40-45
［3］ Chu et al（2009）：A 1600 year multiproxy record of paleoclimatic change from varved sediments in Lake Xialongwan, northeastern China. *Journal of Geophysical Research* 114 D22108
［4］ Liu et al（2009）：Late Holocene forcing of the Asian winter and summer monsoon as evidenced by proxy records from the northern Qinghai-Tibetan Plateau. *Earth and Planetary Science Letters* 280 pp.276-284

（4）
[49] 馬のタンパク質摂取について、Fagan, Brian（2008）：The Global Warming; Climate Change and the Rise and Fall of Civilization. Bloomsbury Press, p.56（邦訳は、フェイガン，ブライアン（2008）：千年前の人類を襲った大温暖化.（東郷えりか訳）河出書房新社）
[50] 築城、建材からここまで、Totman, Conrad（1998）：The Green Archipelago; Forestry in Pre-Industrial Japan. University of California, pp.9, 12, 13
[51] 式年遷宮の制度化について、日本学士院編（1980）：明治前日本林業技術発達史. 日本学術振興会, pp.54, 55
[52] Totman（1998）：The Green Archipelago. p.13
[53] 山本光（1964）：わが国古代の林業. *林業経済* 193 pp.17-25
[54] Totman（1998）：The Green Archipelago. p.17
[55] 日本学士院編（1980）：明治前日本林業技術発達史. pp.48-50
[56] 前書. pp.51-53, 292, 293
[57] Totman（1998）：The Green Archipelago. p.13
[58] 所三男（1959）；林業.（「日本民俗学体系　第5巻」所収）朝日新聞社, pp.121-145
[59] 盧舎那仏鋳造の資材について、酒井シズ（2008）：病が語る日本史. pp.221, 222
[60] 当時の炭焼きについて、Totman（1998）：The Green Archipelago. pp.22-23
[61] 前書. p.17
[62] 邸宅の建材について、前書. pp.15, 16
[63] 斉明天皇の宮から搬出元の変遷まで、前書. pp.14-16, 24, 25
[64] 続日本紀. 延暦七年九月二十六日
[65] 日本学士院編（1980）：明治前日本林業技術発達史. p.14
[66] Totman（1998）：The Green Archipelago. p.32
[67] 続日本紀. 神亀元年十一月八日
[68] Totman（1998）：The Green Archipelago. pp.16, 19
[69] 「万代の宮」について、日本後紀. 弘仁元年九月十日
[70] 資源の枯渇について、Totman（1998）：The Green Archipelago. pp.18, 19
[71] ここまで、前書. pp.23, 30, 31

立史の研究. 岩波書店, pp.178, 180, 187, 188, 197
[29] 稲北名負田の損田について、金田章浩（1978）：平安期の大和盆地における条里地割内部の土地所有. *史林* 61（3）p.91
[30] 奈良盆地の皿池について、前書. pp.101-106
[31] 井上薫（1984）：狭山池修理をめぐる行基と重源. *奈良大学紀要* 13 pp.50-61
[32] 空海の満濃池開発について、日本後紀. 弘仁十二年五月二十七日。『日本後紀』（『日本紀略』、『類聚国史』に残る逸文を含む）の現代語訳は以下によった。 森田悌（2006）：日本後紀（上）（中）（下）全現代語訳. 講談社学術文庫, 講談社
[33] 佐賀平野について、斉藤修（1986）：稲作と発展の比較史.（『東南アジアからみた知的冒険』所収）リブロポート, pp.212-214
[34] 続日本紀. 養老七年四月十九日
（3）
[35] 渡辺晃宏（2001）：平城京と木簡の世紀. 講談社, pp.39, 40
[36] 続日本紀. 天平十年七月十日
[37] 続日本紀. 天平七年八月十二日
[38] 富士川游（1969）：日本疾病史. 東洋文庫133, 平凡社, pp.11, 12
[39] 酒井シズ（2008）：病が語る日本史. 講談社学術文庫, 講談社, pp.38, 43
[40] 天然痘の日本での最初の流行について、富士川游（1969）：日本疾病史. p.93
[41] 感染ルートについて、酒井シズ（2008）：病が語る日本史. pp.50, 51
[42] Farris（2007）：Famine, Climate, and Farming in Japan, 670-1100. p.292
[43] 董科（2010）：奈良時代前後における疫病流行の研究. *東アジア文化交渉研究* 3
[44] 富士川游（1969）：日本疾病史. pp.107-111
[45] 浅見益吉郎, 新江田絹代（1989）：六国後半に見る飢と疫と災害. *食物学会誌* 35
[46] 富士川游（1969）：日本疾病史 pp.178, 250, 299
[47] 董科（2009）：平安時代前期における疫病流行の研究. *千里山文学論集* 82
[48] 渡辺晃宏（2001）：平城京と木簡の世紀. pp.120-121

社，pp.16-17
[10] 鎌田元一（2001）：日本古代の人口について．（『律令公民制の研究』所収）塙書房，pp.609，610
[11] 鬼頭宏（2000）：人口から読む日本の歴史．pp.56-58
[12] 暦応四年（1341年）に完成した『拾芥抄』の中の田籍史料の年代について、彌永貞三（1980）：日本古代社会経済史研究．岩波書店，pp.363-367
[13] Farris, William Wayne（2009）：Japan to 1600, A Social and Economic History University of Hawai'i Press, pp.33, 59, 60
[14] Farris, William Wayne（2009）：Daily Life and Demographics in Ancient Japan. Center for Japanese Studies. The University of Michigan Ann Arbor, pp.20-24
[15] 高島正憲（2012）：日本古代における農業生産と経済成長．*グローバル COE プログラム* 一橋大学経済研究所
[16] 鬼頭宏（2000）：人口から読む日本の歴史．p.60
[17] 鐘江宏之（2008）：律令国家と万葉びと．小学館，pp.127, 266
（2）
[18] 浅見益吉郎（1979）：続日本紀に見る飢と疫と災．*京都女子大学食物学会誌* 34
[19] 阪口豊（1984）：日本の先史・歴史時代の気候．*自然* 39（5） 中央公論社， pp.18-36
[20] Farris, William Wayne（2007）：Famine, Climate, and Farming in Japan, 670-1100.（in Mikael Adolphson, Edward Kamens, and Stacie Matsumoto eds. "Heian Japan; Center and Peripheries"）University of Hawaii Press, pp.278-283
[21] 続日本紀．大宝三年七月五日
[22] 続日本紀．文武元年閏十二月七日
[23] 続日本紀．天平九年八月二十二日、天平宝字七年正月九日
[24] 続日本紀．霊亀元年十月七日、養老六年七月十九日
[25] 続日本紀．養老六年七月七日
[26] 口分田の平均収穫量について、高島正憲（2012）：日本古代における農業生産と経済成長．
[27] 1束の白米換算について、渡辺晃宏（2001）：平城京と木簡の世紀．講談社，pp.69，70
[28] ここまで「かたあらし」について、戸田芳実（1967）：日本領主制成

参考文献

はじめに

[1] 吉野正敏（2012）：季節感・季節観と季節学の歴史．*地球環境*17（1）pp.3-14

[2] 尾崎富義（2000）：万葉びとの生活と文化．（『万葉集を知る辞典』所収） 東京堂出版，p.175

プロローグ

[1] 気候変動の要因をまとめたものとして、拙著（2010）：気候文明史．日本経済新聞出版社，巻末資料（一）

[2] Breitenmoser, Petra, et al（2012）；Solar and volcanic fingerprints in tree-ring chronologies over the past 2000 years *Palaeogeography, Palaeoclimatology, Palaeoecology* 313-314　pp.127-139

[3] Miller, Gifford H, et al（2012）：Abrupt onset the Little Ice Age triggered by volcanism and sustained by sea-ice/ocean feedbacks. *Geophysical Research Letters* 39 L02708

第Ⅰ章

（1）

[1] 『続日本紀』の現代語訳は以下によった。宇治谷孟（1992）：続日本紀（上）（中）（下）全現代語訳．講談社学術文庫，講談社

[2] 続日本紀．和銅二年十二月二十八日、和銅三年三月十日

[3] 続日本紀．天平九年四月四日

[4] McEvedy, Colin, Richard Jones（1978）：Atlas of World Population History.　Penguin Books, p.18

[5] 我那覇潤（2011）：中国化する日本．文藝春秋社，pp.30-34

[6] 内藤湖南（2004）：概括的唐宋時代観．（『東洋文化史』所収）中央公論新社，pp.191-201

[7] McEvedy, Jones（1978）：Atlas of World Population History. pp.166，167

[8] 小山修三（1984）：縄文時代 - コンピュータ考古学による復元．中公新書733，中央公論社，p.31

[9] 鬼頭宏（2000）：人口から読む日本の歴史．講談社学術文庫，講談

本書は、二〇一三年七月に日本経済新聞出版社から発行した
『気候で読み解く日本の歴史』を文庫化したものです。